分析测试仪器评议

——从 BCEIA'2013 仪器展看分析技术的进展

中国分析测试协会　编著

U0230016

中国质检出版社
中国标准出版社

北　京

内 容 简 介

本书以中华人民共和国科学技术部批准、中国分析测试协会主办的"第十五届北京分析测试学术报告会及展览会"（BCEIA'2013）为契机，汲取大量素材，开展仪器与技术评议活动。经过专家组规范论证，跟踪国内外同类仪器和技术的发展动向，系统而有针对性地对数十类仪器、部件的性能及测试结果进行了评述。从光谱、质谱、色谱、波谱、微观结构、无损检测、物理及力学分析、环境分析、气体分析仪器技术等领域涉及的主要仪器与技术入手，对其发展动向进行了全方位评议。全书共分为五章：第一章 仪器评议组织结构和流程；第二章 从 BCEIA'2013 看分析测试仪器的进展；第三章 通用基础分析技术进展；第四章 综合分析及相关实验技术；第五章 2013 年 BCEIA 金奖获奖产品。

本书通过专家评议，探讨了分析仪器及技术的发展方向，对广大科技工作者选择仪器，对生产厂商改善提升产品质量和性能乃至研发新仪器均有参考价值。

图书在版编目（CIP）数据

分析测试仪器评议/中国分析测试协会编著. —北京：中国标准出版社，2014.10
ISBN 978 - 7 - 5066 - 7721 - 9

Ⅰ.①分… Ⅱ.①中… Ⅲ.①分析仪器 Ⅳ.①TH83

中国版本图书馆 CIP 数据核字（2014）第 216614 号

中国质检出版社
中国标准出版社 出版发行

北京市朝阳区和平里西街甲 2 号（100029）

北京市西城区三里河北街 16 号（100045）

网址：www.spc.net.cn

总编室：(010)64275323　发行中心：(010)51780235

读者服务部：(010)68523946

中国标准出版社秦皇岛印刷厂印刷

各地新华书店经销

*

开本 787×1092　1/16　印张 17.75　字数 368 千字

2014 年 10 月第一版　　2014 年 10 月第一次印刷

*

定价：80.00 元

中国分析测试协会理事长　中国科学院院士
张 泽 题 词

　　都晓'工欲善其事,必先利其器',但只有国产分析测试仪器居国际前列之时,才会呈现中国科技领先世界之势。

编　委　会

主　编　王海舟

副主编　张渝英

编　委

汪正范	郑国经	孙素琴	魏开华
冯先进	刘芬	董亮	林崇熙
贾慧明	高怡斐	张泰华	王明海
沈学静	佟艳春	王艳泽	张亮

前　　言

　　由中国分析测试协会主办,中华人民共和国科学技术部批准的第十五届北京分析测试学术报告会及展览会(BCEIA'2013)于 2013 年 10 月 23 日至 26 日分别在北京新世纪日航饭店(学术报告会)和北京展览馆(分析仪器展览会)举行,来自中国及美国、德国等 17 个国家和地区的 364 家境内外分析仪器生产厂商展出了其最新研发的高水平技术及产品。展览会期间仪器评议办公室举办了一系列技术交流活动,介绍了各厂家的最新产品的性能、技术特点以及应用情况。

　　仪器评议活动是科技部倡导由中国分析测试协会组织,常年开展的一项重要活动。BCEIA 是国内外分析仪器生产厂商在中国展示其最新推出的新仪器和新技术的窗口,是仪器评议活动的一个汇集点。在每一届BCEIA 展览会后,将出版仪器评议报告文集,对本届展会展出的及近两年出现的新仪器和新技术进行评述。本届展览会前后,中国分析测试协会组织了国内外光谱、质谱、微观结构、环境、色谱、物性及力学分析、无损检测、气体分析仪器、波谱、生化、实验室设备共 11 个领域的专家对所涉及的主要仪器、零部件的水平、技术特点、发展前景进行评述。在展览会现场,质谱专业组开展了"国产质谱仪器与技术专场评议",包括 VOCs 在线检测质谱仪、防爆型质谱仪技术、质谱检漏仪技术、LC - QQQ、GC - Q、ICP - MS、MCP、分子泵等方面内容。光谱专业组开展了"分子光谱仪器与技术专场评议",包括拉曼光谱以技术及性能及现场测评、近红外分子光谱仪技术及性能现场测评、近红外分子光谱仪技术及性能现场测评、中外红外分子光谱仪技术及性能现场测评。这些活动对于介绍各公司最新仪器技术、沟通用户与仪器生产厂商之间的联系、增加用户对于分析仪器厂商的了解、扩大厂商的影响方面将有着积极的作用。

本次评议活动先后完成的评议报告包含专家评议及部分仪器介绍(由仪器公司提交到仪器技术评议办公室,经专家审核后确定)两方面,对仪器产业及研究工作有一定参考价值。应广大用户和仪器厂商的要求,现将第十五届 BCEIA 仪器评议的情况汇集出版,以满足广大仪器使用者、仪器研究人员以及仪器生产商的需求。

中国分析测试协会

2014 年 8 月

目　　录

第一章　仪器评议组织结构和流程

第一节　仪器评议组织结构

一、组织单位

中国分析测试协会

总负责人:张渝英

常　　务:王海舟

顾　　问:李家熙　阎成德　邓　勃　傅若农

秘书处(办公室):尹碧桃　佟艳春　王艳泽

官方网站:中国仪器技术评议网 http://www.eqvalue.com.cn

二、专业组及专家成员

1　光谱专业组

郑国经*、符　斌、高介平、辛仁轩、计子华、罗立强、李美玲、王明海、余　兴、孙素琴、周　群、刘　锋、李　娜、许振华、徐怡庄、宋占军、袁洪福

2　质谱专业组

魏开华*、于科歧、苏焕华、李重九、李　冰、胡净宇、刘丽萍、宋　彪、赵晓光、王光辉、冯先进

3　波谱专业组

林崇熙*、崔育新、李立璞、邓志威、严宝珍、贺文义、涂光忠、向俊锋、杨海军、郭灿雄、颜贤忠、刘雪辉、孙徐林

4　生化专业组

谭焕然*、钱小红、颜光涛

5　气体分析仪器专业组

沈学静*、朱跃进、王　蓬、张伟光

6　色谱专业组

汪正范*、韩江华、刘虎威、于世林、刘国诠、李晓东、廖　杰、杨永坛

---

* 为该专业组组长。

7 微观结构专业组

刘　芬*、张德添、陶　琨、刘安生、郑维能

8 物性及力学分析专业组

高怡斐*、者东梅、唐俊武、陈宏愿、王庚辰

9 环境专业组

董　亮*、齐文启、梅一飞、黄业茹、杨　凯、孙宗光、刘杰民

10 无损检测及质量控制仪器专业组

贾慧明*、徐可北、黎连修、胡先龙、张　克、李　杰

11 实验室设备专业组

张新祥*、蒋士强、田署坚

第二节　评议流程图

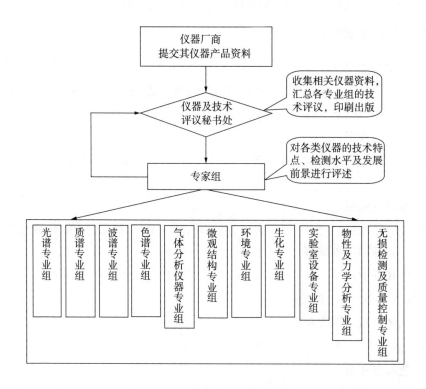

---

*　为该专业组组长。

第三节　分析仪器技术评议范围及项目

序号	专业组	评议范围及项目
1	光谱专业组	原子及分子光谱分析仪器及其分析技术；原子发射光谱、ICP原子发射光谱、原子吸收光谱、原子荧光光谱、辉光光谱、X-射线荧光光谱、红外分子光谱、拉曼分子光谱、分子荧光光谱、紫外可见光谱、红外光谱图像系统进展
2	质谱专业组	无机与同位素质谱技术在核安全领域的发展及应用动态；有机质谱技术在食品安全领域的应用动态及其发展；气溶胶质谱技术与仪器现状；质谱"定性定量二合一"技术评议；便携式质谱仪现状分析、我国无机质谱仪研发动态
3	微观结构专业组	微束分析、表面分析仪器及分析技术动态；X-衍射及光学显微镜及其分析动态
4	色谱专业组	多维色谱、全自动在线色谱、微流控技术、色谱工作站、液相色谱检测器、模拟蒸馏、色谱-质谱联用接口技术、气相色谱、液相色谱仪器及分析技术的进展
5	波谱专业组	核磁共振分析仪器及技术动态；顺磁共振分析仪器及技术动态
6	无损检测专业组	超声、涡流、射线、磁粉、漏磁等无损检测设备及检测技术发展及应用动态
7	气体专业组	金属中气体分析；工业过程气体分析
8	环境专业组	环境样品前处理设备；水、废水自动监测；建材、空气、废气自动监测、室内空气监测
9	物性及力学设备专业组	物性设备和力学设备
10	生化专业组	生化分析仪器及检测技术；电化学分析仪器及检测技术
11	实验室设备专业组	实验室采样和辅助性设备；经典的、传统的样品前处理设备；新型的样品前处理设备

第二章 从 BCEIA'2013 看分析测试仪器的进展

第一节 BCEIA'2013 会议概况

2013 年 10 月 23 日,第十五届"北京分析测试学术报告会暨展览会"(简称 BCEIA'2013)在北京召开,为期 4 天。来自中国、美国、德国、日本、英国等 17 个国家和地区的 364 家展商参加展览,展台比上届增长了 5.35%,展出了当今国内外分析测试领域的前沿技术和尖端仪器设备。从本届参展的仪器及相关的学术报告会可以看出,随着信息科学、生命科学、材料科学、纳米科学等深入发展,推动了世界科学仪器及相关技术的飞速发展,新技术异彩纷呈,新产品不断涌现。通过本次展览会,也可窥见国内外科学仪器发展的现状和趋势。

第二节 分析测试仪器发展趋势

一、国外科学仪器的发展趋势和方向

1 国外科学仪器的发展趋势

从科学研究、国民经济、国计民生、社会发展的需求角度看,当今科学仪器发展总体上呈现出以下趋势:

用于检测原子、分子和组分的仪器向多功能、自动化、智能化、网络化、虚拟化方向发展;

进行分离和分析的仪器向多维度方向发展;

检测复杂组分样品的仪器向联用分析仪器方向发展;

样品预处理仪器向专用、快速、自动化方向发展;

生命科学仪器向原位、成像、在体、实时、在线、高灵敏度、高通量、高选择性方向发展;

环境、能源、农业、食品、临床检验的仪器向专用、小型化方向发展;

国防领域的仪器向高集成化、微型全分析系统方向发展。

工业生产过程控制的分析仪器向在线、原位、成像方向发展;

从科学仪器制造技术角度看,仪器的机械部件趋向高精度加工、小型化,仪器的电器部件趋向集成化、固态化,仪器的功能部件和结构单元趋向模块化,仪器的研制趋向采用新技术、新机理、新材料、新器件,仪器生产趋向专业分工、国际合作方向。

2　国外科学仪器发展的主要技术

本次参展的国外科学仪器种类繁多、品种齐全,几乎涵括科学研究、国民经济、国计民生、社会发展各个领域。从科学仪器的需求方向和类型角度可以分为现场分析仪器、快速分析仪器、过程控制仪器、突发事件应急设备、复杂样品分析仪器、样品处理仪器等六大类,每类设备都有各自的发展方向和重点技术。

(1)现场分析设备

现场分析设备向小型化、便携式、可移动、高灵敏方向发展,满足食品安全、生产安全、环境监测、资源勘测、商业流通等领域的现场分析需求。如加拿大 AVVOR 8000 HM－1 便携式重金属检测仪主要是检测对健康和环境有危害的重金属,操作简单便捷,成本效益高。采用溶出伏安法结合先进的探头式设计计和简单的缓冲液添加,可测试三价砷、总砷、镉、铜、铅、汞、锰、镍、锌,检测限可低至 ppb 水平,检测精度可达 1ppb～6ppm,检测时间只需要几十秒,检测前准备时间只需要几分钟。

(2)快速分析仪器

快速分析仪器向着提高分析速度、高通量、样品直接进样的方向发展。如瑞典 Phamacia 推出的时间分辨荧光免疫测试仪(DEFIA)每秒钟可分析一个样品(如甲胎蛋白),每小时可分析 3600 个样品,而且其灵敏度可达 $10～17mol(Eu)$。

(3)过程控制仪器

高智能化的系统是过程控制仪器的发展方向。

(4)突发事件应急设备

快速反应、准确鉴定、系统集成解决方案是突发事件应急设备发展的方向。国内的三聚氰胺事件后,国外大型的仪器公司开发了种类繁多的三聚氰胺测试仪器和测试方案就是最好的例证。

(5)复杂样品分析仪器

复杂样品分析仪器主要用在生物、环境、材料等分析领域。各类大型设备联用技术、高分辨、高灵敏是其发展方向。如展出中的气相色谱-质谱法(GC－MS)、气相色谱-质谱法-质谱法(GC－MS－MS)、气相色谱-原子发射光谱法(GC－AED)、液相色谱-质谱法(HPLC－MS)、全二维气相色谱技术(GC－GC)、全二维色谱和质谱联用技术。

(6)样品处理仪器

样品处理是科学仪器使用过程中一个非常重要的环节。快速、智能化、自动化、无溶剂无介质是其重要的发展方向。

纵观本届 BCEIA 展会,可以看出,国外仪器的发展总是和社会需求紧密相连,可以说是需求引导着科学仪器的发展。总的来说,国外科学仪器向着小型化、智能化、便携、高灵敏、高分辨、多技术联用等方向发展,同时在仪器的专业化、专用化、定制仪器等方面也在进行不断的探索和研究。可以预见,随着新技术、新机理、新材料、新器件的出现,科学仪器得到不断的创新,可以满足各种前沿技术不断创新和发展、国民经济快速增长、社会公共安全保障等方面的需求。

二、国内科学仪器产品及企业发展现状

1 国内科学仪器发展现状

从本届展览会可以看出,国内科学仪器在技术创新、产品质量和市场占有率等方面均取得了很大的进展。特别是在中低端仪器方面获得长足的进步,很多量大面广的仪器,比如火花源原子发射光谱仪,氢化物发生原子荧光光谱仪等,都已经大量生产,基本能够满足国内的应用需求,某些产品的技术水平已经达到、甚至超过了国际先进水平。大批创新型企业涌现,新产品不断推出,打破了国外仪器产品的长期垄断地位,满足了相关领域的需要。同时在高端仪器领域,也有了一定的进展,如电感耦合等离子体质谱、液质联用仪、气质联用仪,全谱电感耦合等离子体光谱仪、红外光谱仪等领域,都有样机推出。

但是高端科学仪器由于仪器产业基础差、规模小,自主研发十分薄弱,这类设备的研发尚处于向国外同行学习、模仿的阶段。缺乏关键的核心技术、缺乏对加工工艺和关键材料的深入研究,导致仪器的性能与国外设备比较有一定的差距。总的来说,国内分析仪器设备发展的技术主要表现在以下几个方面:

(1)灵敏度、选择性、检测速度、检出限等性能的提高;

(2)传统分析仪器向着微型化、智能化、现场分析方向发展;

(3)工业生产过程控制的分析仪器向在线、原位、成像方向发展,实时在线的分析检测仪器将越来越受到重视;

(4)新材料的检测向着材料基因、微区分析、宏观分布分析等方向发展;

(5)突发事件用到的仪器需要未雨绸缪,提前做好研发与技术储备,以便对类似事件进行预警和第一时间救援;

(6)国家政策和要求能够影响科学仪器的发展和应用前景。

科学仪器与行业需求结合产生的专用型仪器会更加普及,例如资源、环境、能源、农业、食品、临床检验等国民经济领域的科学仪器向专用型、小型化,现场分析等方向发展。

2 国内科学仪器企业发展现状

至 20 世纪末,随着国内仪器市场的改革开放,国内仪器企业通过引进、吸收、自主研发逐渐形成了具有一定生产规模的企业,如钢研纳克检测技术有限公司、聚光科技等。特别是进入本世纪头十年,国家加大了对分析仪器的投入和支持,通过仪器更新改造和科研成果的转换,这些企业多年积聚的技术得到了发挥,从引进组装到自我研发,终于形成了具有产业化能力和创新能力的仪器企业,在中低端仪器上占有相当

分量的市场份额,如钢研纳克生产的火花源发射光谱仪占据了国内 20% 左右的市场份额。

近几年来,国家高度重视分析仪器的国产化,设立了一批重大专项研究课题,使得我国科学仪器的发展取得了一些重要进展,越来越多的仪器企业参加到仪器开发之中。为全面完成"十二五"规划和我国科学仪器长期发展,国家对于科技工作提出了"加快实施国家重大科技专项,加快培育和发展战略性新兴产业,运用高新技术改造提升传统产业",并且大幅提高研究开发投入的比重,这为科学仪器产业发展带来了前所未有的机遇。"国家重大科研仪器设备研究专项"和"国家重大科学仪器设备开发专项"的实施,极大地激活了科技界、企业界科学仪器自主创新的创造力,标志我国科学仪器技术和产业自主创新进入了一个新阶段。

大批创新型企业的涌现和新产品的不断推出,打破了国外仪器产品的长期垄断地位,满足了相关领域的需要。但同时也必须意识到,我国分析测试仪器产业基础差、规模小,自主研发十分薄弱,特别是高端科学仪器设备严重依赖进口,这甚至已经成为制约我国建设创新型国家的因素。

总体来说,虽然我国的分析测试仪器及产业也在发展中取得了很大的进步,在某些领域达到甚至超过了国际一流水平,但是发展仍然受各种因素的制约。

首先,国内仪器企业在技术与规模上面临越来越大的外部竞争。很多跨国公司具有超过半个世纪的仪器制造经验,拥有众多的专利和核心技术,不断推出新技术新产品,近年来又在我国建立生产厂和研发中心,对国产仪器企业在市场和人才方面造成巨大压力。我国大部分科学仪器缺乏关键的核心技术,缺乏对加工工艺和关键材料的深入研究;仪器厂家整体处于分散状态,大多规模较小,技术重复,利润较低,同质化严重,加之无法投入大量资金用于产品研发和更新换代,加剧了国内仪器制造企业的"弱、小、散"局面。

第二,国内仪器企业研发周期普遍较长。过长的研发周期可能会丧失市场主动权。仪器研发水平不能脱离国家的工业化进程,制造业的发展情况影响国内仪器企业的发展。有些时候研发人员有非常好的设计,却苦于国内找不到合适的企业去加工实现。没有充分利用世界市场,什么都想从零开始,研发范围太广,难度太大,暂不说能否实现,过长的研发周期可能就意味着丧失了大片的市场。

第三,国内仪器企业的应用研究水平有限。以质谱为例,除了以高分辨率、高准确度、高通量、高灵敏度作为主要发展方向外,国外质谱仪器还以高技术含量和整体解决方案吸引国内用户。目前国内具有高水平应用能力的仪器制造企业数量少、规模小,缺乏关键人才和核心技术,没有对加工工艺和关键材料进行过深入研究,更不用说建立专门的应用实验室、提高用户对其可用性的认可度了。

第四,国内仪器企业面临着研发投入不足、研发人才不足等问题。研发人才,尤其是研发领军人才的匮乏、工艺开发人才长期缺失等问题,未能形成产业集群效应和配套的产业链,难与分析仪器跨国大公司进行竞争。

三、专题介绍

1 色谱仪器

综述:根据 SDI 2012 报告,在整个分析仪器市场上,各种色谱类仪器占有的比例约为 17%,仅次于生命科学仪器的 24%(实际上,生命科学仪器中也有很多是由色谱仪器发展来的专用仪器)。虽然色谱技术已相对成熟,但性能更好、功能更多、自动化程度更高的色谱仪器仍在不断推出,特别是国产色谱仪器的进步更加明显。2013 年,气相色谱仪和液相色谱仪的国内市场需求都已经超过了 10000 台,液相色谱仪的市场需求也开始超过气相色谱仪。其中,按台数计算,气相色谱仪的国产仪器占有率超过 70%,液相色谱仪的国产仪器占有率也达到了 30% 左右。此外,除色谱仪器整机及耗材外,色谱仪器作为复杂样品的分离手段与其他分析仪器的联用也是近年来色谱仪器发展的一个重要领域,其研究的重点是解决色谱与其他分析仪器(特别是各类质谱仪器)联用的接口。

国外产品:在 BCEIA'2013 展会上 Waters 公司展出的超高效液相色谱(Ultra Performance Convergence Chromatography,UPC2)是 Waters 公司于 2012 年 3 月推出的全新色谱分析仪器,其利用超临界流体色谱(Supercritical Fluid Chromatography,SFC)的技术原理,基于 Waters 公司业已成熟的 UPLC 硬件/软件技术平台,针对超临界流体的特性进行优化设计,突破了原有超临界流体色谱的技术瓶颈(如系统压力波动大、低比例助溶剂传输精度低、灵敏度低等),为分析研究工作者提供了一种全新的分析工具。Agilent 公司也展出了 Agilent 1260 Infinity SFC 控制模块,与改进的 1260 Infinity 二元 LC 相结合,也可以实现超高效合相色谱的各种功能。Thermo Scientific 在展会上推出了世界上首款毛细管高压、"只加水"离子色谱系统——ICS-5000+ HPIC 高压毛细管离子色谱系统,其采用小粒径的色谱柱(比如 4 μm),在不增加分析时间的情况下提高了色谱分辨率。

国产产品:在 BCEIA'2013 展会上,温岭福立和上海天美都推出了带有 EPC 控制的高端气相色谱仪,他们的产品都实现了 3 个检测器 9 个气路(空气、氢气、尾吹)和 3 个进样器 9 个气路(载气、分流、隔膜)共 18 路 EPC 控制,控制精度达到了 0.01psi[①],达到了国外同类产品的先进水平,结束了国产气相色谱仪没有高端产品的历史。大连依利特分析仪器有限公司在展会上推出的 iChrom 5100 高效液相色谱仪是我国第一台高端液相色谱仪,各项指标都达到国外同类产品的先进水平。上海天美的 GC7980 全 EPC 气相色谱仪和大连依利特的 iChrom 5100 高效液相色谱仪都获得了 BCEIA'2013 金奖。

---

① 1psi=6.895kPa。全书下同。

2 质谱仪器

综述：质谱仪器在科学研究、工业生产、社会生活、航空航天、国防与安全等各个领域发挥着重要的作用，在分析仪器市场长期占据关键地位，尤其近十年来，生命科学等许多新型学科的高速发展，使得质谱仪器成为了实验室常备工具。SDI 2012 的分析报告显示，我国质谱仪数量全球增长最快，2003 年进口了 300 多台，而 2007 年就达到了 1700 台，2010 年已近 3000 台，每台的价格为 10 万至 80 万美元。SDI 预测，我国质谱市场 2009～2014 年间的平均年增长率为 12.1%，2014 年将达到 2.8 亿美元。但是如此大的市场几乎 100% 被国外公司垄断。由于质谱仪器受制于人，我国在食品安全、环境保护、生物医药、商品检验等许多领域的技术标准也受制于人。

国外产品：质谱是近年来技术发展最快、新产品推出最多的分析仪器，经过长期的技术积累仪器的灵敏度、选择性、分析速度、可操作性、稳定性、数据处理软件等都获得了极大的进步。特别是近年来，分析速度、联用技术发展迅速。以使用最为广泛的 GC－MS 为例，快速 GC（速度比常规 GC 快 5～10 倍）和全二维 GC×GC（峰容量为组成它的两根柱子各自峰容量的乘积，分辨力为二柱各自分辨率平方和的平方根，灵敏度是一维 GC 的 20～50 倍）提高了色谱的分离效率、灵敏度和分析速度。快速 GC 以及具有高分辨性能的飞行时间质谱具有快速采集质谱数据的能力（每秒能采集 50～200 张质谱图，分辨率可达 10000 以上），二者联用成为最佳的匹配。快速 GC－TOF、GC×GC－TOF、高分辨 GC－TOF 利用高分辨质谱进行准确质量测定，同样可显著降低检测下限，达到与 MS/MS 技术相当的效果。在没有明确检测目标化合物的情况下，高分辨更显其优势，是更便捷的筛查分析手段。全二维 GC－TOF 分辨率可达 10 万，每秒可获得二百张质谱图。

国产产品：国内质谱技术起步晚，经过近 10 年的发展，目前国产质谱制造商已达 10 家。2011 年聚光和普析的三重四极、广州禾信的线性离子阱与飞行时间质谱联用仪成功立项，目前样机已完成定型。2012 年天瑞推出单四极杆液质联用仪，舜宇恒平也推出 LC－TOF 产品，2013 年北京毅兴向北京药监局申报了临床质谱仪器，2014 年 863 前沿技术领域设置了 MALDI－TOF/TOF、Q－IT－TOF 共 3 台高性能蛋白质组质谱仪器项目。而仪器科学仪器重大专项质谱类共立项 14 项，包括 4 项无机同位素质谱、2 项四极杆质谱、1 项飞行时间质谱、2 项 MALDI 质谱、2 项迁移质谱和 3 项关键部件，总投入达 8 亿元。特别值得一提的是，氦质谱检漏仪不仅技术上可以跟国外先进产品相媲美，而且已经在国内多个行业占领了较高的市场份额，它的发展经验值得其他国产质谱企业借鉴。

国产质谱从无到有，形成了一支专注于质谱研发的队伍、良好的政策扶持和众多企业大量人力物力投入，但国产质谱想要突出重围，想要形成产业化市场，还有很长的路要走。在质谱仪器定位方面要从应用出发，突出自己的特色（如，"小、快、灵、稳、皮、专"），避免单纯追求性能指标而忽视用户体验的误区，避免盲目追求蛋白质组学这一当今生命科学领域的热点的误区。国产质谱要做到"技术要新、工艺要实、配置要全、应用要细、服务要精"。

3 环境分析仪器

综述:近几年来,我国的环境问题凸显,地表水水质改善的问题没有根本解决,地下水污染又屡见不鲜,PM2.5开始困扰大多数发达地区的重点城市,土壤污染严重影响农产品的产量和质量,生态环境局部恶化趋势仍未有效遏止。由于准确有效的环境监测数据是管理部门决策的依据,因此近5年环保部门在监测能力建设方面投入了巨资,特别是仪器分析的硬件条件得到明显的改善。我国"十二五"规划新增1500个大气自动监测站点,总投资超过20亿元,每年的运营和维护费用超过2亿元。目前环境分析领域采用的标准方法大多是离线检测手段,优势是灵敏、准确、权威,缺点是检测周期长,费用高。而突发环境事件的应急监测和量大面广的筛查工作,要求检测仪器便携、小型化、可现场工作、快速响应、并与传统的国标具有一定的可比性。在这种趋势的引领下,环境分析仪器呈现专业化、小型化、便携化、快速化和可在线连续监测的特征。

国外产品:在社会关注的PM2.5监测领域,美国热电公司(Thermo)利用成熟的技术垄断了半壁江山,尽管价格高居20多万元,但连续监测的可靠性、稳定性和准确性的确出色,不仅在中国市场,即便是在发达国家也具有很高的认可度和占有率。

由于便携式气质联用仪具有便携轻便、反应迅速、操作简单的特点,能在最短的时间内获取有效的数据支持决策的制定,因此在环境应急检测中具有不可替代的地位。2005年松花江水污染事件后,便携式气质联用仪开始进入中国,受到中国政府的重视,省级环监站都开始配备此类仪器。美国TORION和Inficon在这一领域占有绝对地位,特别是Inficon,尽管单台售价高达200万元,但凭借成熟的技术,曾一度垄断了国内市场。

对于水中重金属的残留问题,经典的原子吸收、ICP/MS等方法依然是检测的"金标准",但便携式的快速检测仪器也具有广阔的应用空间。英国的百灵达(Palintest),wagtech,加拿大AVVOR等公司的最新产品可在2min内测定铅、镉、铜、锌、汞、砷、铬、镍等多种ppb级的重金属离子浓度。目前在欧美正取代传统的原子吸收方法并大量应用于环境应急监测、自来水检测、电镀和表面处理行业废水检测等方面。美国EPA等权威机构已经将其列为标准检测方法,如EPA7063及EPA7472等。

国产产品:国内厂商普遍看好未来大气监测市场的发展前景,先河、聚光科技等多家环境分析仪器生产先驱加大相关产品的开发。2013年,河北先河空气监测系统销售超过400套,其PM2.5自动监测仪累计销售达到了500余套。武汉宇虹、中晟泰科、安徽蓝盾等也先后开发出PM2.5监测仪器,但由于创新能力不足,技术成熟度不够,缺乏研发资金,仍处于低水平模仿阶段,在仪器种类、质量、性能等方面在短期内很难与国外企业抗衡,行业发展面临多重障碍。

针对便携式 GC/MS 市场,聚光科技 2010 年推出了首款 Mars－400,并于 2013 年下线了第三代更成熟的产品 Mars－400Plus,该设备采用模块化设计,提高了便携性和抗震性,配备丰富的便携性前处理设备,可用于污染现场的大气、水体和土壤中挥发性和半挥发性的有机化学污染物的快速定性及定量分析。除环境应急监测外,Mars－400plus 还广泛应用于石油石化、安监、疾控、劳保、公安刑侦、防化反恐等多个领域。

天瑞公司利用阳极溶出法开发出了便携式重金属检测仪,具有测量时间快(检测时间 0.5～5min)、检测范围宽(包括铜、镉、铅、锌、汞、砷、铬、镍、锰、铊等重金属离子)、精度高(检测限小于 1ppb)的特点,是环境监测人员水质重金属现场快速检测的利器,由于其较高的性价比,因此具有良好的国内国际市场空间。

4　光谱仪器

光谱仪器可以分为原子光谱仪器和分子光谱仪器,是各类科学仪器中使用面最广、数量、种类最多的科学仪器之一。广泛应用在冶金、地质、环保、食品安全、药品/毒品鉴定、生命科学等多个领域。

国外产品:参展本届 BCEIA'2013 仪器的国外产品突出体现了高性能、低运行成本,小型便携、一体化、高通量分析,"绿色低碳"的分析理念,各大仪器厂商在整体解决方案与行业专用仪器推广方面力度明显大于往届。安捷伦、赛默飞世尔、岛津、珀金埃尔默等跨国企业都针对环境监测、食品安全、生命科学等行业推出了整体解决方案。

原子光谱仪器方面,美国利曼(Leeman Labs)公司的 ICP－OES 新品 ICP－Prodigy7,采用了 CMOS 固态检测器,其读取速度是传统 CCD 检测器速度的 10 倍,线性范围能提高 10 倍以上,一个分析方法可以实现全谱谱线同时读出,检测器信号控制不再使用速度较慢的寻址以太网通信,而是使用速度更快的直接通信 USB 接口;德国耶拿公司的 ICP－OES 新品—PQ9000 型仪器,借助来源于卡尔蔡司的光学技术优势,设计出分辨率达到 3pm 的分光系统,被认为是目前市场上同类产品中具有最高分辨率的 ICP－OES;牛津移动式手持式光谱仪器 PMI－MASTER Compact 可进行快速牌号鉴定、材料可靠性鉴定以及最简单的常用合金、钢、铝、铜、镍的分类。检测工作只需使用一个便携式的激发枪对准样品扣动扳机就可以得到分析结果。

分子光谱领域,适应日渐凸显的现场检测要求,安捷伦、赛默飞世尔、布鲁克、海洋光学等公司推出了便携式、超小型现场快速检测的便携式拉曼、红外光谱、近红外等分子光谱仪器。赛默飞世尔(Thermo fisher)展示了专用于制药领域原辅料分析的 TruScan 手持式拉曼光谱仪和毒品分析专用 TruNarc 手持式拉曼光谱仪,重量不足 1kg。该系列仪器通过了美国军标的测试,能够适应各种严苛的现场测试环境;可提供近 12000 种拉曼谱库,自带的解谱功能增强了仪器的易用性;其中,TruNarc 获得

2013年R&D 100大奖以及Edison Awards创新奖。海洋光学(Ocean Optics)展示了微型手持式拉曼光谱仪ID Raman Mini。作为目前最小的手持式光谱仪,ID Raman Mini仅有330克,大小类似于一个手机。其采用ROS取样方式,用高度聚焦的激光束对多个拉曼活性靶点采样,对样品在较大面积范围内进行扫描,对化学品和爆炸品可进行快速准确的测试,适用于安检、刑侦、材料等现场分析。

国产产品:近几年来,国产光谱仪器在技术创新、产品质量和市场占有率等方面均取得了很大的进展。在国家主管部门加大对国产科学仪器自主创新支持力度的促进下,国产光谱仪器厂家的制造技术和创新能力得到很大提高,高端光谱仪器的国产化得到快速发展,但在制造工艺和技术创新上仍落后于国外高端仪器厂家。

原子光谱仪方面,钢研纳克检测技术有限公司的火花源原子发射光谱仪已具有20%的国内市场,推出了具有自主知识产权的OPA-200型金属原位分析仪,该仪器具有国际先进水平;聚光科技的电感耦合等离子体光谱仪ICP-5000,具有操作简便、自动化程度高、分析结果稳定可靠等特点,仪器实现了光谱自动校准功能,软件的定性、半定量、定量分析等功能及多种干扰校正方法和背景自动扣除功能。仪器主要性能指标已达到国际同类产品先进水平,填补了国内全谱直读ICP-AES商品仪器的空白,获得了BCEIA'2013金奖。

在分子光谱方面,聚光科技公司推出了近红外光谱仪系列,可应用于土壤、肥料、烟草、粮食种子、油料等领域的定量分析。相对于国外厂家,国内在分子光谱方面,仪器的制造能力及技术创新水平相对要薄弱,偏重于应用上的开发。

5 波谱仪器

目前,国内拥有检测化合物结构的高场超导核磁共振谱仪约1100台,其中德国的布鲁克(Bruker)占65%,美国的安捷伦(Agilent)约占35%,日本电子(Jeol)则仅有18台。2010年5月,由中科院武汉物理与数学研究所和厦门大学共同合作研发出500兆核磁共振谱仪,但没有实现量产。

6 微观结构分析仪器

以无荧光屏、全数字化、大集成线路设计的120kV透射电镜为例,目前只有美国的FEI公司、日本的电子公司和日立公司能够生产。我国处于试验机阶段。

7 结语

总的来说,我国一些量大面广的科学仪器的研发、自主创新等方面取得了显著进步,也已具有相当的发展基础,在很大程度上可满足国内的需求,如中低端的原子光谱仪器、色谱仪器和质谱仪器等。但总体上看,在新产品新技术开发、高端科学仪器、已有研发成果的产业化方面还与国外厂商存在较大的差距,同时中低端仪器也面临着国外厂商的激烈竞争。

四、提高分析仪器产业自主创新能力的政策和措施建议

（1）科学仪器的研发和生产需要着眼于需求牵引。从需求出发要求仪器的开发设计要满足科学研究、国民经济、国计民生、社会发展的需要。科学仪器技术门槛较高，特别需要建立长远的、系统的发展机制，从长远着眼发展我国科学仪器，系统的、稳定的、持续的关注若干关键核心技术的发展，走持续创新之路。提倡"产、学、研、用、管"相结合有利于创新技术的发展，建立国际一流研究中心、形成仪器研发产业链，形成国产仪器品牌。支持跨行业、跨部门、跨地区和跨专业领域联合申请项目，通过项目资助形式，把相关企业联合起来，增强国内企业的竞争力，进入世界先进行列。

（2）重视集成创新，缩短研发周期抢占市场。科学仪器创新需要吸收并整合多领域科研成果。分析仪器是多个领域科研成果的集成，涉及物理、化学、光学、机械、电子、计算机软硬件以及自动化等领域，分析仪器行业要不断从其他学科、行业领域吸收借鉴最新成果。仪器研发也要吸收国内外先进技术加快研发进度，从而在研发时间成本，成果转化与市场应用等方面抢占先机。目前仪器领域国际合作与专业化分工的趋势越来越明显，某些核心部件的研发难度大、成本高、稳定性差，可能需要进口，但这不影响集成创新的效果，国际合作缩短了研发周期，使产品能够迅速抢占了市场，满足了科学研究、国民经济、国计民生、社会发展的需要。

（3）关注发展和培养分析仪器研制人才队伍，建议国家在分析仪器产业也实行"千人计划"政策，引进仪器研发的领军人才，使其安心于高端仪器自主创新技术的长期研发。

（4）分析仪器是多个领域科研成果的集成，分析仪器行业要不断从其他学科、行业领域吸收最新成果。优先支持跨行业、跨部门、跨地区和跨专业领域联合申请项目，通过项目资助形式，把相关企业联合起来。产学研相结合，有利于创新技术的发展，做强做大，形成国产仪器品牌公司。

（5）通过行业协会、学会活动关注国际分析仪器技术和产业发展的新趋势，关注新技术的发展，积极支持和推广在节能减排、绿色环保上有创新的产品发展，重视分析仪器在工业生产在线分析应用和极端环境下对分析仪器的需求。提高科学仪器智能化、自动化、网络化和工艺设计制造水平。

（6）持续稳定加大对国产科学仪器的支持力度。我国科学仪器产业起步较晚，基础差底子薄，近年来在国家的大力支持下快速发展，颇有成效，企业创新能力增强，产品质量稳步提升，有些仪器已经达到了国际水平。希望国家持续稳定地支持科学仪器创新，尽快摆脱低端仪器被挤压，高端仪器被国外市场控制的局面，使科学仪器更有效的支持科学研究、国民经济、国计民生、社会发展。

（7）对国产仪器应该有保护性政策，在仪器招投标上，政府及相关主管部门应采取倾斜和适当的优惠政策，鼓励国内用户在满足工作要求的前提下尽量或优先采用国产仪器，增加国产仪器在国内市场的占有率。

第三章 通用基础分析技术进展

第一节 光谱分析技术

一、综合评述

1 从 BCEIA 展会新品看国内外光谱仪器发展趋势及国内光谱仪器发展现状

社会需求和高新科学技术的深入发展,不断推动着世界科学仪器研究和应用技术的快速增长,从近年来 BCEIA 展会可以看到,光谱分析测试仪器有新技术和新产品不断涌现。

当前,人们集中关注质谱等大型仪器,忽视了光谱仪器的地位与应用,但是对于元素测定,原子光谱仍是强项。光谱仪器不仅是工业生产过程控制必不可少的分析仪器,而且由于环境保护、食品安全中有毒有害成分和重金属元素污染引起全社会的极大关注,其检测要求将是长期存在的需要。因此光谱分析仪器的发展仍受到极大的关注。

从科学仪器制造技术角度看,光谱仪器的结构部件向高精密化加工、小型化方向发展;仪器的电子部件向集成化、固态化方向发展;仪器的功能硬件和软件向模块化及数字化方向发展;仪器的研制向采用新技术、新概念、新材料、新器件方向发展;仪器生产向专业分工、国际合作方向发展。

光谱仪器在相对成熟和处于高端稳定发展的基础上,仍在不断致力于提高仪器的功能指标,同时以满足各种需求和解决现场快检问题为目标,催生了新概念、新技术及新型仪器的出现。

光谱仪器发展的总趋势是:用于检测原子、分子和组分的仪器向多功能、自动化、智能化、网络化、现场快检、小型化方向发展;集分离和分析的仪器向多维度方向发展;检测复杂组分样品的仪器向联用分析仪器方向发展;样品预处理仪器向专用、快速、自动化方向发展;生命科学仪器向原位、成像、实时、高通量、高灵敏度、高选择性方向发展;工业生产过程控制的分析仪器向在线、原位、成像以及连续全自动化方向发展;环境、能源、农业、食品、临床检验的仪器向专用、小型化方向发展;国防和生命科学的仪器向高集成化、微型全分析系统方向发展。

国外的光谱仪器厂商更是紧跟市场需要和节能、低碳新诉求,从开发新产品的定位、功能开发以及推广应用等方面展现光谱仪器的发展趋势,分别在现场分析、快速检测、过程控制、专项监控、痕量检测、筛查技术、表征技术以及环保节能等方面推出新品。从 BCEIA'2013 仪展会展出的各种原子、分子光谱分析仪器新品,可以看出光谱仪器的这种发展动态。

2 原子光谱仪器的新进展

原子光谱分析以 ICP－AES 和 LIBS 仪器的发展最受关注。

2.1 ICP－AES 仪器出现新品

上世纪 70 年代中期,电感耦合等离子体原子发射光谱(ICP－AES/ ICP－OES)分析技术的创立,使原子发射光谱分析技术进入了一个新的发展时期。发展到本世纪初,中阶梯光栅—固体检测器结构的全谱型仪器得到极大的发展,由于其优越的分析性能和极好的适应性而得到广泛的应用。经过不断的改进和技术创新,全谱型仪器在分析灵敏度、样品分析能力等方面又有新的进展,例如:(1)仪器检出限和稳定性得到大幅度提高;(2)分析波长覆盖范围向近红外区和远紫外区扩展;(3)高频电源采用全固态、自激式固体发生器逐渐成为主流;(4)仪器结构更加紧凑,小型化、"傻瓜化";(5)炬管垂直放置,双向观测可选,已成为常规配置;(6)软件功能不断深化,多谱线拟合扣除光谱干扰、多波长分析数据自动判别等软件性能扩大;(7)多种附件可选,溶液自动进样及激光剥蚀固体直接进样等配件商品化,扩大了应用范围;(8)节省氩气消耗,节能环保成为主流;(9)仪器简化了分析流程,即开即用,高通量进样,实现了快速、低成本、高通量分析目的。在环境、制药、工业或食品安全等领域的应用上,ICP－OES 分析已成低成本的检测利器。仪器的软件功能不断强化,从仪器操作控制到样品导入分析,再到生成报告和数据处理,均可为用户量身定制的工作流程。强大的方法开发工具使用户可以方便、可靠的开发分析方法,同时计算机"专家系统"在光谱干扰校正、分析质量监控制等方面发挥出强大作用。

本次仪展会上看到的 ICP 光谱仪器新品在固体检测器上有技术创新,在仪器的分辨率上有亮点,在仪器运行功能上有新表现。

美国利曼(Leeman Labs)公司在 BCEIA'2013 期间发布的 ICP－OES 新品 ICP－Prodigy 7(见图 3－1－1－1),采用 CMOS 固态检测器,取代了当前全谱仪器上流行的 CCD/CID 固体检测器,以图提高仪器的读取速率和具有定量功能的全谱图像与摄谱技术。其采用的 CMOS 固态检测器尺寸为 28mm×28mm,有效像素点 1840×1840,约 338 万像素,每个像素大小在 15 μm;CMOS 在读取速度和光信号接收转换处理电路上,比现流行的 CCD/CID 固体检测器更简便和有效,其读取速度是传统 CCD 检测器速度的 10 倍。线性范围能提高 10 倍以上,一个分析方法可以实现全谱谱线同时读出,检测器信号控制也不再使用速度较慢的寻址以太网通信,而是使用速度更快的

图 3－1－1－1 利曼 ICP－AES 新品 ICP－Prodigy7

直接通信 USB 接口。该产品同时优化了硬件设施,实现了快速启动及即开即用。仪器整体设计比其原先产品具有更为小巧的流线型,采用低气流低能耗设计;可快速冷启动,高效的自动锁扣式的样品导入系统;快速启动系统、更少的氩气消耗设计和一次读取超宽波长范围(135nm~1100nm)的全谱数据能力,无论是高、低浓度样品均可以快速精确地获取准确的试验结果。

德国耶拿公司此次推出的 ICP-OES 新品——PQ9000 型仪器(见图 3-1-1-2)。该仪器虽然仍属以中阶梯光栅及棱镜双色散分光、固体检测器的全谱型仪器,但在仪器的光学系统及光路结构上,借助来源于卡尔蔡司的光学技术优势,设计出分辨率达

图 3-1-1-2 德国耶拿新品
ICP-PQ9000

到 3pm 的分光系统,声称达到了"发射谱线自然宽度"的理想目标,被认为是目前市场上同类产品中具有最高分辨率的 ICP-OES。同时仪器在节能减耗氩气方面,采用光室吹扫气体引入等离子体气,以达到吹扫速度快和省气的目的,做到开机即测,使仪器可以应对很多难以分析、光谱干扰严重的样品。这些特点仍有待进一步在实物仪器运行中去观察其优势。

Thermo TJA 在其 iCAP6300 的基础上,推出了光谱及痕量元素分析的新产品——新一代 Thermo Scientific iCAP 7000 系列 ICP-OES。该仪器的光学结构虽没有大的变化,但在软件上有较大的提高,可对大通量样品中的痕量元素进行低成本的多元素同时分析,提高了分析效率,而且使用更加简便。在 Thermo Scientific Qtegra 智能科技数据处理(ISDS)软件平台的支持下,无论是在常规高通量分析、还是科学研究中,电感耦合等离子体发射光谱均可提供经济、稳定的多元素快速分析技术。

在其他原子发射光谱直读仪器方面,国外仪器公司在保持仪器稳定性能的基础上,有针对性地推出适应市场需求的产品,不断提高小型台式、移动式直读光谱仪器的测量精度。如牛津仪器推出了一款专为中国铸造企业量身定制的实验室用直读光谱仪 FOUNDRY-MASTER Xline(见图 3-1-1-3),作为一款桌上型仪器,其不仅提供了极其优惠的价格,而且还拥有中高端仪器的良好性能和实用性。

图 3-1-1-3 牛津仪器台光谱仪
FOUNDRY-MASTER Xline

牛津仪器推出的 PMI-MASTER Compact(见图 3-1-1-4)是一款坚固耐用、性价比很高的移动式直读光谱仪。提供快速牌号鉴定、材料可靠性鉴定以及最简单的常用合金、钢、铝、铜、镍的分类。检测工作只需使用一个便携式的激发枪对准样品

扣动扳机就可以得到分析结果。

移动式直读光谱仪是金属检测、质量控制与安全过程检验的理想工具。国外厂家在提高该类仪器的定量功能方面，显示出强劲的发展势头，而国内厂家在这方面仍停留在半定量的水平上，制造技术仍有较大的差距。

图 3-1-1-4　牛津仪器移动式直读光谱仪 PMI-MASTER Compact

2.2　激光诱导击穿光谱仪

原子光谱分析领域非常活跃的另一个分支是激光诱导击穿光谱（LIBS）。自 1963 年推出后，近年来发展迅速，被美国著名的原子光谱分析奠基者之一 Winford-ner 称为是元素分析领域最耀眼的一颗新星。

LIBS 是利用激光功率密度非常高的特点，与物质（气体、固体、液体）直接相互作用，从而产生高温等离子体，将待测元素直接激发或电离，发射出特征谱线进行定性分析，根据特征谱线的强度进行定量分析，具有简便、快速、无须烦琐的样品预处理、可实现多元素同时检测和耐恶劣环境（可遥测）等优点。

从某种意义上来说，LIBS 发展是伴随着激光的发展而发展的，激光的性能直接影响着 LIBS 的分析性能（精密度、准确度及检出限等）。目前的研究趋势是用纳秒、飞秒或皮秒激光器来提高检测灵敏度：双激光脉冲与单激光脉冲相比，能将光谱强度提高两个数量级。一直以来，LIBS 仪器更多用作定性分析，市场空间尚未开拓。与 ICP-AES 比较，LIBS 的优势在于"效率"，可在几秒钟内快速检测样品。而 ICP-AES 的样品前处理、测量时间稍长一些，使用成本方面也比 LIBS 高。另外，LIBS 对于样品种类，或是成分、含量不是特别清楚的样品的适用性更好。当然，LIBS 的检出精度略弱于 ICP-AES。与 SPARK-AES 比较，LIBS 的主要优点是适合的基体种类多。SPARK-AES 只适用于导电的固体样品，不导电样品或粉末样品不适用，而 LIBS 可以完全胜任。

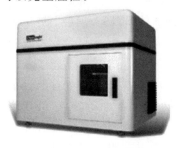

图 3-1-1-5　TSI 公司的台式激光诱导击穿光谱仪 ChemReveal

TSI 公司于 2013 年推出了新一代的台式激光诱导击穿光谱仪 ChemReveal（见图 3-1-1-5），并预测其具有巨大的市场潜力，认为未来几年里，它的销售额会"呈几何级数爆炸式增长"，将为分析领域带来革命性的创新应用。

作为一种新的材料识别及定量分析技术，LIBS 既可以用于实验室，也可以用于工业现场的在线检测。它具有显著的优点，如可以快速直接分析，几乎不需要样品制备；可以检测几乎所有元素；可以同时分析多种元素；可以检测几乎所有固态样品。允许客户依据新品仪器的硬件软件的高端配置开发自己的研究平台,因而具有极大的市场潜力。其不仅可应用于材料分析、合金分析等领域,同时还可以广泛用于地质、煤炭、冶金、制药、环境、科研等不同领域。尤其在微小区域材料分析、镀层/薄膜分析、缺陷检测、珠宝鉴定、法医证据鉴定、原位分析、太空探测等方面,LIBS 仪器的研究与发展方向具有明显优势。

目前 LIBS 处于市场起始阶段,还存在一些问题,如:元素检出限相对差一点,定量分析中的基体效应问题还有待进一步解决等。目前市场对 LIBS 技术认可度还不高,但未来在过程控制、在线监测、深空探测等方面,LIBS 将具有其他技术不可比拟的优势。LIBS 仪器的发展态势将在"专题评述 激光光谱仪器评议"中做专门论述。

2.3　国内原子光谱仪器发展的态势

随着我国经济的高速增长,各行业对分析测试仪器的迫切需求,极大地推动了国产分析测试仪器的发展。近几年来,国产光谱仪器在技术创新、产品质量和市场占有率等方面均取得了很大的进展。在国家主管部门加大对国产科学仪器自主创新支持力度的促进下,国产光谱仪器厂家的制造技术和创新能力得到很大提高,在国际上处于技术领先以及具有我国特色的光谱仪器得到进一步发展,向国际上高端仪器的推进取得显著进展,高端光谱仪器的国产化得到快速发展。虽然国内光谱仪器厂家实际上已经成长得相当强大,但在制造工艺和技术创新上仍落后于国外高端仪器厂家。

国内市场 ICP－AES 绝大部分份额仍为进口产品所占据。而在进口 ICP－AES 中,珀金埃尔默、赛默飞世尔、安捷伦以绝对优势位居前三位,市场份额皆超过 20％,三家之和接近 80％。其他 ICP－AES 国外厂商,如岛津、利曼、HORIBA JY、斯派克、精工电子纳米、澳大利亚 GBC 等,也有一定的市场。

国内生产 ICP－AES 的仪器厂家,如北京豪威量、北京纳克、聚光科技等公司已有各类 ICP－AES 仪器生产和销售。其他厂商如北京海光、北京瑞利、北京华科易通、天瑞仪器等一直集中在顺序型 ICP 仪器的生产,并在国内市场有一定的销量。近两三年来,北京豪威量、聚光科技、纳克公司、天瑞仪器等国产厂商已经开展了对高端仪器——全谱直读 ICP－AES 仪器的研发,在近两届的 BCEIA 展会上展出了国产中阶梯光栅分光全谱直读仪器新品,并已形成商品仪器上市,其中以聚光科技的进展最为突出。

聚光科技的电感耦合等离子体光谱仪 ICP－5000,在 2013 年 5 月通过了专家鉴定,获得了"具有操作简便、自动化程度高、分析结果稳定可靠等特点"的评价。该公司的研发团队在仪器的光谱自动校准功能,具有端视和侧视双模式,软件的定性、半定量、定量分析等功能及多种干扰校正方法和背景自动扣除功能等方面均进行了扎实的研发。

该仪器主要性能指标已达到国际同类产品先进水平,并已投入市场,填补了国内全谱直读 ICP－AES 商品仪器的空白,代表了我国在 ICP－AES 高端仪器的发展态势。聚光科技的 ICP－5000 仪器(见图 3－1－1－6)获得了 BCEIA'2013 金奖。同时

聚光科技 ICP-5000型仪器　　　　ICP-5000分析软件 ElementⅤ

图 3-1-1-6　聚光科技 ICP-5000 型仪器

通过采用联用技术,更好地解决了 ICP-AES 分析 As、Hg、Cd、Pb、Cr 等重金属元素的应用等。通过实际应用,将继续推动该仪器的进一步优化和创新,有望改变高端仪器依赖进口仪器的困境。

在其他原子发射光谱仪器方面,钢研纳克检测技术有限公司推出了具有国际先进水平的原位火花光谱仪器——OPA-200 型金属原位分析仪(见图 3-1-1-7),此外北京盈安科技有限公司的 M4000 金属分析仪和钢研纳克的 PlasmaCCD 二维全谱 ICP 光谱仪,聚光科技 M5000 台式直读光谱仪,均是国内采用 CCD 固体检测器光谱仪器的新品。

图 3-1-1-7　纳克 OPA-200 型
金属原位分析仪

2.4　原子荧光光谱仪的新品有所创新

蒸汽发生原子荧光光谱仪(AFS)是一款具有我国自主知识产权的用于检测元素的分析仪器,它的性能和质量已经处于国际领先水平。本届 BCEIA 国内各仪器厂商均展出了近期开发的产品,出现了不少创新技术和新品,在本届获得 BCEIA'2013 金奖的 8 项光谱仪器中就有两项属原子荧光光谱仪器,并出现了便携式原子荧光仪器新品样机。

北京锐光公司的 RGF-8700 系列原子荧光光谱仪(见图 3-1-1-8),为本届 BCEIA 推出的新品,并获得本届仪展会的 BCEIA 金奖。

图 3-1-1-8　北京锐光 RGF-8700 AFS

　　该仪器具有多项创新技术,如:依据双光束校准原理,引入参比道,校正光源漂移造成的测量误差,解决了原子荧光分析仪在测量中存在的长期稳定性问题;采用多通道合并功能,把多个光源进行叠加,等效加大了单个光源的辐射强度,提高了仪器的灵敏度及检出限;加入多通道原子荧光仪道间消除干扰技术,减低仪器的道间干扰;采用了蠕动泵进样与注射泵进样自动切换技术,发挥了断续流动、注射泵进样技术的优点;并在软件上增设了:自动稀释单点配置工作曲线,断续进样及连续进样方式;空白清洗监测功能;仪器自动调节、自动气路设置、动态监视功能等仪器分析条件自动优化功能,提高了国产原子荧光仪器的检测能力,降低了用户的使用难度。仪器采用模块化体系结构设计,有利于系统性能的扩展和升级,为原子荧光分析仪器的设计提供了一种新方案。

　　北京吉天公司展出的 DCMA－200 型直接进样汞镉测试仪(见图 3－1－1－9),具备测量速度快、现场操作简便的特点,也获得了本届仪展会的 BCEIA 金奖。

图 3－1－1－9　吉天 DCMA－200 型 AFS 测汞镉仪

　　在其原子荧光光谱仪器的基础上,结合电热蒸发进样、催化燃烧释汞、在线原子阱分离基体等技术,吉天公司推出了 DCMA－200 型直接进样汞镉测试仪,可直接分析固体、液体样品中 Hg 和 Cd。由于采用新型轻质保温材料和新型多孔碳材料,使得管式炉和催化炉体积小巧、功耗低,大幅降低了电源功耗与体积,使仪器适于野外现场分析检测要求。

　　样品无需任何前处理过程,可直接置于样品舟分析测量。在空气气氛下,样品在石英管式炉中被加热分解,由空气载带进入管式催化燃烧炉中,Hg 被分离后被镀金石英砂选择性捕获形成金汞齐;经过加热处理的样品,被置于碳素裂解炉中加热,Cd 以及有可能残余的 Hg 被汽化蒸出,先经过一级钨丝原子阱,原子态 Cd 被选择性的捕获在钨丝上,Hg 则被置于钨丝原子阱后的镀金石英砂管捕获;随后,分别对钨丝、镀金石英砂管加热,Cd、Hg 先后被蒸出,载带至 AFS 仪中分别检测。该仪器检出限为 Hg 0.1pg、Cd 0.3pg,相对标准偏差 RSD<5%(100pg),线性范围 0.001～100ng,样品量:液体样品 1μL～20μL,固体样品 0.5mg～30.0mg。适于粮食、蔬菜、水果等农产品,环境水、土壤、底泥、固废、香烟、加工食品、织物、皮革等轻工物品中汞、镉的快速分析。

　　北京瑞利公司展示了 PAF－1100 便携式原子荧光光谱仪样机(见图 3－1－1－10),为 AFS 仪器小型化的代表。

图 3－1－1－10　PAF－1100 便携式原子荧光光谱仪

针对重金属污染现场快速检测领域的发展需求,北京瑞利仪器公司开发成功世界上首台便携式原子荧光光谱仪。实现了高度集成低功耗进样系统、微型低功耗原子化系统、数字化对光技术、微型光电检测系统以及无线通讯技术等十余项关键技术的重大突破。

该仪器外形尺寸 415mm×365mm×240mm,功率仅为 12W,重量仅为 10kg,锂电池供电状态下工作时间不小于 8h,具备与实验室级别原子荧光光谱仪相同的性能指标,可直接用于砷、汞、铅、镉等重金属的野外现场快速检测。便携式原子荧光光谱仪的研制成功,体现了便携式原子荧光仪器的发展趋势,在国际市场上也有着较大的竞争力和应用前景。

北京金索坤仪器公司则一直致力于在 AFS 加上火焰法以扩大使用范围,其 SK－2002B 单道火焰法－氢化法联用原子荧光光谱仪(见图 3－1－1－11),氢化法检测元素的检出限为:As、Sb、Bi、Sn、Se、Pb、Te＜0.03;Zn＜0.1;Ge＜0.4;Cd、Hg＜0.01ng/mL;重复性(RSD)＜0.7%;火焰法检测元素检出限为:Cr＜0.5、Au＜0.005、Cu、Ag＜0.005;Fe、Co、Ni＜0.001;Cd、Zn＜0.002μg/mL;重复性(RSD)＜0.7%;线性范围大于 3 个数量级。对于仅有这些元素检测要求的用户很实用,不用再配置一台 AAS 仪器即可满足其应用要求,具有实际使用价值。

图 3－1－1－11 SK－2002B 火焰法-氢化法联用 AFS 仪器

北京普析通用的 PF7 原子荧光光谱仪,采用双光束光学系统、创新性气动流路系统、高效电子除水装置。北京瑞利 AF－2200 原子荧光光谱仪,可实现高度集成顺序注射进样系统、高韧性采样针、6 种可测元素扩展。这些产品均为近年来的新品,显示出国内 AFS 仪器在不断努力创新,以保持其在国际上的领先地位。

2.5 原子吸收光谱仪器保持继续增长的势头

目前,原子吸收光谱(AAS)商品仪器处于高水平技术发展平台阶段,各 AAS 仪器公司的主要技术指标已互相接近,具有与国外高端仪器相当的水平。

AAS 仪器在发达国家的需求,由于新技术新仪器的出现而呈下降的趋势,但由于其简便易用投资不大,很适合国内大多中小型实验室的需求,因而在国内继续呈上升趋势。据分析,目前中国原子吸收光谱仪市场年需求量已经超过了 5 亿元。食品安全、水质监测以及日用化工等行业成为原子吸收最大的需求领域。目前中国至少有 30000 台原子吸收光谱仪在运转。2012 年爆发毒胶囊事件后,国家药监局出台了《加强药用辅料监督管理的有关规定》,对药用辅料生产企业将实行许可管理,要求制药企业对药用辅料的质量严格把关。业内人士认为,胶囊事件带来的 AAS 的增长在 1500 台左右,以至于制药行业一跃成为 AAS 的主要应用领域之一。

目前中国市场有原子吸收生产厂商近 30 家,其中国外厂商 7 家,国内厂商 19 家;原子吸收光谱仪经销商超过 30 家。国产厂商在销售的仪器台数方面超过了国外厂商,但是在销售金额方面国外厂商则占有绝对优势。另外,从两年一届的 BCEIA 展会以及仪器信息网参展厂商可以看出,原子吸收厂商近几年呈增加趋势。国内加入原子吸收仪器制造的企业仍在增加,例如 BCEIA'2013 年展会,就有安徽皖仪与华夏科创的 AAS 亮相。

图 3－1－1－12　日立 ZA3000 原子吸收分光光度计

尽管原子吸收光谱仪和原子吸收分析技术已经十分成熟,除了前两届已经出现的国外连续光源原子吸收仪器不断改进及扩大应用范围、继续保持处于技术高端发展势头之外,各 AAS 仪器厂商仍不断努力提高仪器的性能、增加仪器的功能、扩大仪器的应用范围,并在仪器结构、软件、配件等方面不断改进,包括外观设计及色调搭配等。

2013 年日立 ZA3000 原子吸收分光光度计新品(见图 3－1－1－12)在中国正式推出。

ZA3000 采用两个进样口等量进样的石墨管,提高了原子化效率;直流偏振塞曼结合双检测器的设计真正实现了在相同波长相同时刻进行背景校正,火焰、石墨炉两种原子化方式均采用直流偏振塞曼法进行背景校正(160nm～930nm 波长范围内);引入了暴沸自动检测、石墨管自动除残、自动进样器的连续注入等新技术,进一步实现了仪器的高精度和高可靠性。

近年来的 AAS 技术发展特点体现在下列方面:

(1)空心阴极灯竖直放置以求灯放置状态的稳定;

(2)光束传导系统采用双光束,进一步提高了仪器基线稳定性;

(3)燃烧器工艺结构有变化。燃烧器采用散热片式结构,以利燃烧器散热。图 3－1－1－13 为赛默飞世尔 iCE3500 散热片式结构燃烧器;

图 3－1－1－13　赛默飞 Ice3500 AAS 仪器

(4)采用可调式喷雾器,可调节优化喷雾状态以提高雾化效率及火焰稳定性、减少进样量;

(5)石墨管采用双加样位,使样品量增加一倍,有利于低含量样品分析;

(6)塞曼仪器中磁极间隙加大,石墨炉磁体磁极间隙增加,使其退至石墨炉外,缩小炉内空间,有利于石墨管升温和磁极保护。

图3-1-1-14为上海光谱的新恒磁场塞曼仪器中,石墨炉磁钢增加磁极间隙。

(7)石墨炉直接固体(粉末)进样技术。以固体粉末直接进样以提高石墨炉法测定的灵敏度,已为国外高端仪器所采用。耶拿公司展出的novAA-400P型仪器采用SSA61Z型固体进样器,能直接分析原始样品,样品无需作消解和溶剂稀释,降低污染,用样量小,灵敏度高达pg和fg级的检出水平。与ICP-MS相比,其省时、快速、适用真实微量元素分析。国内还未有采用此技术的仪器出现。

(8)石墨炉配置可视系统(GFTV)和在线自动溶液稀释功能。

(9)仪器多功能化。沈阳华光LAB600仪器在有氘灯的基础上,增加钨丝灯,使仪器具有紫外分光光度计功能。华夏科创将原子吸收和原子荧光组合成一台仪器,称之为原子吸收-原子荧光联用仪。

图3-1-1-14 上海光谱新恒磁场塞曼仪器

(10)仪器小型化和专用化发展。AAS分析自理论诞生之日至今的近60年时间里,方法、仪器与应用三者之间相互依存与促进,都获得了长足的发展。目前,AAS商品仪器仍处于高水平技术发展阶段,各大公司AAS仪器主要技术指标已经相当接近。仪器各系统功能不断完善,采用各种方式解决多元素同时测定的技术瓶颈,仪器自动化、智能化和小型化便携式,依旧是其发展的主题。

随着我国环境、食品等方面重金属污染问题的加剧,原子吸收光谱仪的应用范围不断扩展,市场需求持续增加,使它成为一种量大面广的产品。

3 分子光谱仪器

光谱仪器新技术及新部件在分子光谱仪器上的应用催生了各式新型仪器和应用技术,并广泛应用于生命科学研究及应对食品安全、药物检测等领域的直接测定。

围绕着便携式、超小型现场快速检测的需求,本届BCEIA展示了各种类型的分子光谱仪器新品,以适应日渐凸显的现场检测要求。来自Thermo Fisher、Agilent、Bruker、PerkinElmer、Horiba、Foss、EnWave Optronics、Ocean Optics、聚光科技等光谱仪器厂家的产品各自推出最新的便携式拉曼、红外光谱、近红外光谱仪器,并展示了相关的分子光谱快速检测技术。

掘场(Horiba)的高灵敏度便携式拉曼光谱仪,针对拉曼信号弱的特征,通过降低暗电流等方式提升灵敏度,并以较低的激光功率实现文物(如考古、壁画)、地质、刑侦等的无损检测。另附的光纤探头也可完成爆炸物等危险样品的现场、远程检测。该公司的另一款拉曼光谱仪与 AFM 联用,实现同区域拉曼成像,并能够进行车载现场分析。

恩威(EnWave Optronics)展示了稳频激光拉曼光谱仪(S Laser Raman Analyzer)。作为现场快筛快检的工具,其具有简洁的光学系统、$-85℃$ 强制冷 CCD 检测器及 X 和 Y 轴的双重校正技术。该仪器在高荧光背景样品、生物组织和生物活性样品、气体检测中有应用实例。因而被美国国家航空航天局(National Aeronautics and Space Administration,NASA)以及美国食品药品管理局(Food and Drug Administration,FDA)选为指定仪器。

赛默飞世尔(Thermo fisher)展示了其全系列的便携光谱仪器,包括手持式拉曼、手持式中红外、近红外,以及手持式 X 射线荧光光谱仪。自 2005 年 Thermo 第一代手持式拉曼光谱仪问世以来,设计不断更新,现已发展出专用于制药领域原辅料分析的 TruScan 手持式拉曼光谱仪和毒品分析专用 TruNarc 手持式拉曼光谱仪,重量均不足 1kg。该系列仪器通过了美国军标的测试,能够适应各种严苛的现场测试环境;可提供近 12000 种拉曼谱库,自带的解谱功能增强了仪器的易用性;其中,TruNarc 获得 2013 年 R&D 100 大奖以及 Edison Awards 创新奖。

安捷伦(Agilent)科技展出了其移动测试部的手持红外光谱 4100 Handheld 与 4200 Flexscan。立体式的干涉仪确保其在移动的状态下仍能保持稳定的测试性能,全套采样附件 ATR、掠角反射及漫反射适应现场各种类型的样品分析;4100 Handheld 与 4200 Flexscan 的应用领域,涉及民航飞行器碳纤维材料的剖析以跟踪材料的老化程度、评估航空安全性能的检测等方面。

布鲁克(Bruker)推出了 Tango 系列近红外分析仪。2011 年面市的 Tango-R 近红外漫反射积分球已广泛应用于饲料、食品、化工等固体样品的检测。最新推出的 Tango-T 透射模式近红外分析仪适用于液体样品,拥有 RockSolid 干涉仪并配置立体角镜。针对工业现场分析过程,具有自动升温功能,达到即插即用。在石化(汽油酸值、辛烷值等测试及油品鉴定)、食品(食用油成分、品质鉴定)方面具有广泛应用。

珀金埃尔默(PerkinElmer)针对食品行业分析的便携式 Dairy Guard 可进行成分鉴定、添加物筛查等。Dairy Guard 使用"半无目标添加筛查"的新算法,结合谱库检索,在改进灵敏度和对潜在污染物建立定量方法之间建立平衡,并对非法添加的种类给予建议。触屏 Touch 软件使添加物的筛查更容易,简化奶粉的检测。便携式的 Spectrum 2 则使用低于 30W 全新低功耗电源管理系统,配备无线路由系统,能够满足在潮湿环境的测试要求。

福斯华(Foss)的在线近红外分析仪,着眼于满足企业生产的最高环境等级要求;该产品已通过严格的防尘、防水、防爆评测以及食品生产方面 3A 认证,可安装在物料输送的管路中,自动断流检测避免了对生产控制的误判。基于在线检测的特点,仪器配置备用光源以及光纤采集信号方式,令其在食品(包括饲料生产)、流质测量(黄油,奶酪)等领域均已得到应用。

海洋光学(Ocean Optics)展示了微型手持式拉曼光谱仪 ID Raman Mini。作为目前最小的手持式光谱仪,ID Raman Mini 仅有 330g,大小类似于一个手机。该产品采用 ROS 取样方式,用高度聚焦的激光束对多个拉曼活性靶点采样,可对样品在较大面积范围内进行扫描,对化学品和爆炸品可进行快速准确的测试,适用于安检、刑侦、材料等现场分析。

国内厂家有聚光科技公司自主研发了近红外分析系统,推出了近红外光谱仪系列,可应用于土壤、肥料、烟草、粮食种子、油料等领域的定量分析。

相对于国外厂家,国内在分子光谱仪器方面的制造能力及技术创新水平相对薄弱,偏重于应用上的开发,而且在分子光谱仪器应用技术的开发能力上要优于国外,并已使我国成为国外分子光谱仪器的销售市场和应用技术开发基地。

本届 BCEIA 仪展会上围绕便携式现场检测分子光谱技术,对这些分子光谱仪器进行了现场演示和评测,以下将在"现场评测　聚焦分子光谱现场快检技术"中进一步加以具体介绍。

科学仪器的发展以各种需求为牵引,发展的最终目的是满足它所服务的领域,最大可能地满足科学研究、国民经济、国计民生、社会生活的实际需要,解决国民生产中亟待解决的问题。目前国内外科学仪器门类繁多、品种齐全,几乎涵括各个领域。对国内科学仪器的发展,仍应从需求方向和高端仪器类型方面加大发展力度。

二、专题评述　激光光谱仪器评议

激光诱导击穿光谱(LIBS)技术于 20 世纪 60 年代问世后,即被公认为分析领域一颗耀眼的明星,将为分析领域带来革命性的创新应用。LIBS 作为一种新的材料识别及定量分析技术,既可用于实验室,也可应用于工业现场的在线检测。它具有显著的优点,如可以快速直接分析,几乎不需要样品制备;可以检测几乎所有元素;可以同时分析多种元素;可以检测几乎所有固态样品。

20 世纪 90 年代,LIBS 技术发展迅速并且开始进入了实用领域,大大弥补了传统元素分析方法的不足,尤其在微小区域材料分析、镀层/薄膜分析、缺陷检测、珠宝鉴定、法医证据鉴定、粉末材料分析、合金分析等应用领域,具有明显优势。同时,LIBS还可以广泛适用于地质、煤炭、冶金、制药、环境、科研等不同领域。LIBS 除了传统的实验室的应用,还是为数不多的可以做成手持便携装置的元素分析技术,更是目前为止被认为唯一可以做在线分析的元素分析技术。这将使分析技术从实验室领域极大地拓展到户外、现场、甚至生产工艺过程中。

1 LIBS 的基本原理及结构

激光诱导击穿光谱法(Laser Induced Breakdown Spectroscopy 或 Laser Induced Plasma Spectroscopy)简称为 LIBS 或 LIPS。激光经透镜聚焦在气态、液态或固态样品表面,当激光脉冲的能量密度大于击穿门槛能量时,就会在局部产生等离子体,称作激光诱导等离子体。利用产生的等离子体烧蚀并激发样品(通常为固体)中的物质,并通过光谱仪获取被等离子体激发的原子所发射的光谱,以此来识别样品中的元素组成成分,进而可以进行材料的识别、分类、定性以及定量分析。

LIBS 发射谱线形成过程的三个步骤如图 3-1-2-1 所示。

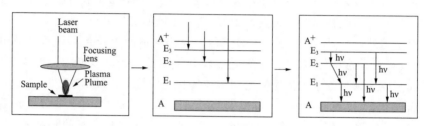

(a)形成等离子体 (b)轫致辐射及电子自由跃迁形成的宽带发射 (c)能级跃迁形成的发射谱线

图 3-1-2-1 LIBS 谱线形成过程示意图

LIBS 光谱仪一般由激光器、样品台、光导纤维、光谱仪及检测器等部件组成,其基本结构如图 3-1-2-2 所示。

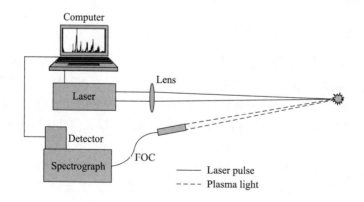

图 3-1-2-2 LIBS 光谱仪的基本结构示意图

2 LIBS 的主要应用领域

目前,激光诱导击穿光谱仪(LIBS)所涉及的主要应用领域可概括如表 3-1-2-1 所示。

表 3－1－2－1 LIBS 光谱仪的主要应用领域

应用范围	需求	描述
冶金领域	高炉炉气分析	例如采用双脉冲技术,可实现对吹扫气－氮气的探测。其他测量元素包括:Na、K、Zn、Pb、C、O、H、Ca、Fe;测量含量范围:$2.46 \times 10^{-3} g/m^3 \sim 1.84 \times 10^{-2} g/m^3$,相对标准偏差:2.3%～7%
	炉渣分析	例如采用自由定标激光诱导光谱技术(CF－LIBS)对炉渣中几种主要成分(CaO、SiO_2、Al_2O_3、MgO)进行了定量分析,对炉渣中主量成分的测毋结果相对误差在15%以内
	液钢分析	对高温钢液在线直接分析,及时调整熔体成分,降低了冶炼成本,提高生产效率
	钢材缺陷分析	满足大量样本的快速检测,可迅速判断缺陷类型
	成品钢材料筛选	用于现场自动钢产品筛选,平均每个样品分析时间(包括预处理时间)为36s,可大大提高生产效率
环境领域	水、土、空气中重金属监控	例如可实现实时快速分析土壤中的 Cr、Cu、Fe、Mn、Ni、Pb 和 Zn 7 种重金属元素,与用 ICP－AES 的测量方法比较,误差都不超过6%
太空探测领域	遥感探测	例如在火星车上装载 LIBS 对火星土壤的化学成分进行探测,利用重复脉冲除去目标表面层,可在几分钟内快速完成
其他领域	艺术鉴别	例如定量分析古陶器的釉中的 Fe、Ca、Mg、Al 和 Si 等;联合了喇曼显微技术鉴定古代的油画和壁画、插画等
	眼镜行业	分析眼镜中的 Pb 含量,辨别不同种类的眼镜
	医学诊断	例如利用 LIBS 研究牙齿,腿骨中痕量元素含量,研究钙化物的形成与自然环境、生理和医学的关系

3 LIBS 的主要厂商及型号

LIBS 近年来处于快速发展阶段,有着众多的厂商和型号,有的也可以根据客户的需求进行定制,具体如表 3－1－2－2 所示。

表 3-1-2-2　LIBS 的主要厂商、型号及相关参数

厂商	型号	激光器	样品台(室)	光学系统	规格
Applied Spectra	RT 100 – HP	Nd:YAG 激光器,根据用户的需要提供不同的输出波长	可沿 X 及 Y 方向移动,移动距离为 50mm×50mm,移动速度范围 0.001mm/s～20mm/s,沿 Z 方向移动范围为 26mm	高分辨光谱仪结合 IC-CD 检测器,双单色器	尺寸:736.6mm(W)×812.8mm(D)×1371.6mm,重量 158kg
	RT 100 – EC	高功率 Nd:YAG 激光器,根据用户的需要提供不同的输出波长	可沿 X 及 Y 方向移动,移动距离为 50mm×50mm,移动速度范围 0.001mm/s～5mm/s,沿 Z 方向移动范围为 10mm	采用 CCD 做检测器,波长覆盖范围 198nm～1005nm	尺寸:65cm×74cm×55cm 重量 68kg
MARWAN TECHNO-LOGY	J200	短脉冲 Nd:YAG 激光器,输出波长可至 213nm	—	—	—
	Modi	Nd:YAG 激光器,波长:1064nm,能量 50mJ～150mJ,脉冲宽度 7ns,最高频率 10Hz	—	中阶梯光栅,分辨率 4000,波长覆盖范围 200nm～1000nm,采用 ICCD 检测光信号	
	Modi smart	双脉冲 Nd:YAG 激光器,能量 120mJ,频率 10Hz,脉冲宽度 12ns	—	光谱仪波长覆盖范围 200nm～400nm,分辨率 0.04nm	
TSI	Chem Reveal	高功率 Nd:YAG 激光器	高精密度带动样品移动的电机,移动精度可达 nm 级	高分辨的中阶梯光栅分光系统,采用 ICCD 采集光信号	
	Spectrolaser	Nd:YAG 激光器,输出波长为 1064nm 或 355nm,能量可通过软件调节,90,200,300mJ	通过步进电机移动,通过计算机控制延时时间,延时时间范围 2～15 μs,步长 80ns	4 块 CZERNY – TURN-ER 光谱仪,波长覆盖范围:190nm～950nm,0.09@300nm	尺寸:86cm×40cm×30cm

续表 3-1-2-2

厂商	型号	激光器	样品台（室）	光学系统	规格
Pharmalaser	PharmaLIBS 250	Nd:YAG 激光器，波长：1064nm，脉冲宽度 3～5ns，计算机控制输出的能量，最大能量为 190mJ，最高频率 10Hz	一次最多可放置 26 个样品	分辨率为 0.1nm，电制冷 CCD 检测器，CCD 响应范围 300nm～1000nm	尺寸：135cm×60cm×99cm，重量 130kg
StellarNet Inc	PORTA-LIBS-2000	Nd:YAG 激光器（Kiger MK-367），波长 1064nm，脉冲频率 1Hz	—	可连接 8 个通道的光谱仪，光谱仪分辨率的 0.1nm，2048 像素的 CCD 检测器，波长覆盖范围 190～1100nm	便携尺寸 18×14×7 inches，通过 12 伏适配器或电池操作
Thermo ARL	Laser Spark	Nd:YAG 激光器	可用高纯氩气（99.995%）充洗样品室	Paschen-Runge 光路，衍射光栅焦距 1m，刻线数 1080，真空型光谱仪，光室恒温 38℃±0.1℃，采用光电倍增管检测光信号	尺寸：169cm×138.5cm×122cm
	EasyLIBS	Nd:YAG 激光器，可选择双脉冲工作方式，激光器输出波长 1064nm，脉冲频率 1Hz，能量小于 25MJ	可充惰性保护气体	波长覆盖范围：190nm～950nm，光谱仪分辨率 0.2nm，采用 CCD 检测光信号	便携式重量 7kg
IVEA	MicroLIBS MEEP	Nd:YAG 激光器 266nm，输出波长 266nm，脉冲频率 20Hz，脉冲能量 180～950nm 可调，烧蚀斑点大小为数 10μm	样品室可充入惰性保护气体，通过电机的移动实现对样品的扫描分析	检测器为 ICCD	—

续表 3-1-2-2

厂商	型号	激光器	样品台（室）	光学系统	规格
	MobiLIBS	Nd：YAG 激光器，对于固体及液体分析时，激光器波长选泽 266nm，对于气体分析 激光器输出波长 1064rm，脉冲频率 20Hz，脉冲宽度 4ns。根据激光器输出波长的不同，脉冲能量从 μJ 至数 mJ	—	可依据需要配置中阶梯光栅＋ICCD 或 Czerny－Turner＋ICCD/PMT 光路构型	—
IVEA	FarLIBS	Nd：YAG 激光器，输出波长 266nm，脉冲频率 20Hz，传递至样品表面的能量大于 8mJ，烧蚀坑的大小为 300um	—	遥测距离 3m～10m，通过望远镜系统收集远处等离子体光信号	—
	OfiLIBS	Nd：YAG 激光器，输出波长 532nm 或 355nm，通过光纤传递激光脉冲，脉冲频率 20H，传递至样品表面的能量大于 3mJ，烧蚀坑的大小为 200um	—	遥测距离 10m～20m，产生的等离子体光信号通过光纤传递至光谱仪	—
Ocean optics	LIBS 2500plus	Nd：YAG 激光器，输出波长 1064nm，可依据能量对象选择脉冲样品，脉冲能量选择 50mJ，对于玻璃等高熔点样品可选择 200mJ	—	波长覆盖范围：200nm～980nm，光谱仪分辨率：0.1nm，可依据需要配置不同个数的光纤通道，光纤长度 2m，产生离子等体信号通过光纤传递至光谱仪，采用像素 2048 线阵 CCD 检测信号	—

续表 3-1-2-2

厂商	型号	激光器	样品台(室)	光学系统	规格
Ocean optics	Insight	Nd:YAG激光器	可选电脑控制 X/Y 平台	光谱范围 190nm～800nm，高于 0.1nm 的全波段分辨率，增强型 CCD	—
	SML	激光器频率 1kHz	可在几分钟之内对样品进行快速扫描分析	—	—
Laser Analytical Systems & Automation GmbH	SALIS	氙灯泵浦 Nd:YAG 激光器，脉冲能量可通过软件调节		Paschen–Runge 结合光电倍增管光路构型，对光信号具有时间分辨率能力，具有 Ca, Si, Fe, Mn, Mg, Al, Ti, P, S 等元素通道	—
LTB (Laser technik Berlin)	MA 300	高功率 Nd:YAG 激光器，激光器输出波长 1064nm, 532nm, 355nm, 266nm，可根据需要选择，脉冲能量最大 200mJ，能量波动 2%，最高频率 30Hz		通过望远镜系统采集等离子体光信号，遥测距离为 300mm，中阶梯光栅（ARYELLE series）进行分光	尺寸：710mm(L)×190mm（W）×170 mm(H)
Avantes	LA-1	氙灯泵浦，Nd:YAG 固体脉冲激光器。激光波长 1064nm，频率 1Hz～30Hz，脉宽 6ns～8ns，能量稳定性 <1%		波长范围 190ns～1000ns，采用 2048 像素 CCD 阵列作为检测器，光谱仪分辨率在 500nm 时，小于 0.1nm	尺寸：730mm×600mm×1250mm

续表 3－1－2－2

厂商	型号	激光器	样品台（室）	光学系统	规格
Applied Photonics Ltd	LIBSCAN 50 and 100	Q开关 Nd:YAG 激光器，输出波长 1064nm，可倍频至 355 及 266nm，脉冲宽度 5ns～7ns，最高频率 20Hz*	样品室可充入惰性气体保护气。*LIBSCAN 50 最大输出能量 50mJ LIBSCAN 100 最大输出能量 100mJ	可根据需要提供 8 个通道的光谱仪，波长覆盖范围 182nm～1000nm	—
BAE System	Tracer2100	高功率密度 Nd:YAG 激光器	—	采用 ICCD 检测光信号，通过光纤传输等离子体光信号	—
Foster aNd freeman	ECCO	Q开关 Nd:YAG 激光器，激光器输出波长 1064nm	样品由电机带动可沿 XYZ 方向移动	波长覆盖范围：225nm ～930nm，波长分辨率 0.14nm。CMOS 检测器具有高达 60% 的量子效率	—

4　LIBS 的主要发展趋势

LIBS 光谱仪正在经历快速发展的阶段,可以预见:定量方法研究、激发光源研究、便携性改进、原位分析、太空探测等将成为 LIBS 仪器的研究与发展方向,具体如下所述。

4.1　自由定标法

目前在 LIBS 定量分析中,内标校正法是应用最为广泛的一种校正方法。即采用一系列的参考物质,其中各元素含量已知并且元素的组成与所测样品类似。选择样品中的主要元素作为内标元素,该元素光谱信号的变化可直接反映不同基体的样品特性,以减少由于样品不同而对等离子体发射产生的影响。测得参考物质中测定元素发射强度和内标元素发射强度之比,绘出其与浓度比(已知)的关系曲线即校准曲线,通过该曲线可对未知样品进行定量分析。该内标校正法最大的局限性在于待测样品与参考物质的成分必须相似,而与样品基体完全匹配的标准参考物质难以获得,因此内标法不太适于现场测定。

自由定标法(Calibration – Free,CF)是指不需要采用标准样品进行测定、不需要制作标准曲线,而是直接依据得到的谱线相对强度计算待测样品组分的浓度。鉴于内标法应用的局限性,Ciucci 与 Palleschi 等提出了自由定标分析方法。该方法根据谱线强度与等离子体的物理参数(如原子跃迁的能量、等离子体温度)之间的数学关系建立定量分析模式,避免基体效应的影响。采用无标准分析法测定固体或液体样品,都无需知其确切成分及性质,弥补了内标法的不足,使得现场分析成为可能。然而,该法也存在一定的缺陷,即必须通过计算实际测得的样品中各元素含量与所有元素含量总和之比来得到各元素的成分。从 1999 年提出至今,基于自由定标的 LIBS 技术已经被应用到各个领域,如利用 CF – LIBS 方法分析火星岩石成分,对于主量成分相对测量误差一般在 5%～30%;在矿石成分检测中,所测的氧化物含量相对误差在 20% 以内。自由定标在今后还将吸引众多研究团体加入,使 CF – LIBS 成为该领域内一项有吸引力的检测技术。

4.2　双脉冲技术

与传统光源的光谱仪相比较,LIBS 的检出限相对要高 1～2 个数量级,这大大限制了 LIBS 的应用。如何提高探测极限,提高线性辐射的强度以及提高结果的重复性成为最近的研究热点,其中最有前景的方法是双脉冲 LIBS 技术(DP – LIBS)。相对单脉冲技术,双脉冲技术的烧蚀效率、谱线强度及元素检出限都有一定程度的提高。双脉冲技术先利用第一个激光脉冲对样品进行烧蚀,在等离子体膨胀冷却时,第二个激光脉冲对正在冷却的等离子体进行再度的激发,进而对第二个激光脉冲诱导的等离子体辐射进行探测。双脉冲技术的两个脉冲一般以共线[如图 3 – 1 – 2 – 3(a)]与正交方式垂直入射到样品中去。在两个脉冲以正交结构入射时,存在两种工作方式。一种是第一个脉冲垂直表面入射,产生等离子体,第二个脉冲平行样品表面,正入射至正在膨胀的等离子体中[如图3-1-2-3(b)]；另一种是第一个脉冲平行样品表面入射，在表面上方产生空气击穿，随后第二个脉冲正入射至样品表面[见图3-1-2-3(c)]。该技术实现了对材料烧蚀与等离子激发的两个阶段的分步优化。

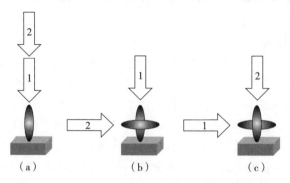

（a）　　　　　　　　（b）　　　　　　　　（c）

图3-1-2-3　双脉冲激光LIBS作用示意图

双脉冲LIBS面临的主要问题是其受周围环境和检测元素本身影响而有所变化，例如谱线强度的增加与元素本身性质及环境变化有关，激光的两个光束位置，脉冲时间间隔等都会影响检测结果和精度。

4.3　便携式LIBS

便携式仪器的研制也是近年来LIBS研究的热点之一。最早的便携式LIBS系统出现在20世纪90年代中期，用于检测土壤和涂料中的重金属铅。美国Los Alamos国家实验室的Cremers研究小组是最早开发便携式LIBS系统的单位之一，并于1996年推出了一款真正意义上的便携式LIBS设备——PORTA-LIBS-2000（见图3-1-2-4）。该设备包含一台廉价紧凑的Nd:YAG激光器，可以在12V电池的驱动下产生功率为15mJ～20mJ、脉宽为4ns～8ns、波长为1064nm的激光；配置了2m长的光纤和小型CCD，整套装置总重量为14.6kg，体积为46cm×33cm×24cm，可用于分析土壤等样品。此后，因便携式仪器小巧、轻便、适于工业现场测定的特点，多家实验室陆续开始研制便携式LIBS仪器。如2006年报道了意大利Marwan Technology公司和比萨应用激光光谱实验室联合开发的便携式LIBS系统用于文物、环境、冶金等领域原位分析。

图3-1-2-4　PORTA-LIBS-2000实物图

激光器件的小型化是便携式LIBS系统小型化的主要措施之一。当激光脉冲宽度缩短到小于1ps时，只要很低的功率即可激发高峰值的发射谱线，这样一来激光器的体积就大大缩小了。此外，超短脉冲产生的连续辐射也很低，不必使用相对复杂的开关式CCD检测器。

近年来,推出体积更小、携带更方便的 LIBS 仪器也成为各厂商的一个重要方向。如在 Pittcon 2014 举行期间,TSI 公司推出了一款坚固耐用的 ChemLogix™ 手持式激光诱导击穿光谱元素分析仪(如图 3-1-2-5 所示)用于现场研究、质量控制和移动实验室的市场,该产品安全、重量轻、易于使用。ChemLogix™ 手持式激光诱导击穿光谱仪可以对包括轻元素在内的元素在几秒钟内完成分析,非常适合要求苛刻的领域及在线质量监测。通过采用便携 LIBS,用户可以在现场或生产车间快速得到分析结果。

在 2014 年的"第九届中国西部国际科学仪器展览会"上,四川大学生命学院分析仪器研究中心也亮相一款便携式 LIBS 仪器,服务于冶金、地质、医学,生物,环境污染监测等多个领域,为相关产业提供有效的现场、原位、快速分析。

图 3-1-2-5 TSI 公司的 ChemLogix™ 手持式 LIBS 元素分析仪

4.4 原位分析

LIBS 具有高灵敏度与高空间分辨率,激光烧蚀坑直径达微米级,可直观并定量地提供材料中各元素的多维原位统计分布信息;而且,它对不规则形状的材料进行原位分析的优势令其他仪器望尘莫及,因而成为该领域中极具潜力的分析仪器之一。

已有报告应用于冶金领域中,冶金炼钢工艺从高炉炼铁、转炉冶炼、精炼炉精炼、连铸工艺一直到钢成品的产生整个过程中,将可采用激光诱导解离光谱分析进行质量控制。包括如高炉炉气分析、钢液分析、钢材缺陷分析以及钢产品材料筛选上应用。

LIBS 对冶金材料的原位分析对材料的性能及冶金工艺都有着重要意义,也是今后原位分析的一个重要方向。采用 LIBS 技术对钢铁镀层进行了深度分析,钢上的 Zn、Ni(2.7~7.2μm 厚)及 Sn(0.38~1.48μm 厚)经线性校正后可以获得良好的分析精度(RSD 为 3.5%)。采用 LIBS 技术测定铝合金表面铜含量的二维分布情况,沿 x 轴、y 轴方向水平移动的样品工作台,样品每移动 50μm 进行一次测定,根据所测定的分布图可以确定样品被铜污染的确切位置。

激光诱导解离光谱引用原位统计分布分析技术,在材料分析上的应用,更将成为一门特有的分析技术,具有广泛的应用前景。国内已经研制出 LIBS-OPA 商品仪器应用于生产工艺上。

国内纳克公司首先推出的 LIBS-激光原位分析仪(见图 3-1-2-6),采用高功率 Nd:YAG 脉冲激光器作光源,产生激光诱导等离子体,结合多道直读光谱仪进行光谱分析;仪器带有大范围的二维扫描装置,可以对元素成分和状态进行分布分析。

图 3−1−2−6　纳克 LIBS OPA−100 激光原位分析仪

4.5　太空探测

　　LIBS 技术可精确定位目标,快速采样,探测限可达到 μg/g 量级以及高探测灵敏度,能够探测几乎所有元素,又能利用重复脉冲除去样品表面的尘土和风化层,因此 LIBS 在空间探索领域的研究也得到重视和发展。

　　LIBS 在深空探测中表现出独特的遥感探测能力,使得 LIBS 可以对无法到达的太空区域进行探测。美国已投入了巨大的精力研究 LIBS 技术在深空探测领域的应用。2009 年,美国 NASA 就将 LIBS 技术实际应用到火星探测项目中。NASA 使用望远镜系统聚焦激光脉冲,在产生 LIBS 的同时,也起到了收集光谱的作用,用以探测 9m 远的样品。2012 年 8 月,美国 NASA 的"好奇"号火星探测器登上火星,利用所携带的采用 LIBS 技术的 ChemCam 系统(见图 3−1−2−7)开展了对火星地面上的岩石成分的分析,以寻找碳、氮、氧等对生命至关重要的元素,获得的数据优于之前在地球上进行试验得到的数据。LIBS 技术在恶劣的宇宙环境中可实现高精度的物质元素分析与检测,是一种切实可行又精确可靠的太空物质检测手段,可以替代之前采用的 X 射线荧光测试系统。

图 3−1−2−7　"好奇"号火星探测车上的 LIBS

三、现场评测　聚焦分子光谱现场快检技术

在本次 BCEIA 展览会上,评议组专家围绕便携式现场检测分子光谱分析技术,与仪器公司就分子光谱仪器新品,通过现场演示与评测,对分子光谱仪器近年来在现场快速检测技术与食品和药品安全等有关方面的应用进展进行专题评议。来自国外厂商 Thermo Fisher、Agilent、Bruker、PerkinElmer、Horiba、Foss、EnWave Optronics、Ocean Optics 及国内聚光科技公司等光谱仪器厂家的产品负责人,向评议专家介绍了各自最新推出的便携式拉曼、红外光谱、近红外光谱及分子荧光光谱仪器的性能及其采用的技术,并在仪器现场评测时段当场演示了所带来相关检测仪器,介绍了已有的应用实例。下面按照现场的推介顺序逐一进行介绍。

1　仪器厂商的主要型号性能及现场评测

1.1　Horiba(堀场)

Horiba 集团科学仪器事业部(Horiba Scientific)着重介绍的是便携式拉曼光谱仪,型号为 HE。加入 Horiba Scientific 旗下的 Jobin Yvon 长期致力于科研级光学光谱产品的研发生产,鉴于现场快速检测需求已经不断增大,Jobin Yvon 将科研级拉曼光谱仪的高灵敏度、高稳定性技术集成并发展出一款专业便携拉曼光谱仪。

HE 便携拉曼光谱仪主要由探测器、光谱仪、激光器、光纤探头和控制系统构成,其结构示意图如图 3-1-3-1 所示,光纤探头将激光入射到样品上,并同时接收拉曼信号,拉曼信号经过光谱仪分光打到探测器上,被探测收集。针对拉曼信号弱的特征,通过降低暗电流等方式提升灵敏度,并以较低的激光功率实现文物等的无损检测。另附的光纤探头也可完成爆炸物等危险样品的现场、远程检测。

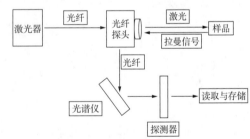

图 3-1-3-1　HE 高灵敏度便携式拉曼光谱仪(左)及其结构示意图(右)

这是一款具有高灵敏度的稳定拉曼系统,能够在复杂环境下在很短时间内获得准确、高质量的拉曼结果,它具有多种配置型号,适用的激光器包括 532nm、638nm 和 785nm 激光器。HE 具有可视系统选项,可以配备各种放大倍数的显微镜物镜,用于不均匀样品表面微米级观察和取点。

目前 HE 已经广泛应用于考古文博、公安(爆炸物、毒品等)、宝石鉴定、地质、药

物、食品、环境等行业,为研究和检测提供强有力的帮助。以下介绍几个应用实例:

(1)敦煌莫高窟,以精美的壁画和塑像闻名于世。对窟内壁画颜料进行的现场拉曼检测结果见图3-1-3-2,给出颜料组分信息,为文物保护、不同时代的颜料研究提供了方便可靠的分析研究工具。

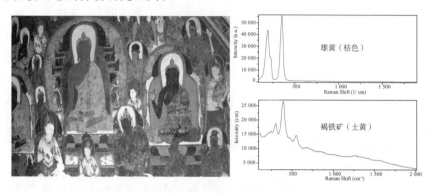

图3-1-3-2　敦煌莫高窟壁画研究

(2)在欧洲,教堂是非常珍贵的文化遗产,其装饰风格多采用彩色镶嵌画和窗玻璃画(见图3-1-3-3)。欧洲学者使用HE高灵敏度便携拉曼光谱仪,对巴黎地区教堂的彩色玻璃进行了快速无损分析,鉴定了K/Ca、Na/Ca等不同类别玻璃,并通过化学计量学等方法,判断其风化程度,获得所用玻璃的相对年代,为研究不同时期玻璃的生产工艺和艺术品制作提供了重要信息。

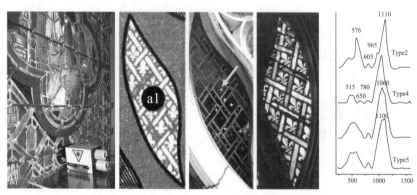

图3-1-3-3　中世纪圆花窗玻璃研究

(3)食品安全已成为当今社会关注的焦点,快速鉴定非法添加剂成为食品安全的重要课题。HE高灵敏度便携拉曼光谱仪可以透过包装袋,对原料药物中的非法三聚氰胺添加剂进行快速无损检测,如图3-1-3-4所示。

总之,HE是一款高灵敏便携拉曼光谱仪,适用于各种环境现场快速检测。

随后,HORIBA Scientific还介绍了几种新技术,如:SWIFT™超快速拉曼成像技

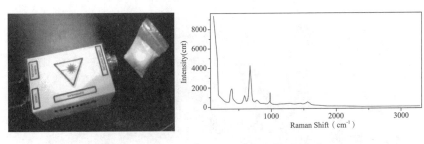

图 3－1－3－4　三聚氰胺的快速鉴定

术,最快可达 1ms/点,原本数小时的成像可在几分钟内即可完成,得到真共焦的 2D
或 3D 详细化学图像(如图 3－1－3－5 所示);Duoscan™可变光斑形状测量技术,利
用高精度、超快速摆动的反射镜生成各种尺寸、各种形状的大激光光斑,获取该尺寸
内的平均信息,也可以从深紫外到近红外做纳米级步长的成像;用于纳米材料研究的
Raman－AFM 联用技术,提供样品的分子分辨率下的物理特性分布图像,如形貌、磁
学、电学、力学等特性,并与其化学结构分布图像对应起来进行材料的机理研究(如图
3－1－3－6 所示),还可使用 TERS(针尖增强拉曼散射)将光谱图像的空间分辨率提
供到纳米级别;透射拉曼定量测试技术,使用大光斑激光照射到块状样品,拉曼信号
从另一侧进行收集,可有效获得整块样品的平均信号,使对不均一样品、粉末样品、药
片样品、固体样品等进行定量分析成为可能。

图 3－1－3－5　药物 SWIFT™超快速拉曼成像(48081 点,采集时间:535s)

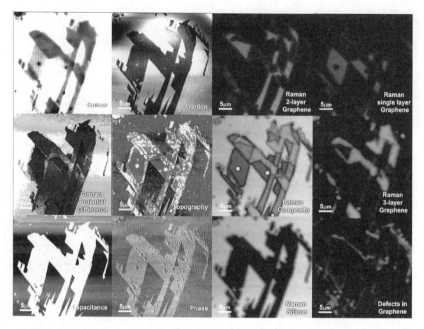

注:图中依次给出石墨烯的光学像、摩擦力、2层石墨烯拉曼成像、单层石墨烯拉曼成像、
接触电势差分布,形貌,拉曼组分成像,3层石墨烯拉曼成像,电容,相位,硅衬底的拉曼成
像分布,石墨烯缺陷拉曼成像

图 3-1-3-6　石墨烯样品的拉曼-AFM 同区域成像

现场评测:Horiba 公司的人员现场搭建了 HE 便携拉曼光谱仪,并测试了专家组
提供的蔗糖、油等食品样品,均获得了满意的拉曼光谱图,得到专家组的认同。从所
展示的应用实例,可以看出该仪器具有实用价值,可应用于考古、矿物、公安等多种
领域。

1.2　EnWave Optronics(恩威)

EnWave Optronics 公司介绍了其稳频激光拉曼光谱仪(S Laser Raman Analy-
zer)作为现场快筛快检的工具。该设备是美国国家航空航天局(National Aeronau-
tics and Space Administration,NASA)以及美国食品药品管理局(Food and Drug
Administration,FDA)选定的仪器。

EnWave Optronics 公司突出介绍其简洁的光学系统:专利的稳频激光器设计,
激发波长误差:$< 1cm^{-1}$(24h);线宽$\ll 0.15nm$;信噪比可达 12000:1;冷 CCD 检测器
设计,最低可达 $-85℃$,能有效降低背景噪音;高灵敏度,最低可于 20s 内检测到
50ppm 硝酸盐溶液。在软件方面,EnWave Optronics 公司可提供自动 X 轴校正
(One Button X - Axis Calibration),波数校正$\pm 1cm^{-1}$;内配美国 NIST 785nm 或
532nm Y 轴自动校正(X - Axis Calibration);独家自动基线校正技术(Auto Baseline),

可检测高荧光样品;具有工业在线实时监控软件功能,可对实时反应中物质的消涨变化做监控。此款仪器为便携式一体化设计,内置蓄电池和笔记本电脑,方便现场使用,续航时间4～5h,并可搭载显微装置。

另外,恩威为提供快速检测的整体解决方案,向用户提供3万张谱库供检索。可应用于假冒仿制药的鉴定、刑侦鉴定、安全反恐、环境污染监测、宝石鉴定。在评议过程中,恩威还向评议组汇报了该仪器在高荧光背景样品、生物组织和生物活性样品、气体检测中的应用实例。

现场评测:该公司的人员现场测试了麻油、皮肤等样品,演示了50 ppm低浓度硝酸盐的拉曼光谱图,谱图整体信噪比较好。专家组评议认为该仪器作为现场快筛快检的工具,可以有较多应用,在药品、矿物等领域应用。

1.3　Thermo Fisher(赛默飞世尔)

Thermo Fisher公司在展会上介绍了其全系列的便携光谱仪器,包括手持式拉曼、手持式中红外、近红外,以及手持式X射线荧光光谱仪。其主要介绍的手持式红外光谱仪(TruDefender系列)和手持式拉曼光谱仪(FirstDefender系列)是基于现场快速定性化学物质的需求开发的手持式设备,采用的是傅里叶变换中红外光谱和拉曼光谱技术。这两种技术都是通过扫描得到不明物质的特征指纹光谱,与谱库里的光谱进行比对后,确定不明物质的成分,从而节省了物质在实验室的分析时间,节省了成本,还能够使现场人员快速做出响应,为后续的工作提供了极大的便利。

(1)TruDefender系列手持式红外光谱仪

TruDefender FT手持式红外光谱仪于2008年面世,是市场上最小的中红外光谱仪。

TruDefender系列包括TruDefender FT和TruDefender FTX两个型号,产品照片见3－1－3－7。重量不到1.3kg,采样方式采用的是衰减全反射(ATR)方式,采样头晶体为金刚石,耐强酸强碱和腐蚀性物质。ATR采样方式非常简单,只需将液体样品滴在采样头上就可以进行扫描,扫描方式参见图3－1－3－8。固体样品施加一定的压力后就可以扫描。

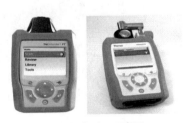

TruDefender FT/FTX

图3－1－3－7　TruDefender系列
手持式红外光谱仪

TruDefender系列小巧轻便,锂电池可使用大于4小时,TruDefender系列通过了美国军标MIL－STD－810F的严酷测试,非常坚固耐用,因此它充分满足了将设备带到现场的需求。

TruDefender系列可以说是中红外光谱仪的一个极大的创新,既把设备的体积做到了完全的手持式,而且避免了传统红外光谱仪怕潮、抗环境干扰能力差等弱点,真正把实验室的定性设备带到了现场(详见图3-1-3-11)。

图3-1-3-8　TruDefender手持红外光谱仪扫描方式

(2)FirstDefender系列手持式拉曼光谱仪

FirstDefender RM/RMX

图3-1-3-9　FirstDefender
手持式拉曼光谱仪

FirstDefender系列手持式拉曼光谱仪重量为0.8kg,包括 FirstDefender RM 和 FirstDefender RMX 两个型号,参见图3-1-3-9。手持式拉曼光谱仪操作简便,可以隔着透明包装进行测试,扫描方式参见图3-1-3-10。FIrstDefender系列小巧轻便,锂电池可使用大于4小时,通过了美国军标 MIL-STD-810F 的严酷测试(参见图3-1-3-11),因此它充分满足了将设备带到现场的需求,因为设备非常坚固耐用。

图3-1-3-10　FirstDefender手持式拉曼光谱仪扫描方式

图3-1-3-11　TruDefender和FirstDefender的防水性测试

（3）强大的分析功能——犹如一个光谱分析专家

TruDefender 和 FirstDefender 将操作软件内嵌到设备中，全中文的操作界面，简单的按键设计，清晰的扫描结果，即使对于没有化学背景的用户也可在短时间内上手。专利的软件算法通过颜色来代表分析结果，不仅能分析纯物质，还能分析混合物，设备分析结果如图 3－1－3－12 所示。

图 3－1－3－12　TruDefender 和 FirstDefender 的分析结果

强大的分析功能不仅依靠强大的算法，还要依靠设备内置的数据库。目前 TruDefender 包括的物质数据库大于 10000 种，FirstDefender 系列数据库大于 12000 种，包括有爆炸物，毒品，化学试剂，工业化学品，药品，塑料等等，这些谱库都是工厂自己建立的，并不是商业的谱库，因此确保了分析结果的可靠性。数据库会定期更新，操作软件也会越来越优化，为用户提供更好的现场物质定性手段。

由于拉曼和红外光谱的互补性，TruDefender 和 FirstDefender 系列可以作为一个整体在现场使用，不仅扩大了物质的分析范围，还可以互相确认，确保了分析结果的准确度。

TruDefender 手持红外和 FirstDefender 手持拉曼小巧轻便，操作简便，真正做到了随时、随地、随人，是符合现场使用的分析设备。

（4）手持式红外光谱仪应用实例

以下是 TruDefender 的应用实例，扫描结果都是从设备导出的报告文件，左上角如果显示绿色的正匹配，说明测试结果是单一物质，并会列出物质名称；左上角显示蓝色混合物结果，说明测试物质是混合物，如图 3－1－3－13 所示。

现场评测：Thermo Fisher 公司的人员现场演示了手持式的红外光谱仪和拉曼光谱仪，现场测试样品药片，一分钟的时间，当即获得药片中主要成分以及辅料的化学结构式、中/英文名称、大致的光谱强度比及结果的置信度等信息，具有实用价值。其独特的谱图检索功能给专家组专家留下了深刻的印象。

1.4　Agilent（安捷伦科技）

Agilent 公司向与会专家介绍了其移动测试部的手持红外光谱仪 4100 EX-COSCAN 和 4200 Flexscan。立体式的干涉仪确保其在移动的状态下仍能保持稳定

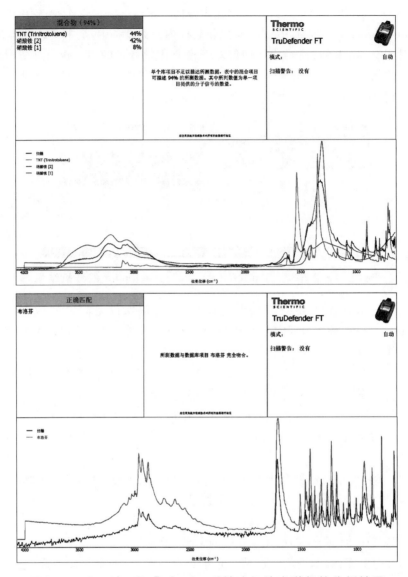

图 3 - 1 - 3 - 13　TruDefender 手持式红外光谱仪的分析结果

的测试性能,全套采样附件 ATR、掠角反射及漫反射适应现场各种类型的样品分析;应用领域涉及民航飞行器碳纤维材料的剖析以跟踪材料的老化程度、评估航空安全性能、燕窝中掺杂的检测等方面。

　　4100 EXCOSCAN 手持式现场测量傅里叶变换红外光谱仪如图 3 - 1 - 3 - 14 所示,其特点如下:全密闭光学系统,防潮设计;专利光学设计,抗冲击,抗震动;可更换样品测量探头:单反射钻石 ATR 探头、反射探头、漫反射探头、掠角反射探头;PDA

控制平台,并可连接笔记本电脑进行数据传输;仪器自带电池,可连续使用 4 小时;
实验室使用扩充底座,实现红外实验室分析功能。

图 3-1-3-14 Agilent 4100EXCOSCAN 手持红外光谱仪及其应用

4100 EXCOSCAN 手持式红外光谱仪配备有单反射钻石 ATR 探头、反射探头、
漫反射探头和掠角反射探头等多种探头。其 ATR 探头为接触式检测,可以分析固
体、液体;反射探头可用于高反射表面上的涂膜或油漆层,如铝板表面样品的分析;漫
反射探头可用于分析粗糙表面样品分析,如岩石或壁画等;掠角反射探头可用于高反
射表面上薄膜分析。

4200FlexScan 手持式现场测量傅里叶变换红外光谱仪是从 4100 平台衍生出来
的新一代手持式现场分析红外光谱仪。4200 手持式红外光谱仪为分体式,分为光学
系统(含干涉仪和测试探头)和电路模块(含电池和电路系统)。该设计主要是满足危
险样品现场检测要求。其特点为:全密闭光学系统,防潮设计;专利光学设计,抗冲
击、抗振动;固定样品测量探头;单反射钻石 ATR 探头、反射探头、漫反射探头、掠角
反射探头;PDA 控制平台,并可连接笔记本电脑进行数据传输;仪器自带电池,可连
续使用 4 小时等,适合远距离测试,见图 3-1-3-15。

图 3-1-3-15 Agilent 4200 FlexScan 手持红外光谱仪及其应用

此外,Agilent 公司能够实现红外光谱的快速分析效能得到最大的发挥,其专利的红外分析技术也起到了关键的作用:

(1)专利干涉仪设计

为满足移动式测量和恶劣的使用环境要求,Agilent 公司采用专利的干涉仪设计,尺寸仅仅为 8cm×8cm×13cm,是目前最小、最牢固的商用干涉仪。使用该干涉仪模块,显著减小了傅里叶变换红外光谱仪尺寸和重量,但却没有损失红外的光学性能。其优势包括:25mm 大光圈、短光程设计,实现与传统实验室仪器可比的光学性能;独特的 Flexture 动镜移动系统,保证干涉仪的耐久使用和可靠性;固态激光替代了传统的 He-Ne 激光,保证测量的可靠性和测量精度,并且使用寿命更长;防潮 ZnSe 分束器,全密封光学系统,无需任何光路准直等,可广泛应用于便携式和手持式红外系统。

(2)专利液体分析技术

对于液体定量分析,Agilent 公司采用专利液体透射分析技术。只需要把样品滴到测量区域,转到特定光程测量头就可以进行测量,测量完毕可以直接擦掉样品(如图 3-1-3-16 所示)。

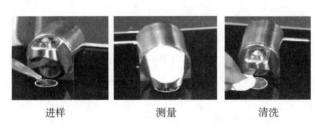

进样　　　　　　　测量　　　　　　　清洗

图 3-1-3-16　Agilent 液体透射分析

其液体分析技术的优势在于:可以选择固定光程或三个可变光程;不需要像液体池一样进行组装才可进行分析;不需要光程垫片,没有泄漏和干涉条纹问题;可以分析粘稠样品;可以分析低浓度样品;没有消耗品等。

现场评测:Agilent 公司的人员现场展示了其手持式红外光谱仪的多种采样探头,做了用于皮革、纺织品种类判定的演示,达到预期效果。同时其液体透射附件易于清洗和测量的特点也受到了专家组专家们的一致好评。

1.5　Bruker(布鲁克)

Bruker 光谱部门了介绍其 Tango 系列近红外分析仪。2011 年面市的 TANGO-R 近红外漫反射积分球已广泛应用于饲料、食品、化工等固体样品的检测。最新推出的 Tango-T 透射模式近红外分析仪适用于液体样品,拥有 RockSolid 干涉仪并配置立体角镜;针对工业现场分析过程,它具有自动升温功能,达到即插即用;在石化(汽油酸值、辛烷值等测试及油品鉴定)、食品(食用油成分、品质鉴定)具有广泛应用。TANGO 仪器的特点如下:

（1）仪器特点

TANGO 仪器（见图 3-1-3-17）核心仍采用布鲁克公司专利技术——RockSolid™（坚如磐石）干涉仪，利用了三维立体角镜技术，保证光路永久准直、性能长期稳定、数据准确可靠、仪器抗震性强；光学镜面均采用镀金处理，反射率比铝镜提高 5% 以上，确保仪器的高光通量和高灵敏度，使光学性能更稳定、使用寿命更长。

图 3-1-3-17　TANGO 近红外光谱仪

针对不同物态的样品，TANGO 提供了多种测量方式：TANGO-R 固体漫反射测量和 TANGO-T 液体透射测量（见图 3-1-3-18）。TANGO-R 采用积分球漫反射模块，快速测定固体样品的光谱信息；光学镜面均采用镀金处理，测样光斑的直径可达到 10mm，确保了不均匀样品的重现效果；再配合样品旋转台，进一步扩大了样品的扫描面积，增强了样品的代表性，消除了不均一化带来的影响；此外，内置镀金背景，完全由计算机控制自动切换，消除了样品污染和人为干扰所带来的影响。TANGO-T 采用透射方式实现液体样品的快速扫描；配有背景自动采集功能，无需插拔样品即可测量；此外，还配有控温系统，可以在 20～80℃ 范围内调节温度，并通过传感器实时监测器皿的温控情况，当样品的温度达到指定要求时才会开始进行光谱扫描。

图 3-1-3-18　TANGO 近红外光谱仪的测量方式

针对不同信息技术的要求，TANGO 为用户提供了多种选择：配有触屏微电脑的一体机、以太网外接电脑的独立机。TANGO 体积小巧，搭配触屏微电脑，对空间有限的实验室来说是绝佳的理想选择。能够满足不同用户在不同环境下的测试要求（如直接用于通风橱、手套箱或流动手推车），能够随时随地进入工作状态且无需任何调整。

TANGO 具有人性化的工作平台、简便化的测量模式、直观性的触屏按钮，无需培训繁杂的操作技能、无需具备专业的理论知识，能够帮助用户更加快捷、安全的完成整个测试流程；甚至未经培训也能正确无误的实现测量。

（2）性能指标

TANGO 型傅立叶变换近红外光谱仪，完全符合 ISO 9001 质量管理体系认证标准，能够达到如下性能指标：

①分辨率:优于 2cm^{-1},并且可根据实验要求连续可调;谱区范围:11500~4000cm^{-1};波数重现性:优于 0.04cm^{-1};波数准确度:优于 0.1cm^{-1},模型数据可在不同仪器间直接传递和共享;透光率精度:优于 0.1%T;

②干涉仪:专利技术 RockSolid™ 永久准直干涉仪,采用三维立体角镜技术,实现了光学补偿抗振动、光路永久准直、仪器长期稳定;镜面均进行镀金处理,干涉仪 60°角设计,使光能利用率比 90°角干涉仪提高 40%;DSP 控制电磁驱动,10 种动镜移动速率(1.4~25.5mm/s,光程差);

③检测器:采用 DigiTect™ 专利技术的高灵敏度 InGaAs 检测器或 PbS 检测器,将检测元件、信号放大器与 24 位 A/D 转换器集成一体化,直接输出数字信号,避免了传输过程中的衰减和干扰,提高了仪器的灵敏度包括前置放大器;全数字化设计,输出数字信号;

④分束器:近红外专用的多层覆盖、石英分束器;

⑤验证:仪器内置包含各种标准物质的 IVU 校验系统,通过自检程序可对仪器的各项指标随时进行自检,并给出符合 GLP 标准的自检报告;

⑥操作软件:中文界面、人性化设计,具有多种光谱预处理方法和自动优化功能,提供最佳的建模条件,减少了人工选择建模条件的工作量和人为的不确定因素;

⑦简便维护:操作维护简单,各种易耗部件均采用预准直设计;

⑧应用广泛:TANGO 仪器可以为食品、化工、石油等各个行业提供高效的解决方案,帮助企业改善生产工艺、提高产品质量。

此外,布鲁克公司还介绍其生产的其它型号近红外光谱仪,都可以与 TANGO 实现模型传递和数据共享。

图 3-1-3-19 所示为玉米、小麦、豆粕、菜籽粕的蛋白质在 19 台 Bruker 近红外光谱仪器上的传递效果。

现场评测:Bruker 公司的人员在其 TANGO 近红外光谱仪上,现场演示了油品分析的全过程,从建模到预测,得到了满意的结果。专家组评议认为,该型号的仪器除油品分析外,还同样适用于粮油、医药等行业,但模型的建立需要投入大量的时间、人力和物力。

1.6 PerkinElmer(珀金埃尔默)

受经济利益驱使,食品原料可能会被不法供应商掺入低成本的材料以获取高额利润。当前掺杂方式有复杂化的趋势,并且可能有未知的掺杂物引入,如不能对非法掺杂进行有效检测,那么这些掺杂物(如三聚氰胺、尿素、植物蛋白以及可能尚未被发现的其它污染物等)一旦会进入成品,不但可能会破坏生产企业的声誉,还可能对公众健康造成灾难性的后果。

PerkinElmer 公司在展会上介绍了针对食品行业分析的便携式 Food Guard 食品分析系统(见图 3-1-3-20)。

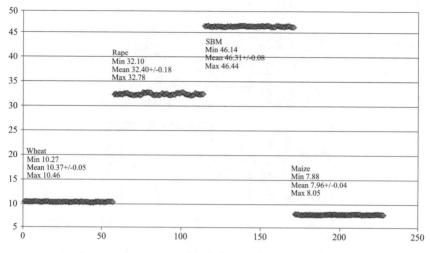

图 3-1-3-19　玉米、小麦、豆粕和菜籽粕的蛋白质
在 19 台 Bruker 近红外光谱仪器上的传递效果

该系统工作的波长范围为近红外,运用创新的硬件和软件,无需对样品进行前处理,也无需红外专家操作,既可快速确认样品类型、给出误差小于 0.3% 的分析证书(Certification of Analysis, COA),并且利用其独特的结合了靶向方法的高灵敏度和非靶向方法的通用性、简便性的优势的"Adulterant Screen"功能对样品进行掺杂筛选并识别出掺杂成分。

Food Guard 食品分析系统的硬件由增强型

图 3-1-3-20　Food Guard
食品分析系统

PerkinElmer Frontier 近红外主机、NIRA Ⅱ 反射附件以及无线旋转样品台组成。

图 3-1-3-21　增强型 PerkinElmer
Frontier 近红外主机

增强型 PerkinElmer Frontier 主机(图 3-1-3-21)信噪比高,且引入业界光度准确性最高的 Frontier Optica 的技术,提高了谱图纵轴准确度。

NIRA Ⅱ 反射附件(图 3-1-3-22)内置全新的光路设计着力改进传递性,使得不同 Food Guard 系统测得的数据一致,减少样品放置位置高低造成的影响,灵敏度高,杂散光少;灵活的采样设计使得不同尺寸的

样品盘或样品瓶均可以放置在平台上进行测定;平台结合曲面的外形配合叠边设计

以及磁性安装座,便于清洁和减少样品的损耗。

图 3-1-3-22　NIRA Ⅱ反射附件、结构、放置样品以及清洁

无线旋转样品台(图 3-1-3-23)可以提高谱图的代表性,该样品台与 NIRA Ⅱ附件平台通过磁性安装定位(图 3-1-3-24),并采用无线传输提供能量,摒弃了线缆设计,可在 5 秒之内完成完全分离和重新连接,便于清洁,减少交叉污染,由于不用电池,避免了更换电池的麻烦,更加方便和环保。无线旋转样品台也运用了专利技术,在被污染后可以拆解水洗(图 3-1-3-25)。

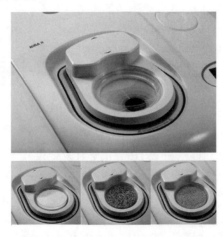

图 3-1-3-23　无线旋转样品台

Food Guard 食品分析系统的软件包含对样品进行确认(定性分析)和含量测定(定量分析),还具有"Adulterant Screen"功能(专利申请中),该功能结合了非靶向和靶向方法的优势。与非靶向方法相比,"Adulterant Screen"灵敏度高(检出限可达 0.2%),对被判定的掺杂样品还会给出可能的掺杂物信息;与靶向方法相比,"Adulterant Screen"无需预先知道样品中掺杂物是什么,而且用于建立模型的样品数量大大减少。

图 3-1-3-24 磁性安装,
无线传输能量

图 3-1-3-25 专利的可拆解水
洗旋转样品台

"Adulterant Screen"功能的工作原理为(图 3-1-3-26):在获得一个样品的光谱之后,该功能首先将其与参考样品 PCA 模型进行比较;然后,依次使用各种潜在掺假成分的光谱对该模型进行扩展;如果在模型中增加某种掺假成分的光谱之后,样品光谱的拟合程度得到显著增加,说明该样品很可能含有这种掺假成分。该功能适用于同时含有多种掺假成分的样品,可以检索最多三种掺假成分的各种组合方式。该功能输出结果是数据库中各种掺假成分的估计浓度、检测限和置信指标。

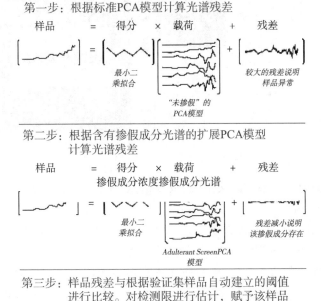

图 3-1-3-26 "Adulterant Screen"工作原理

下面以食品工业中常见的原料奶粉为例,说明"Adulterant Screen"的使用过程。

首先,用数十个正常样品建立数据库,这些样品尽可能包含各种类型,例如包括不同批次、不同生产者、不同工艺参数的产品,以包含正常样品的性质波动;然后只需用掺杂成分的纯物质光谱建立掺杂光谱库(软件中已经内置 19 种),导入这两组光谱,便可以开始测定样品。

样品测定可以用 Touch 软件(图 3-1-3-27)完成,该软件为流程化设计,可加入文字、图形、视频等 SOP,确保快速高效得到一致的结果。

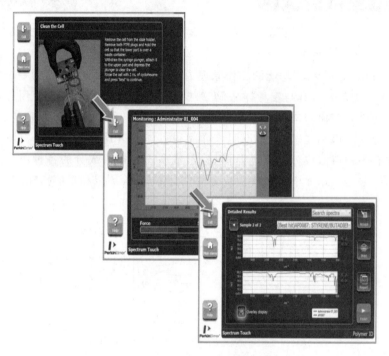

图 3-1-3-27　Touch 软件

在结果页面中可以查看确认结果、浓度信息(水分、脂肪、蛋白质、灰分、乳糖等)以及"Adulterant Screen"结果(图 3-1-3-28),本例中的样品虽然通过了确认测试,但是没有通过灵敏度更高的"Adulterant Screen"测试,且置信指标为 Likely。

"Adulterant Screen"提供结果诊断工具,其将待测样品光谱对未掺假样品和掺假成分光谱进行最小二乘拟合,从而估计待测样品光谱中掺假成分的贡献。特别是对于光谱特征非常显著的掺假化学成分,提取出的掺假成分光谱与数据库光谱非常一致,充分表明了该掺假成分确实存在。反之,如果提取出的光谱中缺少数据库光谱的谱带,说明该样品中含有的掺假成分不在数据库之内。图 3-1-3-29 所示为掺有 2% 尿素的奶粉样品中提取的掺假成分光谱与数据库中尿素的光谱。数据库光谱中所有特征峰都与提取出的光谱匹配,由此可以确认该样品中确实含有尿素。

最后,Food Guard 食品分析系统的软件包含有"Spectrum Workflow Developer",支持用户自己调用数据测定、分析模块设计专属的 Touch 应用。

现场评测:PerkinElmer 公司的人员现场演示了便携式 Food Guard 食品分析系统对原料奶粉掺假的分析,根据仪器已有的模型,结合掺杂样品的光谱数据库,鉴别出了掺假的原料奶粉,并给出了大致的掺假比例。在场专家认为对样品无需前处理,即可快速确认样品类型,并给出误差小于 0.3% 的分析证书,可用于奶制品的日常生产检测及预警。

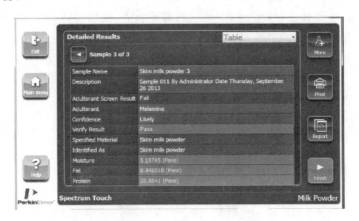

图 3－1－3－28　Touch 结果

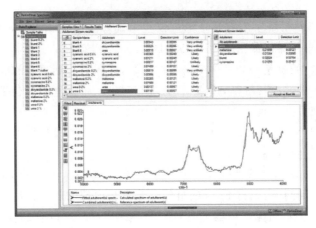

图 3－1－3－29　掺有 2% 尿素奶粉样品中提取的掺假成分光谱(黑色曲线)
与数据库中尿素光谱(红色曲线)

1.7　Foss(福斯华)

Foss 的在线近红外分析仪,着眼于满足企业生产的最高环境等级要求。该产品经过严格的防尘、防水、防爆评测以及食品生产方面 3A 认证;可安装在物料输送的管路中,自动断流检测以避免对生产控制的误判;基于在线检测的特点,仪器配置备用光源以及光纤采集信号方式,令其在食品包括饲料生产,流质测量(黄油,奶酪)等领域均已得到应用。在展会中,主要介绍的是 NIRS DS 2500™多功能近红外分析仪(图 3-1-3-30),其主要特点包括:

——采用新的前分光单色仪;

——具有全谱带(400～2500nm)的光度计性能;

——工厂标准化策略,可实现定标无缝转移;

——仪器达到 IP 65 工业级,即使在恶劣环境下,也能保证测定结果的稳定;

——适合于当地化 LAN 和互联网 WAN 连接;

——诸多样品杯及附件,可满足固体,液体和浆状样品分析等。

图 3-1-3-30　NIRS DS 2500™多功能近红外分析仪

NIRS DS2500 系统采用前分光单色仪技术确保了全光谱范围 400～2500nm 扫描的稳定性;基于仪器高的信噪比,NIRS DS2500 可以很好的分析样品中一些对仪器要求很高的参数,如氨基酸和一些低含量的参数,同样可达到很高的准确度。

光度计配备内部波长标准,用来精确控制光强度、带宽和波长位置。仪器的稳定性确保了仪器间数据实现无缝转移,即使在长时间使用后也如此。基于设计上的高性能,NIRS DS2500 单色仪无需重新校正。内部和外部的波长标准物质可用于自动校正和光度计的性能控制。

Foss 的 Mosaic 网络管理软件可确保连接 NIRS DS2500 在网络上实现远程网络控制。一旦连接到网络,来自 Foss 的近红外专家和内部的管理团队在不影响仪器常规使用的情况下管理和优化仪器的性能。采用 Mosaic,可以管理仪器的所有设置,Mosaic 软件也可以帮助用户在没有网络连接的情况下,远程设置和监控当地的仪器。

建立定标过程采用专业的 WinISI 定标软件系统,包括 MLR,PLS,Local 定标算法,定标监控程序和 Local 定标管理系统。WinISI 也可以整合到 Mosaic 网络系统来实现远程定标管理,采用 WinISI 建立和调整产品定标,然后通过 Mosaic 系统分配到每个仪器。Mosaic 系统也可以收集不同工厂的样品数据来开发定标。

提供的应用范例包括:饲料行业中多种饲料原料,食品行业如固态或半固态的乳制品,以及油脂行业、面粉行业、育种行业、肉制品行业、检验检疫、粮食仓储、科学研究等。

专家组评议:Foss 公司的人员模拟演示了其近红外光谱仪的典型应用,包括饲料、食品、油脂等行业,由于仪器可提供全球或当地化的定标模型,使近红外光谱的测试后续工作更加简便。

1.8　Ocean Optics(海洋光学)

Ocean Optics 展示了迷你手持式拉曼系统 IDRaman Mini(如图 3-1-3-31 所示)。作为目前最小的手持式拉曼光谱仪,IDRaman Mini 仅有 330g,单手即可操作。它采用栅格环绕扫描技术(Raster Orbital Scanning, ROS)取样方式用高度聚焦的激光束对多个拉曼活性靶点采样,对样品在较大面积范围内进行扫描。该产品对化学品和爆炸品可进行快速准确的测试,适用于安检,刑侦、材料等现场分析。

图 3-1-3-31　IDRaman Mini 迷你手持式拉曼系统

其主要特点为:IDRaman mini 仅重 330g,体积仅为 $9.1cm \times 7.1cm \times 3.8cm$,与普通收音机相当,单手即可稳定握持。其外壳采用铝合金材料,坚固耐用,而且符合 IP-40 标准,能满足现场应用的需求。

IDRaman mini 采用 ROS 与动态拉曼光散射技术(Dynamic Raman Scattering, DRS),使得混合物检测与 SERS 应用不再是问题;内置开机自检功能,可保证数据稳定性;检测速度快,最长检测时间不超过 9s;强大的荧光背景扣除算法,使得拉曼信号更为明确;强大的库匹配与搜索功能使得已知物质的验证与未知物质的鉴别更为简单。同时还提供方便的自建库功能,便于用户自行扩充数据库。

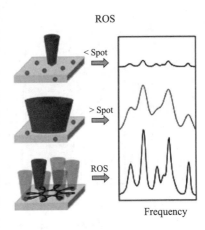

图 3-1-3-32　ROS 技术

ROS 技术是该款仪器的创新点。将高度聚焦的激光光斑快速的按照一定轨道对样品进行扫描检测(见图 3-1-3-32),这样既可以保证足够大的采样面积,提高样品被检测到的概率,同时还减小了背景的采样面积,从而提高了信号的信噪比。同时,由于光斑是在进行快速运动,其在样品表面停留的时间很短,其平均功率远小于常规激光拉曼光谱仪,从而降低了样品被破坏或引燃的几率。

ROS 技术主要具有以下两个特点:更大的采样面积与相对较小的背景面积以及更低的平均激光功率。

以下以硝酸铵的拉曼光谱分析为例,对 ROS 技术的应用加以说明。

硝酸铵不仅是一种常用的化肥,同时也是很多简易爆炸装置的原料,如路边炸弹就常采用硝酸铵作为原料。但它与另外一种常见的化肥:尿素在肉眼上很难分辨出来,这也让控制硝酸铵变得比较困难。

在实际应用中,由于硝酸铵与尿素的结晶颗粒比较大,同时形状不规则,当它放置于容器中,采用拉曼从容器外部检测时,只有当其非常好的聚焦在样品上时才能获得理想结果。但大部分情况下非常容易出现聚焦不准或无法聚焦的问题(如图 3-1-3-33 所示),从而出现信号过低,甚至假阴性的结果。而 ROS 技术可以扩大采样面积,获取更多信号,从而获得更高的灵敏度,提高了分辨能力。

从图 3-1-3-32 的结果中可以看出,采用 ROS 技术后,由于采样面积增大,可以获取到更多的样品信号,从而提高其信号。并且随着信号的提高,硝酸铵与尿素的差异性明显增大,可以提高两者的分辨能力。

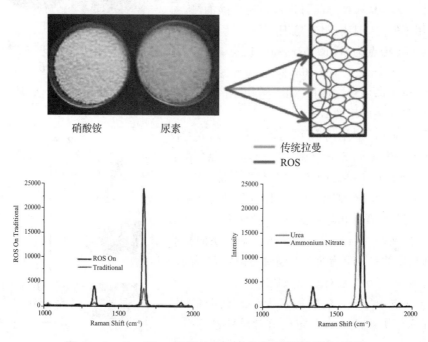

图 3-1-3-33 采用 ROS 技术分析硝酸铵和尿素

DRS 技术是基于遵循布朗运动定律的胶体 SERS 颗粒在一定时间内进入或离开激光光束时会带来信号波动的原理,通过多次获取短积分时间内的含胶体 SERS 材料的待测样品的拉曼信号,并利用一系列数学统计算法将真实有效的胶体 SERS 增强信号提取出来的一种技术。

DRS 技术主要应用于胶体 SERS 增强应用中,使得即使在很低的胶体 SERS 增强剂浓度与很强的背景干扰下,也能获得有效的 SERS 增强信号。

图 3-1-3-34 是在甲苯溶剂中,用经 SiO_2 包覆的金胶体 SERS 增强剂对 BPE

样品进行测试的结果。甲苯本身具有非常强的拉曼信号,一般不作为拉曼检测的溶剂使用。而本实验中 SERS 增强剂与 BPE 样品的浓度都非常低。通过结果可以看出,当 DRS 不开启时,基本上得到的是甲苯的背景信号,而当 DRS 开启后,可以将背景信号完全消除,得到清晰的 SERS 增强信号。另外可以看出,该实验中,背景信号与有效信号之比达到 1000∶1,说明 DRS 技术具有非常好的信号提取能力。

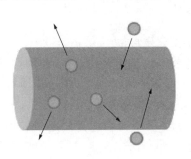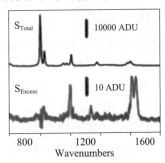

图 3-1-3-34 DRS 技术及其应用

现场评测:Ocean Optics 公司用其手持式拉曼系统 IDRaman Mini 光谱仪,对专家组给出的蔗糖、油等样品,现场评测均可以获得满意的结果。给评议组专家最深刻的印象是仪器小巧,只有智能手机大小,便于携带,单手即可操作,现场使用操作简便。

1.9 聚光科技

聚光科技承担科技部 863 计划以及浙江省重大科技专项,自主研发近红外分析系统。聚光科技向专家评议组介绍了 SupNIR-1000 系列便携式近红外分析仪(见图 3-1-3-35),及其在土壤、肥料、烟草、粮食种子、油料等领域的定量分析应用。该系列是针对现场快速检测而设计的一款便携式分析仪,波长范围覆盖 600~1800nm。结构紧凑,体积小,内置重点电池、大容量存储设备和液晶显示模块,通过配置不同的测量附件,实现片状、颗粒、膏状、粉末和液体样品中一些物理和化学成分的无损快速检测。

图 3-1-3-35 SupNIR-1000 系列便携式近红外分析仪

现场评测:聚光公司的人员现场演示了 SupNIR – 1000 便携式手持近红外分析仪对粮油产品的近红外光谱分析,获得了满意的结果。

综合此次对中红外、近红外和拉曼光谱用于现场快速检测仪器的现场评测,可以看到所演示的仪器均达到了所推出的技术指标,可以满足现场快速检测的要求,说明其在技术层面上是成熟的。

2 仪器的主要发展趋势

2.1 分子光谱分析新技术使仪器向超小型化发展

中红外光谱仪用于快速检测是新兴的发展方向,进步较快;近红外和拉曼光谱仪则越来越向小型化、高灵敏度方面发展。手持式分子光谱仪器,现场环境可适性强,已成为现场快筛快检的有力工具。

本届展会涌现了多种创新技术,如:将化学计量学的新型算法用于红外光谱仪,可在复杂混合物体系中找寻到未知的掺假成分,并给出其含量;具有独特谱图检索功能的手持式设备,能快速识别未知物质;采用栅格环绕扫描技术取样的拉曼光谱仪,可对化学品和爆炸品进行快速准确的测试,适用于安检、刑侦、材料等现场分析的需要;稳频激光器的激发波长使得拉曼光谱仪误差小,信噪比高,可于 20s 内检测到 50ppm 硝酸盐溶液等。以上新技术表明分子光谱仪器不仅可用于定性鉴别,进行现场快速筛查筛检,其定量分析的测定精度也已得到极大提高,满足现场快速定量分析的需求。

2.2 国内分子光谱仪器的应用技术有很强的实力,而仪器的研发及生产能力滞后于国外知名公司,有待进一步提高

国内在分子光谱分析技术的发展方面,仪器的制造能力相对要薄弱,技术创新水平和新技术的采用相对滞后于国外,商品仪器品种也不多。这次参加现场评测仅有一家国内公司参加,很多性能优越的品牌仪器,均为国外品牌。在应用越来越广泛的形势下,分子光谱各类仪器的需求量将迅速增加。国内分子光谱仪器的研发还需要加强,以满足国内市场的需求。

相反,在分子光谱仪器应用技术的研发能力上国内有很强的实力,应用成果方面领先国际水平,如:复杂混合物体系的红外光谱方法学研究、多种多样丰富的光谱数据库等,可确保分析结果的可靠性等。因此,国外厂家均将国内分子光谱分析重点实验室作为其应用研发合作基地,使我国成为国外分子光谱仪器的销售市场和应用技术研发中心。

2.3 食品安全及社会安检的需要将促使现场快速检测仪器的发展

红外、拉曼等分子光谱仪器的发展,特别是便携式及超小型仪器的出现,使得应用领域不断扩展,已经超出传统的科学研究、生命科学、地质考古、宝石鉴定、化学工业、塑料工业等应用领域,在油脂、面粉、肉制品、仓储等食品行业、饲料行业、育种行业、检验检疫以及环境污染的监测等与人们日常生活相关的方方面面正在发挥积极

的作用。特别是当前食品安全日益成为人们关心的话题,分子光谱仪器可用于食品、药物等样品的直接测定,可满足对假冒仿制药的鉴定、刑侦鉴定、安全反恐、爆炸物的安检、公安刑侦、毒品等现场分析的需要等。由此可见,现场快速检测仪器需求的日益迫切,必将进一步加速分子光谱仪器快速检测技术的发展。

第二节　质谱评议

一、国内外质谱仪器新进展调查

1　国产质谱发展状况

在过去的两年里,质谱评议组专家以国产质谱为核心,对国内质谱最新进展进行了多方位、多层次调研。走访了一批国内企业,包括:广州禾信及其北京实验室、中科科仪、聚光科技、江苏天瑞、舜宇恒平、北京东西分析、北京毅新等。借助BCEIA'2013之机,质谱评议组举办了"国产质谱仪器与技术专场评议研讨会",聚焦质谱整机与关键部件,参与特邀报告的企业及相关主题见表3－2－1－1。此外,中国工程物理研究院(四川绵阳九院,四极杆)、厦门质谱仪器仪表有限公司(TOF－MS)、上海品傲光电科技有限公司(MCP)、毅新兴业(北京)科技有限公司(ClinTOF)、北京毅新博创生物科技有限公司(ClinTOF)、钢研纳克检测技术有限公司(ICP－MS,GC－TOF)、北京哲勤科技有限公司(GC－Q)等企业参加了交流。针对国产企业的报告内容,质谱专家组给每个报告的产品进行了书面评价,包括:创新性、知识产权、性能指标、售后情况及总体评价等,还提炼出了各自的特色技术,并提出了存在的问题与建议(见表3－2－1－2)。本次研讨会是国产质谱仪器与核心部件研发的实力与水平的大展示,促进了企业之间、企业与专家之间的交流与沟通,尤其是实现了质谱部件研发企业与整机制造企业之间的面对面交流,对国产质谱仪器的发展起到了实实在在的推动作用。

表3－2－1－1　国产质谱仪器与技术专场评议研讨会主题

报告企业	报告内容
聚光科技(杭州)股份有限公司	LC－QQQ技术与仪器
北京普析通用仪器有限责任公司	LC－QQQ技术与仪器
北京普析通用仪器有限责任公司	GC－Q仪器性能、应用与市场状况
北京东西分析仪器有限公司	GC－Q仪器性能、应用与市场状况
江苏天瑞仪器股份有限公司	GC－Q仪器性能、应用与市场状况

续表 3－2－1－1

报告企业	报告内容
江苏天瑞仪器股份有限公司	ICP－MS 技术、性能与应用
广州禾信分析仪器有限公司	VOCs 在线检测质谱仪
中国科学院高能物理研究所	MCP 技术及其与在质谱仪中的应用
北京中科科仪股份有限公司	质谱专用分子泵研制进展
上海舜宇恒平科学仪器有限公司	防爆型在线质谱仪技术、性能与应用
安徽皖仪科技股份有限公司	质谱检漏仪技术、性能与应用

表 3－2－1－2　国产质谱仪器与技术专场评议范围

创新性	专利情况	性能指标	售后情况	总体评价
□多项原始创新	□国际专利	□国际领先	□很好	□优
□个别原始创新	□中国发明专利	□国际先进	□一般	□良
□多项改进	□中国外观设计专利	□国内领先	□待改善	□一般
□个别改进	□中国实用新型专利	□国内先进		
□集成创新	□无专利	□国内一般	□免费上门	主要不足：
□集成优化			□远程诊断	
□简单组装		□软件很好	□主动巡查	
□简单仿制		□软件一般	□巡回讲座	
		□软件略差	□免费培训	
		□易维护		
		□难维护		
		□故障率高		
		□故障率中		
		□故障率低		
		□外观良好		
		□外观一般		

　　专家认为,虽然在上个世纪 60 年代,北京分析仪器厂曾研制生产过磁质谱,但国产质谱真正起步是在本世纪初。经过十余年发展,目前国产质谱的制造商约 10 家,已上市或研发中的质谱种类包括单四极杆质谱、飞行时间质谱、离子阱质谱、三重四极杆质谱等。尽管大多数商业化国产质谱仪器在性能指标上与国外还有一定的距离,但本土化优势是明显的,比如成本、售后、知识产权等。国产质谱核心部件与技术

的不足一直是妨碍我国质谱发展的重大难题。最近这些难题正在逐步克服,除了分子泵,其他质谱核心部件均已达到质谱实用的程度。微通道板(MCP)是非常优秀的质谱检测器,具有增益高、空间和时间分辨力高、噪声低、相应速度快、体积小、重量轻、抗电磁场干扰等优点,在科学仪器中得到了广泛的应用,大多数高端 TOF 类质谱都采用它为检测器。质谱评议专家组经过调研,发现我国研发 MCP 的历史非常悠久,至少有 40 年了,而且产品水平与国际接近。但我国 MCP 研发生产单位主要是国防相关机构(如,中科院高能物理研究所、上海品傲光电科技有限公司、山西长城微光器材股份有限公司),它们很少与民用企业交流与合作,以致国产质谱企业甚至许多质谱学者们均不了解国产 MCP 的状况。通过邀请这些单位的专家参加质谱评议组的活动,提升了国产 MCP 在质谱行业的知名度,国产 MCP 的认可度将逐步提高。质谱分子泵是最难国产化的核心部件,是国产质谱发展的一大瓶颈。中科科仪拥有大规模整体加工分子泵的生产车间和国际一流的加工设备,但一直没有研发面向质谱仪的分子泵产品,主要问题在于交流不够,他们对国产质谱发展现状和趋势缺少充分认识。经过与质谱专家组的交流以及参加国产质谱评议活动,中科科仪已经将质谱分子泵列入发展规划,一旦研发成功,预期可对国产质谱的发展起到重要推动作用。

专用或特种质谱的研发取得重要进展,将成为国产质谱研发的重要方向。安徽皖仪生产的氦质谱检漏仪技术上跟国外先进产品接近甚至略高,而技术支持和服务远远优于外国品牌,他们的产品已经在国内多个行业占领了较高的市场份额,并且上升势头不减,其发展经验值得其他国产质谱企业借鉴。2013 年 7 月,毅新兴业"临床质谱仪 ClinTof 及其微生物鉴定关键技术的研发"项目通过北京市科委项目验收,认为该项目完成了关键部件的创新设计和加工,主要包括自主知识产权的"自动断高压滑片导轨"、"单离子透镜离子光学设计"、"离子引出聚焦"、"高压脉冲时序设计"等多项技术创新,仪器的分辨率和灵敏度提高了 200% 以上。该产品已获国家知识产权局专利授权,并申请多项专利,达到了国内领先水平。该产品经国家食品药品监督管理局天津医疗器械质量监督检验中心检测,符合 GB 4793.1—2007、YY 0648—2008、GB 7247.1—2001 等标准。北京毅新博创向北京药监局申报了临床质谱仪器 ClinToF—I,2014 年 6 月获得许可证,成为第 3 台走向临床应用的国产质谱仪(表 3-2-1-3),提示出国产质谱仪器在医疗行业可能具有良好的发展前景。防爆型在线工业质谱仪具有防爆、防水、防尘等防护功能,可用于危险及复杂工况环境下的气体成分快速在线分析,并与生产反应调控过程关联。2013 年,上海舜宇恒平研发的 SHP 8400PMS—I 防爆型在线工业质谱仪通过鉴定,并荣获了 BCEIA'2013 金奖。该仪器将"防爆系统"与"在线多通道快速样品采集、净化和微量样品切换"等专利技术有机结合,实现了多点、多组分实时分析,抗干扰能力强,并实现了远程操作,具有较好的创新性和鲜明的特色。

国产质谱从无到有,已经形成了一支有一定经验的专注于质谱研发的队伍,这是一个巨大的进步。海外优秀质谱人才的引进将成为国产质谱发展的另一值得关注的方向。2013 年 6 月,原安捷伦质谱前沿技术研发专家李刚强博士加盟聚光科技,将加快该公司发展便携式质谱和"高灵敏度、高分辨、高速度"质谱研发速度。2014 年 6 月,天津大学生命科学学院天津市"千人计划"入选者李灵军教授因在质谱和微分离技术研究神经肽和功能性多肽组学领域的开拓性成果,荣获美国质谱学会 2014 年 Biemann Medal 奖。华人质谱学家对国内质谱的发展具有不容忽视的影响力,值得质谱企业和政府部门的重视。

国家和地方政府相关部门对质谱仪器的大力投入是必须的,不可或缺的。国家科技部科学仪器重大专项质谱类共立项 14 项(表 3 - 2 - 1 - 4),包括 3 项无机同位素质谱、2 项四极杆质谱、1 项飞行时间质谱、2 项 MALDI 质谱、2 项迁移质谱和 4 项关键部件,总投入达 8 亿元。2011 年聚光和普析的三重四极、广州禾信的线性离子阱与飞行时间质谱联用仪(杂化质谱仪)成功立项。杂化质谱仪重点开展质谱仪离子源、成像装置和线性离子阱等多项关键技术攻关,利用电喷雾萃取电离(EESI)、表面常压解吸电离(DAPCI)、空气动力辅助电离(AFAI)等新型离子化技术,研究发展原位、实时、在线、非破坏、高通量、低耗损的快速质谱分析仪器。目前,杂化质谱仪已完成 4 种离子源共 11 套样机、2 种质量分析器、7 台 API - TOF、6 台四类联用整机样机。该专项整体进展较好。2014 年 5 月"北京市临床质谱国际科技合作基地"正式成立,主要由毅新兴业、北京 301 医院、美国约翰霍普金斯大学、美国斯坦福大学组成,主要目标是将生物质谱技术应用于临床检验,实现快速、准确、无创体外检测。该基地与 43 个国家的 582 家机构开展合作,已建立遍布全球的国际科技合作网络,为首都发展需求提供国际创新资源支持,为科技成果走出国门、服务全球创造条件。该基地的建立预期可在一定程度上促进国产质谱仪器的良性发展。2014 年 863 前沿技术领域设置了 MALDI - TOF/TOF、Q - IT - TOF 共 3 台高性能蛋白质组质谱仪器项目。政府部门的投入无疑将大大推进国产质谱的研发与市场化进程。

表 3 - 2 - 1 - 3　被国家食品药品监督总局批准的临床医疗用质谱仪

注册机构	仪器厂家	仪器名称与类型	应用范围	有效期
北京毅新博创生物科技有限公司	北京毅新博创生物科技有限公司	飞行时间质谱系统 ClinT-oF - I,MALDI - TOF 质谱	微生物鉴定	2014.06 ~ 2018.06
湖州市经济开发区南太湖科创中心	湖州市经济开发区南太湖科创中心	液体芯片飞行时间质谱系统(蛋白指纹图谱仪),SELDI 质谱	尿液中 β2 微球蛋白的定性检测	2012.03 ~ 2016.03

续表 3－2－1－3

注册机构	仪器厂家	仪器名称与类型	应用范围	有效期
北京中科科仪技术发展有限责任公司	北京中科科仪技术发展有限责任公司	13C 呼气质谱仪,GC－MS	幽门螺旋杆菌检测	2010.10～2014.10
沃特世科技（上海）有限公司	美国 Waters 公司	超高效液相色谱串联质谱系统 ACQUITY UPLC/MS/MS,LC－QQQ 质谱	诊断指示物和治疗监控化合物的分析	2014.03～2018.03
布鲁克（北京）科技有限公司	德国布鲁克道尔顿公司	全自动快速生物质谱检测系统 Biotyper, MALDI－TOF 质谱	微生物鉴定	2014.05～2018.05
梅里埃诊断产品（上海）有限公司	法国生物梅里埃公司	全自动快速微生物质谱检测系统 VITEK, MALDI 质谱	微生物鉴定	2012.08～2016.08
珀金埃尔默仪器（上海）有限公司	美国 Waters 公司	串联质谱新生儿筛查系统 Quattro Micro,LC－QQQ 质谱	新生儿先天性代谢疾病筛查	2008.04～2012.04

表 3－2－1－4　国家科技部科学仪器设备开发专项清单(2011～2013)＊

专项名称	牵头单位	分　类
红外激光解离光谱－质谱联用仪的研制与产业化	合肥美亚光电技术股份有限公司	MALDI 质谱
生物安全专用基质辅助激光解析仪的开发	中国人民解放军军事医学科学院	MALDI 质谱
新型高分辨杂化质谱仪器的研制与应用开发	昆山禾信质谱技术有限公司	飞行时间质谱
超高真空大抽速磁悬浮复合分子泵研制与应用示范	北京航空航天大学	关键部件
多维生物色谱仪及液质联用关键部件的研制	大连依利特分析仪器有限公司	关键部件
精确操控离子反应质谱科学装置的研制及应用研究	中国计量科学研究院	关键部件

续表 3-2-1-4

专项名称	牵头单位	分 类
新型等离子体质谱关键部件研制与创新应用研究	北京海光仪器公司	关键部件
微分迁移谱—质谱快速检测仪的开发与应用	北方信息控制集团有限公司	迁移质谱
质子转移反应质谱仪器研制及应用示范	北京凯尔科技发展有限公司	迁移质谱
高精度四级质量分析器的工程化研制与应用	中国工程物理研究院机械制造工艺研究所	四极杆质谱
三重四极杆串联质谱系统的研制及其在痕量有机物分析中的应用	中日友好环境保护中心	四极杆质谱
ICP 痕量分析仪器的研制与应用	北京纳克分析仪器有限公司	无机同位素质谱
基于质谱技术的全组分痕量重金属分析仪器开发和应用示范	中国环境监测总站	无机同位素质谱
同位素地质学专用 TOF-SIMS 科学仪器	中国地质科学院地质研究所	无机同位素质谱

* :仪器信息网 http://bbs.instrument.com.cn/shtml/20140122/5166811/

2 国外质谱发展状况

2013 年以来,几个主要的国际质谱厂商推出了约 11 款液质联用新产品,大多数产品在 BCEIA'2013 展会亮相,主要包括 Orbitrap、Q-TOF、FT-MS、三重四极、单四极等类型。

WATERS(沃特世)推出 QDa 与 G2-Si 两款液质联用仪。QDa 是一款全新设计的单四极杆质谱,并于 Pittcon 2014 获得撰稿人银奖,图 3-2-1-1 为 QDa 质谱检测器。QDa 定位为液相的质谱检测器,其最突出的特点是小型化与操作简单。其体积与操作类似 PDA 光学检测器,小巧简单,按下电源开关后只需 6.5min 后便能进行样品的定性分析,22min 后便可进行定量分析,而常规 PDA 检测器则需要半个小时的时间,质谱则需要 2h 的时间。用完后关掉电源开关即可,无需操作人员进行复杂的质谱仪操作,即能获得高质量的质谱数据,将适用于很多实验室进行常规的大批量筛查分析工作。QDa 离子结构采用 WATERS 最新 StepWave 离子通道,提高灵敏度和耐用性,带预杆的四极杆质量分析器和独有的长寿命离轴光电检测器,质量范围为 30~1250Da,4 个数量级的样品动态范围,和台式单四极杆质谱仪相当的灵敏度。QDa 的机械泵有两种选择,一种是标配的小型隔膜泵,质谱灵敏度较低;另一种是外置的大抽速油泵,质谱灵敏度较高。目前该机只有一种预先优化的 ESI 离子源选择。

沃特世 ASMS2013 推出 SYNAPT G2-Si 质谱仪(图 3-2-1-2),进一步优化和挖掘原有 G2-S 的性能与潜力,高分辨率由原来的 4 万提升到 5 万,通过新的高分辨数据直接分析(HD－DDA)和高分辨多重反应监测(HD－MRM)模式,将碰撞截面分离融入目标与非目标筛选实验,给定性和定量运用带来好处。

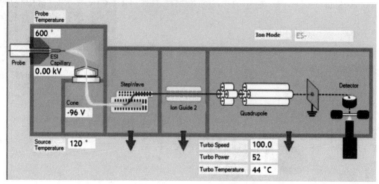

图 3－2－1－1　ACQUITY QDa

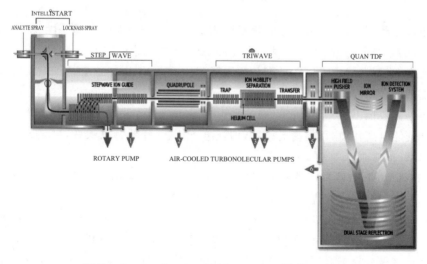

图 3－2－1－2　SYNAPT G2－Si 结构示意图

Bruker(布鲁克)在原有高中低三款 QTOF 基础上,推出升级版 compact、impact HD 和 maXis HD(图 3-2-1-3),进一步提高了分辨率、速度和灵敏度,其中 maXis HD 全灵敏度分辨率高达 75,000。新系统采用 10bit/s 与 50Gbit/s 高速数据采集器,动态范围提高了 3~4 倍。新的 Instant Expertise 实时专家数据采集软件自动优化 MS/MS 分析过程,帮助用户得到高保真的质谱数据,其中 SmartFormula 3D 算法结合真实的同位素分布,可以大大减少候选分子式的数目,对给定质谱峰可靠地测得化合物的元素组成。

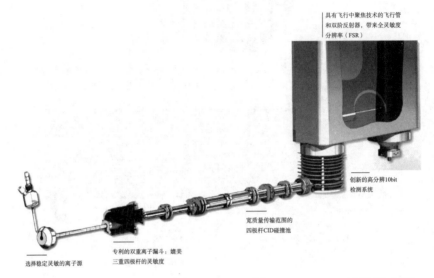

具有飞行中聚焦技术的飞行管和双阶反射器,带来全灵敏度分辨率(FSR)

创新的高分辨 10bit 检测系统

宽质量传输范围的四极杆 CID 碰撞池

专利的双重离子漏斗:媲美三重四极杆的灵敏度

选择稳定灵敏的离子源

图 3-2-1-3　Bruker 2013 年 QTOF 新品 Impact HD 结构示意图

布鲁克新型 Solaris XR 傅里叶变换质谱(图 3-2-1-4),采用创新的和谐阱(ParaCell),大幅度提高了分辨率,7T 超导磁体分辨率超过 1000 万,1Hz 质谱采集速率分辨率 65 万。用户可以凭借高分辨率得到的信息,用于同位素精细结构的探测或高度复杂混合物的分析。

布鲁克还推出了 CaptiveSpray nanoBooste 离子源(图 3-2-1-5),采用创新的富掺杂气体电离环境,以提高灵敏度,增强电离状态,降低背景噪音,可显著提高蛋白质检出率。

Thermofisher(赛默飞世尔科技)在 BCEIA'2013 上展出了 Orbitrap Fusion 质谱仪(图 3-2-1-6),并获得 2013 年科学家选择奖(Scientists′ Choice Awards)。该质谱仪的核心是集成四极杆、Orbitrap 和线性离子阱三种质量分析器于一身,相当于把 QE 和 Orbitrap Elite 两台仪器的功能集合到一起。这些分析器共同协作:离子在离子传输多极杆聚焦之后进入到 Orbitrap 进行全扫描,得到一张一级高分辨全扫描谱图;在 Orbitrap 进行离子扫描的同时,四极杆则开始选择第一个母离子,该母离子

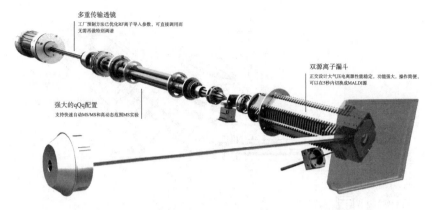

图 3－2－1－4　Bruker Solarix XR 超高分辨傅里叶变换离子
回旋共振质谱仪示意图

图 3－2－1－5　CaptiveSpray™NanoBooster™源

进入到离子阱中裂解进行二级质谱扫描；在离子阱进行第一个母离子裂解和扫描的同时,四极杆便开始选择第二个母离子,这样依次循环进行选择,最后同时得到一张全扫描高分辨一级谱图,以及数张低分辨离子阱 MSMS 谱图。四极杆用于进行母离子选择,分辨率最低可达 0.4u,具有出色的灵敏度和选择性。超高场 Orbitrap 提供超过 450000 的分辨率和高达 15 Hz 的扫描速率。多级杆离子回旋通道及双压线性离子阱提供 MS^n HCD、CID 和 ETD 裂解,可在任意 MS^n 分析阶段选择不同裂解模式并以 Orbitrap 或线性离子阱分析器检测。双压线性离子阱可在最高达 20 Hz 的扫描速度下进行快速、灵敏的质量数分析,同步的母离子选择增强了仪器的信噪比。

　　2013 年赛默飞世尔科技推出 TSQ Quantiva 和 TSQ Endura 两款全新的三重四极(图 3－2－1－7),前者的分辨率比后者高一倍,阿克级灵敏度比后者高 10 倍,TSQ Quantiva 定位为高档研究级三重四极,TSQ Endura 更偏于实验室常规耐用性能。TSQ Quantiva 集合了赛默飞世尔科技三重四极的最新技术,采用一种叫做主动离子

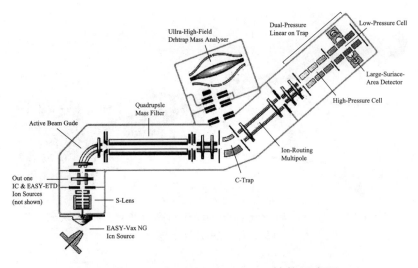

图 3－2－1－6　Orbitrap Fusion 结构示意图

管控的技术,优化离子从离子源到检测器的传输,消除噪音,获得极限灵敏度。主动离子管控的技术主要包括:Ion Max NG 离子源在安装时自动完成所有气体和电路连接,它可容纳 HESI、APCI 和 HESI/APCI 组合式探针,无需任何工具即可更换这些探针;离子源入口毛细管采用新型高容量离子传输管(High－capacity Transfer Tube,HCTT),具有一个更大的矩形孔,在维持高效的脱溶剂作用的同时传输更多的离子;全新电动离子漏斗(EDIF)技术有效聚焦离开传输管的离子云,减少离子损失并提高灵敏度;独有的方形四极弯曲的离子束传输组件以中性粒子挡杆阻挡了中性粒子以及高速簇粒子,使离子光学组件更清洁,噪声更低,灵敏度更高;HyperQuad 双曲面四极杆质量过滤器配合不对称射频电压,提高离子传输和 SRM 灵敏度,提供业内领先的 0.2 FWHM 高分辨率选择反应监测扫描(H－SRM;碰撞室所使用的轴向直流电场加速了离子传输,以零串扰实现超快速 SRM 扫描);更出色灵敏度和动态范围双模式离散打拿极检测器在离子流很低时采用脉冲计数模式可提高灵敏度,当离子流很高时,采用模拟模式,提供 6 个数量级动态范围的定量分析。TSQ Endura 三重四极杆质谱仪也拥有 TSQ Quantiva 系统的多项先进技术,更强调耐用长时间运行,适用于实验室人员日复一日不间断地进行常规实验室分析。

　　岛津在 BCEIA'2013 展出的最新型三重四极质谱仪 LCMS－8050(图 3－2－1－8),延续了岛津"超快"的理念:超快碰撞池、超快正负切换、超快扫描等,速度与灵敏度都有提高。LCMS－8050 采用全新的高压电源,实现 30000u/s 的扫描速度和 5mses 正负极性切换时间。岛津认为,通常情况下增加质谱灵敏度的方法是扩大离子入口,使更多离子进入仪器。但由此带来的真空系统的承受力就会增加,仪器被污染的可能性也相应增加。岛津 LCMS－8050 保持了较小的离子入口,避免了上述可

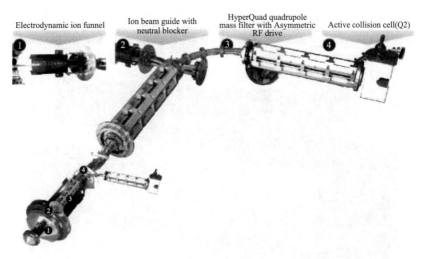

图 3-2-1-7 TSQ三重四极质谱仪结构体示意图

能存在的风险。为了提高灵敏度,LCMS-8050采用如下措施:全新设计的加热 ESI 源,通过增加雾化气周围的加热气来促进脱除溶剂,提高离子化效率;采用新型碰撞池 UFsweeper Ⅲ,优化碰撞池压力提高 CID 效率;快速的正负离子切换和高速度 MRM 来保证数据质量和灵敏度;即便在高速分析时,快速扫描亦可获得高质量的质谱图。

离子漏斗技术(ion funnel)发明者 Richard Smith 获得 2013 年美国质谱年会(ASMS)杰出贡献奖(Distinguished Contribution),表彰其离子漏斗技术在提高质谱灵敏度起到的重要作用。离子漏斗技术最初由 Richard Smith 实验室于 1997 年发明,其取代离子传输受限的截取锥孔(skimmer),可以在膨胀气体喷射流中有效地捕捉离子,同时快速使放射状离子聚焦。目前该技术已经有多种用途,然而,它最初的应用——在质谱高压离子源界面减少离子损失——仍是最普遍的。2006 年 Bruker 首次研制出基于漏斗离子传输器的 ESI 与 MALDI 复合离子源,解决了 FTMS 质谱仪在应用中换源的难题,而且提高了灵敏度。目前各厂家质谱仪已经广泛采用离子漏斗技术,如,Bruker 双漏斗离子传输器(Dual Funnel),Waters 的 StepWave,Thermo Fisher 的 S 型透镜组与全新电动离子漏斗(EDIF),Agilent 的 iFunnel 离子漏斗等。

3 国产质谱面临的挑战与创新发展建议

质谱广泛应用在科学研究、工业生产、社会生活、航空航天、国防与安全等各个领域,在科学仪器市场长期占据关键地位。尤其是现代生命科学领域,对先进质谱仪的依赖越来越强烈。目前我国质谱仪器的总体情况是"质谱仪器需求巨大与国产质谱仪器面世极少"。SDI 的分析报告显示,2012 年中国质谱市场约 2 亿美金,增长速度

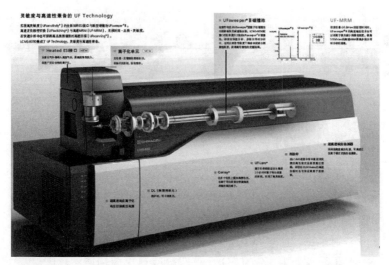

■ 带加热气的ESI接口

ESI分析时,粒径大的液滴因未及时脱溶剂,不能离子
化而造成损失。新开发的带加热气的ESI接口从雾化气
外侧喷入高温气体,有助于大液滴脱溶剂,促进离子
化。实现了更广泛化合物的高灵敏度分析。

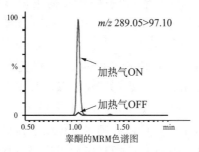

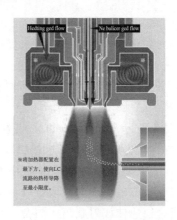

※将加热器配置在
最下方,使向LC
流路的热传导降
至最小限度。

睾酮的MRM色谱图

图 3-2-1-8　LCMS-8050 三重四极质谱仪与新型离子源

全球最快,约 12%。然而我们面临的第一大挑战正是这庞大的质谱市场,即,全国各
大型专业分析实验室几乎全是国外质谱仪,我国质谱仪市场几乎 100% 被国外公司垄
断,特别是 2013 年 Fusion 等超高端质谱问世之后。预期在相当长时间内,我国高端
质谱市场依然被国外质谱垄断,我国开发高端质谱遇到前所未有的困难。此外,国内
质谱行业最大的短板是人才储备不够。国内多数质谱研发团队比较年轻,缺乏经验。
质谱软件开发人员更是凤毛麟角。我们亟待系统性地培养硬件工程师、电子工程师、
机械工程师、应用工程师、软件工程师等各环节的人才。我国广大科技专家从未放弃
对质谱技术自主研发的努力,但由于核心、关键技术的缺乏,导致近年来在关键部件
研发中所取得的重要进展未能大面积推广到质谱仪器行业中。

国产质谱已经逐步形成了国产质谱研发体系,并获得了良好的政策扶持,众多企

业包括核心部件企业都进行了大量人力物力投入,质谱仪器正全面实现国产化。然而,国产质谱想要突出重围,要形成产业化市场,还有很长的路要走。虽然我们可以仿制出某些产品,但缺乏竞争力。我们既要提高仪器易用性、耐用性和可靠性,更需要做出特色(如,"小、快、灵、稳、皮、专"),实现局部创新,针对特定的用户设计专用仪器,必须在应用支持上投大人力、下大工夫,提供从样品处理、信号采集到数据分析的完整解决方案。国产质谱应避免单纯追求性能指标而忽视用户体验的误区,避免盲目追求蛋白质组学这一当今生命科学领域热点的误区,要做到"技术要新,工艺要实,配置要全,应用要细,服务要精"。

我国质谱发展总体建议是:原始创新与集成创新并举;中国设计与中国制造并举;关键部件与整机研发并举;企业自组与政府统筹并举。建议我国优先发展"八大质谱关键部件":加强分子泵的设计制造技术研究和推广;加强新型离子源开发和生产;加强新型临床用质谱的靶体开发;加强各种 TOF 管的研发、生产和推广;鼓励探索新原理质量分析器;发展全固态数字 RF 电源;发展直角偏转式离子透镜;发展动态反应池和碰撞池技术消除干扰。建议加强四个产业化建设:(1)组建质谱研究中心。由国家组织、引导科研院所、高等院校和企业共同组建质谱研究中心。中心由多学科队伍组成,包括物理、生物、化学研究人员,电子、机械、自动控制和软件工程师;(2)组建质谱关键部件精密加工基地;(3)强化基础工业支持,如半导体、精密合金、有机硅材料、绝缘材料以及精密机械加工等;(4)大力支持整机集成和产业化研究,考虑引进多条质谱生产线。在国家政策方面,建议:建立国际一流研究中心、形成质谱研发产业链;借鉴"政府采购"政策,抢占大专院校和科研院所等国内市场;建议实行"千人计划",发掘国外质谱仪器的本土维修人员这一资源;强化分析测试协会等学术机构的仪器评议功能,在适当的时候,成立权威性评测机构和认证机构。考虑建立质谱仪器行业标准和准入体系;加强与商检、卫生、石油、航天、部队等国家大型部门的合作与沟通;优化仪器专项项目评审和验收机制,尤其是专家参与机制,实现"立项、监督、验收、后评估"过程的高水平进行。

二、专题评述

1 在线挥发性有机物质谱仪 SPIMS – 1000 及其应用

1.1 仪器研发历史、基本结构与性能指标

挥发性有机化合物(Volatile Organic Compounds,VOCs)是在常温下一般具有高蒸汽压的有机化学物质。一些 VOCs 威胁人类健康,甚至还会造成环境污染问题。VOCs 传统的检测手段是利用气相色谱–质谱联用(Gas Chromatography – Mass Spectrometry,GC – MS)进行离线检测,这种方法可以实现对 VOCs 很好的定性和定量分析,但是该方法检测时间长、工作量大,无法满足现在多变的环境监测的需求。广州禾信分析仪器有限公司从 2004 年开始经过多年的研发投入和技术积累成功开

发出在线单颗粒气溶胶飞行时间质谱仪、在线挥发性有机物质谱仪等环保领域的在线监测产品。其中 2011 年推出在线挥发性有机物质谱仪(Single Photon Ionization Time – of – Flight Mass Spectrometer,SPIMS),能够对气态和水体中的多种挥发性有机物同时进行在线的定性定量分析,响应速度达到秒级。更为重要的是,通过长期的应用开发,基于 SPIMS 技术,2013 年又成功开发出了用于工业园区环境空气中的 VOCs 在线源解析/识别功能,为化工园区 VOCs 的监察管理工作,提供了重要的工具和支撑。

图 3 – 2 – 2 – 1   在线挥发性有机物质谱仪 SPIMS – 1000

在线挥发性有机物质谱仪(SPIMS – 1000)如图 3 – 2 – 2 – 1 所示,具备灵敏度高、检测范围广、实时在线、直接检测、软电离、全谱分析及可户外监测等特点。仪器的结构框图如图 3 – 2 – 2 – 2 所示,主要由电控系统、真空系统、进样系统、离子源、质量分析器、数据采集卡及相应的采集软件组成。其中真空系统提供和维持离子源及质量分析器所需要的高真空,前级为隔膜泵,后级为涡轮分子泵,系统真空度维持在 $5×10^{-3}$ Pa 以下。仪器的进样系统采用聚二甲基硅氧烷薄膜(PDMS)富集装置进样。离子源采用真空紫外灯电离源,由真空紫外灯、离子传输区、离子透镜组成。质量分析器为垂直引入反射式飞行时间质量分析器,此分析器的结构包括加速区、无场飞行区、反射区及检测区。仪器利用进样泵(微型真空泵或蠕动泵)抽样,将样品(气态或液态样品)引至膜一侧表面,通过吸附、扩散、解吸附作用,VOCs 分子渗透到膜另一侧,由毛细管将分子引入电离室,紫外光将电离能低于 10.6eV 的 VOCs 分子电离成分子离子。经过离子传输区的聚焦,由于分子离子的质荷比不同,在无场的漂移空间、具有相同动能的情况下,质量小的离子比质量大的离子具有更高的速度,因此能较早到达检测器。通过数据采集卡对时间刻度上的图谱记录,将所得数据进行处理,从而确定样品的组分及含量。产品的性能指标如表 3 – 2 – 2 – 1 所示。

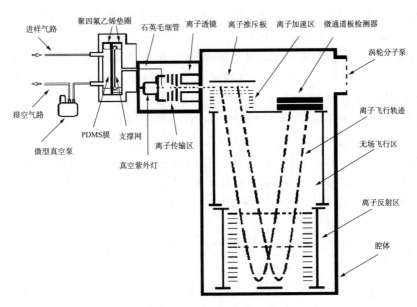

图 3−2−2−2 在线挥发性有机物质谱仪 SPIMS−1000 结构框图

表 3−2−2−1 产品主要性能指标

对象	性能
检测对象	水体及气体中的 VOCs
检测种类	300 种挥发性有机物
质量检测范围	1～300u
分辨率	优于 500
检测限	10ppbv(甲苯)
动态检测范围	4 个数量级
响应时间	优于 20s
体积	64cm×64cm×55cm(长×宽×高)
重量	80kg
功耗	200W

1.2 产品特色与核心技术

SPIMS−1000 包括膜进样系统、紫外灯电离源、飞行时间质量分析器等部分,仪器的操作软件操作简单,人机界面友好,还可根据客户的特殊需求进行定制。仪器具备源解析的功能,能根据测试环境的气象条件、地理条件等对 VOCs 达到溯源的目的。与目前市场上常规的 VOCs 检测仪器相比较,SPIMS−1000 具有以下主要特点:(1)实时在线:秒级的检测速度,快速给出物质信息,实现应急事故,公共安全等动态监控;(2)直接检测:省去取样、前处理等环节,避免样品损失和性质变化;(3)软电离:紫外单光子电离产生分子离子峰——灵敏度高,碎片少——便于解谱;(4)全谱分析:飞行时间分析器实现多成分同时检测,毫秒级全谱信息;(5)可户外:机电稳定性好,实现外场试验要求;(6)定制:针对特殊应用,软件、硬件功能定制;(7)维护:自主研发,掌握核心技术,保证及时维护。

该产品拥有多项具有知识产权的核心技术,主要包括:

核心技术 1:膜进样系统是采用圆形聚二甲基硅氧烷(PDMS)薄膜作为进样系统,该膜对有机物具有相对富集的作用,可以提高整机的灵敏度。膜进样质谱(Membrane Introduction/Inlet Mass Spectrometry,MIMS)具有结构简单、分析速度快、灵敏度高等优点。使用 PDMS 膜的 SPIMS－1000 检测响应时间在 20s 以内,并且检测限达到了 10ppbv(甲苯)。

核心技术 2:离子源采用真空紫外灯发射波长为 116.5nm 的紫外光电离 VOCs 分子,属于单光子(能量 10.6eV)电离源。大多数的 VOCs 的电离能低于 10.6eV,因此绝大多数的 VOCs 分子能被电离。这种电离方式属于软电离,分子被电离后产生分子离子峰,基本无碎片,具有方便定性和高灵敏度等优点。仪器的性能指标显示,仪器的灵敏度可达 10ppbv(甲苯),可检测 300 多种挥发性有机物。

核心技术 3:仪器采用垂直引入反射式质量分析器,较其他质谱仪具有灵敏度好、分辨率高、分析速度快、质量检测上限只受离子检测器限制等优点。仪器的分辨率可达 500 以上,检测的质量范围为 1～300u。离子的检测速度达到微秒量级。仪器 SPIMS－1000 可每秒钟输出结果,动态范围可达 4 个数量级。

核心技术 4:污染源解析/识别软件,可自建污染源谱库,通过将未知区域谱图与污染源谱库进行比对进而判断污染源。利用 SPIMS－1000 采集软件将原始数据导出以后,经过处理并保存为适用于模型比对识别系统的数据格式并进行污染源识别分析,从而得到不同污染源释放挥发性有机物对敏感点的贡献值。

1.3 市场情况

挥发性有机物(VOCs)是形成 PM2.5 和光化学烟雾的前驱物,也是增加温室效应,加剧平流层臭氧消耗的主要污染物,对人体危害极大,其主要来源于石油炼制、石油化工、有机化工、家具制造、化学药品制造、工业涂装等企业生产过程,故化工园区的 VOCs 治理尤为重要。面对化工园区的投诉问题,偷排漏排现象,应急事件的发生,如何找到肇事企业,并对其进行针对性排查和治理,成为大多数化工园区面临的棘手问题,因此化工园区 VOCs 的源解析/识别工作变得尤为重要。SPIMS 在偷排漏排、环境应急事件(故)、投诉发生时,可以及时做出预警预报、快速确定污染物种类、快速判断污染程度、快速识别排放源,为环保部门的后续治理、控制措施等提供有力的支持。

我国有上千家化工园区,规模较大的化工园区约 200 多个,目前,SPIMS－1000 已经在多家化工园区成功应用,如:江苏如东化工园区、上海化工园区、广东惠州市大亚湾石化工业区、江苏涟水化工园区、江苏如皋化工园区等，SPIMS‑1000 的源解析/识别工作，为当地环保部门进行化工园区 VOCs 的治理提供了数据支撑和方向。综上所述，SPIMS‑1000 在化工园区 VOCs 源解析/识别中具有明显优势，技术相对成熟，可在化工园区的 VOCs 治理中发挥巨大作用。

1.4 承担课题与获奖情况

该仪器受到国家和广东省多项基金支持，主要包括：2008 年广东省产学研合作项目"饮用水和功能性食品安全共性关键技术研究"，2010 年广州市创业领军人才项目"挥发性有机污染物实时在线监测仪及质谱产业化平台建设"，2010 年广东省国际合作项目"用于环境监测的便携式现场气体检测仪研制"，2012 国家自然科学基金广东省人民政府联合基金项目"石油炼化过程中挥发性有机污染物的无组织排放测量及控制原理"等。荣获"2012 年广东省高新技术产品"、"2013 年中国分析测试协会 BCEIA 金奖"、"2013 年中国仪器仪表学会科技成果奖"。

1.5 应用实例

在线挥发性有机物质谱仪 SPIMS‑1000 可同时对气态和水体中的多种挥发性有机物进行在线的定性定量分析，响应速度为秒级。因此，此仪器可以对排放源的识别、污染程度的判断、偷排漏排取证等工作提供数据支持。

1.5.1 广州龙光小区臭气污染源解析

1.5.1.1 背景介绍

广州龙光小区居民投诉，该小区经常有未知臭味，距离该小区 8 公里左右有一个大型垃圾填埋场—广州兴丰垃圾填埋场，附近也有一些工业企业，究竟是受什么污染源的影响需要快速做出判断。

1.5.1.2 布点方案

在广州兴丰垃圾填埋场场界、龙光小区分别放置两台 SPIMS‑1000 仪器，进行挥发性有机物连续监测。分析两地挥发性有机物的类别和强度，据此判断龙光小区是否受到垃圾填埋场污染源的影响，并判断是否有其它污染源。图 3‑2‑2‑3 为监测点位图。气象条件：风向：以东北风为主；风速：平均 4km/h。

1.5.1.3 兴丰垃圾填埋场和龙光小区内挥发性有机污染物的分析

1）兴丰垃圾填埋场和龙光小区内挥发性有机污染物平均质谱图

图 3‑2‑2‑4 为所测龙光小区和兴丰垃圾填埋场的挥发性有机污染物的平均质谱图。从图中可以看出，垃圾填埋场内的挥发性有机污染物在小区内全部被检测到，说明垃圾填埋场的挥发性有机污染物传输到了该小区，但在该小区还出现了比垃圾填埋场明显的有机污染物——四氢呋喃/丁醛（$m/z=72$）和苯乙烯（$m/z=104$）的信号，这说明附近应还有其它污染源。

表 3‑2‑2‑2 分别列出了兴丰垃圾填埋场和龙光小区的特征物质及其信号强度，可以看出龙光小区内的挥发性有机物丙酮、四氢呋喃/丁醛、苯乙烯的信号强度明

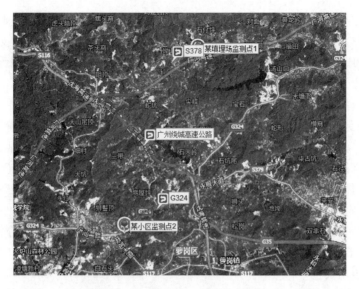

图 3－2－2－3　监测点位图

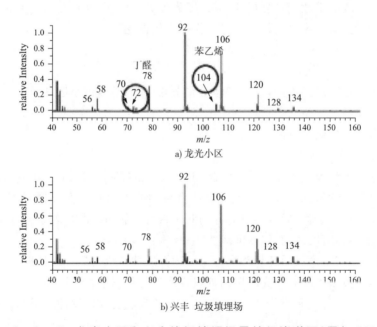

a) 龙光小区

b) 兴丰 垃圾填埋场

图 3－2－2－4　龙光小区和兴丰垃圾填埋场界特征峰谱图(累加 500 min)

显高于兴丰垃圾填埋场,说明该小区挥发性有机物除了受垃圾填埋场的污染外还有其它污染源,而四氢呋喃/丁醛、苯乙烯是塑料类产品的原料,因此推断该小区附近的电缆厂或塑料生产企业是另一污染源,经与当地环境监测部门核实,在监测点周边只有一电缆厂,因此该电缆厂就是另一污染源。

表 3－2－2－2 兴丰垃圾填埋场和龙光小区特征物质及信号强度列表

		测试地点		备注
		兴丰垃圾填埋场	龙光小区	
m/z	物质名称	特征物质强度	特征物质强度	
56	丙烯醛/丁烯	6.4×10^6	2.6×10^4	因现场采样之前,不知污染物的具体化学成分,因此未做标准曲线来定量,所以仅以信号强度反映浓度
58	丙酮	7.5×10^6	8.6×10^6	
70	丁烯醛/环戊烷	9.2×10^6	2.7×10^5	
78	苯	1.8×10^7	1.7×10^6	
87	异硫氰酸乙酯	4.0×10^5	5.0×10^3	
92	甲苯	9.8×10^7	5.3×10^6	
106	二甲苯	7.8×10^7	4.2×10^6	
120	硫醚/三甲苯	3.1×10^7	1.1×10^6	
128	萘	8.9×10^6	1.6×10^5	
72	四氢呋喃/丁醛	2.2×10^6	3.0×10^6	下游产品:β－苯乙醇、氧化苯乙烯、丙烯酸树脂、丙烯酸树脂乳液
104	苯乙烯	2.1×10^6	4.4×10^6	

注：左侧第一列竖排分类——上半部"同源特征物质"，下半部"非同源特征物质"

2)典型特征污染物信号强度(反映了浓度)随时间变化趋势

图 3－2－2－5 所示为 5 种典型挥发性有机污染物的信号强度随时间变化趋势图,可以看出两个监测点位在晚上和白天都有一个时间段,5 种有机物的强度有不同程度的增加,并且龙光小区这 5 种的变化趋势的时间段比垃圾填埋场都延迟了 2h,采样当天风向主要以东北风为主,平均风速在 4km/h,垃圾填埋场在龙光小区的东北方向且距离 8km 左右,气体扩散到龙光小区需要 2h 的时间,再次证明龙光小区受垃圾填埋场排放挥发性有机污染物的影响。

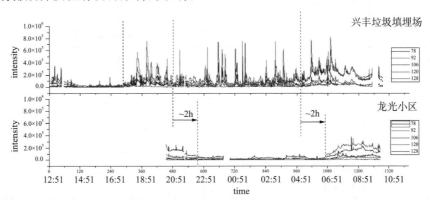

图 3－2－2－5 特征峰随时间变化趋势(4 月 14 日 12:51－4 月 15 日 10:16)

1.5.1.4　结论

龙光小区的恶臭受到了垃圾填埋场的影响;除垃圾填埋场外,电缆厂是臭气另一污染源。

1.5.2　装修后工作场所空气质量检测

1.5.2.1　检测目的

对装修中的房间空气质量进行检测。

1.5.2.2　采样点

三个施工位点分布示意图见图3-2-2-6,具体施工项目、时间及施工后处理措施见表3-2-2-3。共设置47个采样点,采样点分布图见图3-2-2-7所示,每个采样点约采集100s,检测信号平稳后更换采样点,采样顺序按照采样点编号进行。施工位点、项目、时间及施工后处理措施见表3-2-2-3。

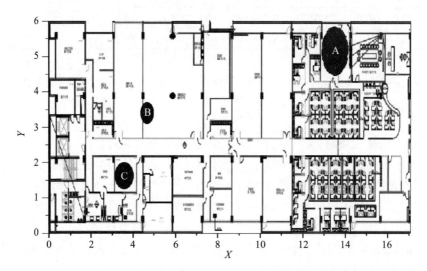

图3-2-2-6　检测区平面图及装修施工位点示意图

表3-2-2-3　施工位点、项目、时间及施工后处理措施

施工位点	施工项目	施工时间	施工后状态
A 坐标(13.5,5)	粉刷油漆及清除地面油漆	5月8日	房间密封不通风
B 坐标(4.5,3.5)	新装木门粉刷乳胶漆	5月9日下午约14:00	房间空调换气,且开窗通风
C 坐标(3.5,1.5)	地面粉刷油漆,木门粉刷乳胶漆	5月9日上午约11:00	房间密封不通风

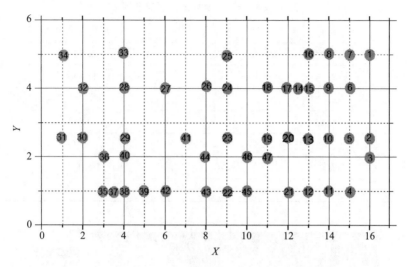

图 3-2-2-7　检测采样点分布示意图

1.5.2.3　结果与讨论

1）装修房间 VOCs 分布

检测质谱图见图 3-2-2-8，主要成分列表见表 3-2-2-4。

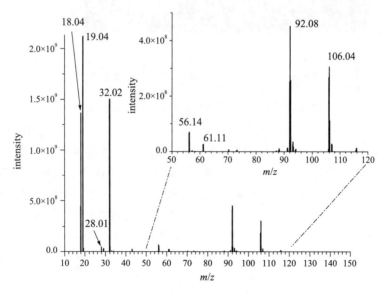

图 3-2-2-8　空气检测谱图（累加 3600s）

表 3 - 2 - 2 - 4　检测出主要成分列表

m/z	化学式
18.04	H_2O^+
19.04	H_3O^+
32.02	O_2^+
56.14	$C_3H_5O^+$
61.11	$C_3H_9O^+$
92.08	$C_7H_8^+$
106.04	$C_8H_{10}^+$

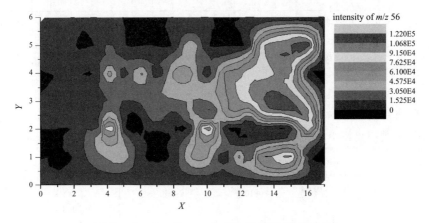

图 3 - 2 - 2 - 9　m/z 56 信号强度分布图

　　由图 3 - 2 - 2 - 9 可以看出,m/z 56 强度除公司内部施工区域 A(13.5,5.5)、B(4,3.5)、C(3.5,1.5)较高外,前台(16,5)处与大厅过道(14,2.5)处的强度较高,推测由于 x 位置 0~17 处较多窗户打开通风,且风速较大,造成污染物向公司大门处迁移所致,而在(15,1)处响应较高是由于该处存放有大量的宣传册及报刊书籍,释放出该物质,并且附近窗户打开,污染物质向内飘移,在(10,2)处污染物浓度较高是由于在施工过程中过道(9,2.5)处的玻璃门关闭,污染物在该处积聚,在检测前打开过道门,污染物有向外扩散的趋势,故(10,2)明显检测出污染物的强度升高,在 B(4,3.5)施工处附近(6,4)和(4,4)位置,存放大量施工过程使用的涂料油漆等,故 m/z 56 被明显检出。

　　图 3 - 2 - 2 - 10 中,m/z 61 的分布趋势与 m/z 56 的分布趋势一致,可认为两者为同源污染物质。

　　图 3 - 2 - 2 - 11 中,m/z 92 的分布趋势与 m/z 56、m/z 61 的分布趋势较一致,可认为两者为同源污染物质。而相对 m/z 56、m/z 61 而言,甲苯的扩散较两者快,检

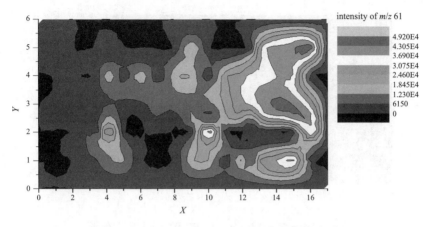

图 3-2-2-10　m/z 61 信号强度分布图

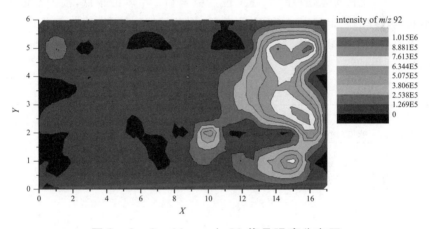

图 3-2-2-11　m/z 92 信号强度分布图

测时 B(4,3.5)、C(3.5,1.5)装修处已没有明显检出,而在(14,5)处,该房间油漆施工且室内未通风,故能明显检出,且浓度较高。(1,5)处为机加工间,室内存放有少量油漆,故 m/z 92 的强度较周边明显。

图 3-2-2-12 中,m/z 106 的分布趋势与 m/z 56、m/z 61、m/z 92 的分布趋势较一致,可认为两者为同源污染物质。而相对甲苯而言,二甲苯的扩散迁移较慢一些,其中装修施工位点 B(4,3.5)、C(3.5,1.5)处仍能检出,在(14,5)处与甲苯的分布趋势一致,浓度较高。

2)定量分析

利用甲苯、二甲苯标气配置 4、12、33、92、125ppb 梯度浓度,进样测试并绘制标准曲线。甲苯、二甲苯校正浓度列表见表 3-2-2-5。

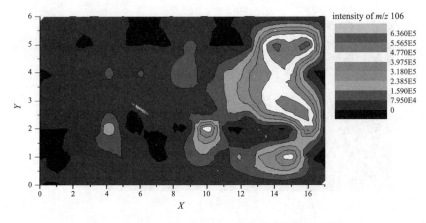

图 3-2-2-12　*m/z* 106 信号强度分布图

　　测试结果表明,通风处理的 B 施工位点甲苯和二甲苯的很低,接近本地水平,而密封不通风处理的施工位点 A 和 C,甲苯、二甲苯的浓度较高,其中 A 施工点的甲苯和二甲苯的浓度最高分别达到 52ppb、101ppb(空气质量标准中该两项标准分别为48ppb、42ppb)。

表 3-2-2-5　甲苯、二甲苯校正浓度列表

采样点	$m/z=92$ 浓度(ppb)	$m/z=106$ 浓度(ppb)	采样点	$m/z=92$ 浓度(ppb)	$m/z=106$ 浓度(ppb)
1	59.62	115.42	25	3.52	18.78
2	49.53	97.22	26	2.41	15.6
3	45.25	88.91	27	2.23	16.41
4	42.41	84.58	28	2.48	21.62
5	39.88	81.52	29	1.67	18.61
6	39.08	81.15	30	0	1.49
7	39.96	84.21	31	0	1.19
8	53.92	108.13	32	0	0.45
9	35.46	74.68	33	0	5.16
10	27.85	62.16	34	16.02	3.3
11	22.22	51.27	35	0	5.68
12	19.03	45.8	36	0	8.61
13	20.78	49.96	37	0	5.89

续表 3-2-2-5

采样点	$m/z=92$ 浓度(ppb)	$m/z=106$ 浓度(ppb)	采样点	$m/z=92$ 浓度(ppb)	$m/z=106$ 浓度(ppb)
14	27.98	63.99	38	0	7.44
15	23.16	54.22	39	0	11.63
16	20.82	51.58	40	6.01	48.1
17	10.51	32.23	41	0	7.79
18	9.7	30.58	42	0	0
19	8.95	26.87	43	0	0
20	9.24	28.74	44	0	0
21	16.18	38.18	45	7.2	24.29
22	3.65	16.88	46	39.21	97.66
23	3.75	18.35	47	0	2.56
24	5.22	23.85			

1.5.2.4　结论

1)SPIMS-1000能够实现快速检测:仅需2h即可对3040m² 的场所中VOCs进行在线现场检测;

2)被检测区域中A装修位点甲苯、二甲苯的浓度最高,分别高达52ppb、101ppb,两者均超过空气质量标准中限值;

3)通风处理利于空间内VOCs的扩散和稀释。

1.5.3　上海化学工业区源识别

1.5.3.1　监测目的

获取上海化工区企业的质谱特征,建立挥发性有机物快速污染源识别系统的谱图库。

1.5.3.2　监测布点方案

本次监测利用移动监测车将仪器直接拖至企业下风向外围进行监测,每个监测点分别进行约10min的监测采样,最后将所有监测点的质谱特征合并作为该企业的质谱特征。总共监测了9个污染源区域和6个敏感点。其分布情况见图3-2-2-13。

1.5.3.3　监测结果

经过多日企业厂界污染源监测,获取了9片区域污染特征源谱数据,在企业下风向采集了6个敏感点数据,以验证SPIMS-1000污染源溯源能力。下面分别对敏感点进行分析。

敏感点1:小雨、东北风

如图3-2-2-14所示,敏感点1受到了其上风向的几个厂区的影响,因此检测到上风向的厂区的特征物质,并且显示了每个厂区对敏感点1的贡献。而在监测敏

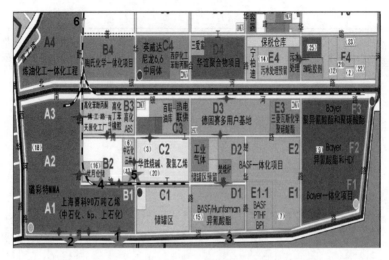

图 3－2－2－13　园区企业特征谱图采集点和敏感点位置

（注：图 3－2－2－13 中✚为企业特征监测点，★为敏感点。）

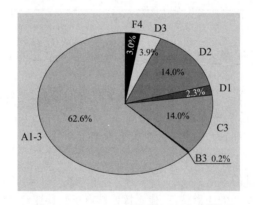

图 3－2－2－14　敏感点 1 分析饼图

感点 1 时，由于风向原因，B2 区域没有在敏感点 1 上风向，因此没有监测到 B2 源对敏感点的贡献。

敏感点 2：小雨、东北风

在敏感点 2 的监测时，B2、C3、F4 正好在敏感点的上风向，因此反映在对敏感点的贡献如图 3－2－2－15 所示。

敏感点 3：小雨、东北风

监测 D3 区域的污染源特征谱图时，由于当时吹的是东南风，于是选择在 D3 的下风向进行监测，这样监测到的 D3 的谱图特征就包含了 D1 和 D2 的特征，因此 D3 区域的谱图信息包含了 D1、D2 和 D3 三个区域的谱图特征，因此敏感点 3 仅反映了 D3 一个区域的贡献（见图 3－2－2－16）。

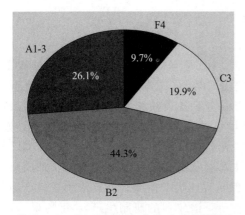

图 3－2－2－15　敏感点 2 分析饼图

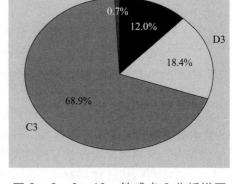

图 3－2－2－16　敏感点 3 分析饼图

敏感点 4：小雨、东北风

敏感点正好在 B2 和 C3 的下风向（见图 3－2－2－17）。

敏感点 5：小雨、东北风

由于 D2 的特征并不明显，而在监测 D2 的特征谱图时，D1 正好处于 D2 的上风向，因此 D2 的谱图信息包含了 D1 的信息，D1 的信号将 D2 的信号覆盖，因此只反映了 D1 对敏感点的贡献，没反映出 D2 的贡献（见图 3－2－2－18）。

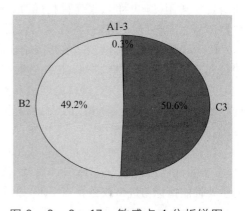

图 3－2－2－17　敏感点 4 分析饼图

敏感点 6：小雨、变风向

由于敏感点 6 距离太远，监测的时间较短，因此只反映了这 3 个离敏感点最近的污染源的贡献（见图 3－2－2－19）。

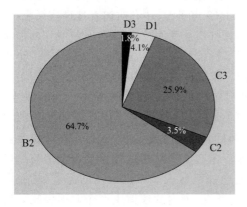

图 3－2－2－18　敏感点 5 分析饼图

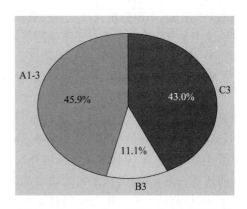

图 3－2－2－19　敏感点 6 分析饼图

2 国产 GC－Q 质谱仪器、技术与应用

2.1 概述

GC 是分离小分子有机混合物的有力工具,MS 是有机物分子结构鉴定的必要手段。GC－MS 联用是两种技术优势互补最完美的结合。灵敏度高,速度快,在科学研究、工农业生产、社会生活、航空航天、国防与安全等各个领域发挥着重要的作用,各种产品质量检验、进出口贸易、食品安全、环境保护以及应急突发事件情况评估等方面,GC－MS 是主要的分析工具。20 世纪 60 年代中期至 20 世纪 90 年代初期,GC－MS 技术的发展达到巅峰。至今 GC－MS 技术以及商品仪器在国外已经非常成熟。由于我国分析仪器制造业没能与国外同步发展,致使半个世纪来一直依赖进口产品。2004 年~2012 年,国产仪器制造企业重新启动质谱仪器的研制生产,8 年的艰辛奋斗终于得到了硕果。2006 年,东西分析首次推出 GC－MS3100 型仪器投入市场,紧跟着普析通用(2009 年)、聚光科技(2011 年)、天瑞仪器(2012 年)相继推出了 GC－MS 仪器产品。国产 GC－MS 仪器在进口仪器的"一统天下"的局面下终于有了一席之地。

GC－MS 产品类型很多,主要区别在质量分析器。国外 GC－MS 联用仪器除了四极和离子阱质量分析器外,还有三重四极、飞行时间、扇形磁质谱等。1993 年及 2007 年质谱专业评议组对进口的四极和离子阱 GC－MS 产品做过详细调研,这期间的主要进展是仪器性能指标的大副提高,尤其是灵敏度(见《分析测试仪器通讯》1993,《分析测试仪器评议——从 BCEIA'2009 仪器展看分析技术的进展》)。

国产仪器类不多,质量分析器多采用单四极质量分析器(只有聚光科技是离子阱,见《分析测试仪器评议—从 BCEIA'2009 仪器展看分析技术的进展》)。但是国产仪器的主要性能指标与进口仪器相当接近,如质量范围均可达到 1000u,准确度±0.1u,稳定性±0.1u/24h,与进口仪器一致;分辨率>1.5M(进口仪器 2M);最高扫描速度 11000u/s(进口仪器 20000u/s);灵敏度以通用的 EI 源为准,1pg/1μL 八氟萘离子(m/z=272)的信噪比>30∶1(进口仪器的信噪比>100∶1)。信噪比的测试方法,测试条件,计算方法不同,结果都会不同。目前有的进口仪器的灵敏度给出>1000∶1 的信噪比。在仪器功能的配置方面,东西分析产品配置较全,除了 EI、CI 离子源,还有质谱直接进样系统;真空系统中各家标准配置的分子泵抽速不同;计算机系统硬件较好,软件系统操作功能基本完善。此外,国产气相色谱仪近年来也取得了长足的进步,已经在国内市场占了半边天。除普析通用使用进口色谱仪外,其它国内厂家都使用国产的气相色谱仪。

我国 GC－MS 仪器发展虽然晚于国外多年,但是得益于当今机械、电子、真空、计算机软、硬件技术的迅速发展,国产仪器的研制起点也就高于国外早期发展的水平,因此不仅仪器的主要性能指标接近或达到目前国外仪器的水平,可靠性和稳定性也不比 20 世纪 90 年代巅峰时期国外仪器差。国产仪器从指标数据上看虽然与进口仪器还有一定差距,但从实用的角度出发,完全能满足大量常规检测的需求(见应用实例)。目前最大的差距是应用技术和市场的开发,国内的仪器生产企业不仅缺乏应用研究人员,应用研究方面的投入比仪器硬件和软件研制的投入明显偏少。只靠不

懂应用专业知识的销售人员是难于开拓市场的。一个产品如果市场很小,就不可能有活力。没有更多的仪器数量就难以保证更高的产品质量。产品的质量是靠投入市场的产品量以及用户反馈意见不断得到发展和提高的。长期以来被进口仪器垄断的市场,使用户对国产仪器缺乏信心。国产仪器要让用户认可,除了改变用户的观点,企业自身还有许多要做的事情。

2.2　国产 GC－MS 仪器及应用

2.2.1　GC－MS 3200 仪器、技术与应用

2.2.1.1　性能指标及配置

自 2006 年 12 月,东西分析仪器有限公司推出了商业化的 GC－MS 3100 型气相色谱–质谱联用仪。2014 年,东西分析仪器有限公司推出 GC－MS 3100 的升级版产品 GC－MS 3200 联用仪(见图 3－2－2－20),产品性能得到了很大提升,主要技术指标及配置见表 3－2－2－6。新增的化学电离源(CI)和原有的质谱直接进样杆(DIP)成为国内配置较全的气相色谱–质谱联用平台,可以满足绝大多数用户的样品分析,也具备了根据用户的应用需求提供数种可选解决方案的能力。

图 3－2－2－20　东西分析 GC－MS 3200 外观

尺寸、重量:150cm×70cm×60cm、80kg;

电源/功率:220 V 交流 (16 A)、50/60 Hz、2kW

表 3－2－2－6　GC－MS 3200 联用仪性能指标及配置

主要性能指标	
质量范围	1.5～1050u
质量稳定性	±0.1u/48h
质量准确性	±0.1u
分辨率	>1.5M
灵敏度	EI 全扫描 　　1pg/μL 八氟萘 m/z 272 S/N>30∶1 选择离子扫描 　　1pg/μL 八氟萘 m/z 272 S/N>30∶1 PCI 全扫描 　　1pg/μL 二苯酮 m/z 183 S/N≥10∶1 选择离子扫描 　　1pg/μL 二苯酮 m/z 183 S/N≥10∶1

续表 3－2－2－6

主要性能指标	
扫描速度	10000u/s
扫描方式	Scan、SIM
动态范围	10^6

仪器配置		
气相色谱	型号	GC 4100
	进样口类型	毛细管柱(分流/不分流) 分流比:
	柱箱温度 升温速率	室温＋5℃～400℃ (0－40.0)℃/min(增量0.100℃/min) 升温程序:程升阶数:10阶,升温速率:0～40℃/min(增量0.1℃/min)
	允许流量 恒温/恒流	允许流量:0.2mL/min～30mL/min 控温精度:≤±0.04℃ 流量重复精度:±0.5%F·s 流量准确度:±1%F·s 流量线性:±1%F·s 响应时间:(1～4)s 压力范围:0.05～0.3MPa 耐压:0.45MPa 压力重复精度:±0.15%F·s 压力准确度:±1%F·s
	接口 最高温度	毛细管色谱柱直接插入 可达350℃
	其它检测器	FID、ECD等
质谱	离子源	EI/CI源(可选) 双灯丝结构 电子能量　5eV～150eV 发射电流　10μA～350μA 独立加热室温～320℃
	质量分析器	金属钼四极杆滤质器
	检测器类型	后加速±10kV脱轴转换打拿极 宽动态范围电子倍增器

续表 3 - 2 - 2 - 6

仪器配置		
真空系统	机械泵	10m³/min 双级旋片机械泵
	分子泵	250 L/s(标配) 宽量程冷阴极真空规,从大气压到 10^{-7}Pa 的真空测量能力
数据系统	硬件	PC 机、彩显、激光打印机 数据采集接口
	软件系统	中/英文操作软件。简洁直观的用户界面。仪器运行状态、自动调谐和数据采集界面快速切换有利于实时监控。丰富的定性、定量方法。Windows® 7 或 XP
选择配置	质谱直接进样 气相色谱	带真空锁直接进样系统 可以选配 120 位或 15 位自动进样器

2.2.1.2 产品特色

①新增的化学电离源。其使得 CI 谱和 EI 谱构成较好的互补关系,扩展了应用范围。CI 源和 EI 源,能够在短时间内进行切换。为了克服 CI 反应气流量优化的难题,GC - MS 3200 配备了独特的 CI 反应气流量反馈控制模块,可根据预设的反应气目标离子的丰度比自动调节反应气流量,处于一个最佳流量值,节省反应气的同时,保证 CI 分析的重复性。

②简单实用的液体、固体直接进样杆。根据用户提出的要求,为适应高极性、难气化和热不稳定的化合物分析,GC - MS 3100 配备了带有真空锁的质谱直接进样杆(见图 3 - 2 - 2 - 21)。升级版 GC - MS 3200 产品作了改进,如可拆换加热探头,在探头加热器损坏或受到污染时,方便更换新的加热探头。最高使用温度达到 650℃。适用于各种离子化模式和各种质谱分析模式。直接进样杆使用独立的进样口,不占用气质联用接口,易于安装,更换时间只需 3min。

图 3 - 2 - 2 - 21　化学电离源离子盒直接进样杆配置

③可选配 120 位或 15 位自动进样器(见图 3-2-2-22)。全自动的标准加入法。取液精度 0.01 微升,保持气化室内进样点始终不变,分析精度优于 1%。屏幕显示引导每一步的操作程序,方便设置各项功能。自动配置各种溶液浓度及自动添加衍生化试剂,准确简便,大大减轻了配液制样工作。可转动塔式液体自动进样器基座,可以水平方向 360°旋转,可以方便地从基座上拿下自动进样器,在维护 GC 部件时,免除繁琐的拆卸。

图 3-2-2-22　自动进样器

④多种可选择的外围附件。软件包有完整的配置模块,可以方便地在需要控制的外部部件(吹扫捕集浓缩仪、液体自动进样、热解析、顶空进样器等)之间切换。同时附加的 DO 端口满足了所需要的其它控制。

⑤同等价位仪器中最高的真空配置。真空系统的前级采用 10m³/min 双级旋片机械泵,高真空泵采用 250L/s 分子涡轮泵,抽速更高,能够使用大口径毛细柱,提高了分析速度和检测灵敏度;整机真空系统采取噪声隔离技术结⑥合智能型前级泵降噪箱。在获得洁净高真空的同时,保持安静的实验室环境。

⑥宽量程冷阴极真空规,提供从大气压到 10^{-7}Pa 的真空测量能力,使用寿命长,没有易耗品,不需要特别维护,使用成本低。

2.2.1.3　应用案例

GC-MS 3200 可靠的性能,在诸多领域的实际应用得到了验证,在食品安全、环境安全及化工方面都有成熟的应用案例。

(1)乳制品中三聚氰胺的测定

三聚氰胺衍生物全扫描质谱图见图 3-2-2-23。标准曲线见图 3-2-2-24。线性相关系数为 0.999,加标回收率在 85%~106%,精密度良好,检测限为 0.02mg/kg。本方法满足乳制品及涉乳产品中三聚氰胺检测的国标要求。

(2)饮用水中挥发性有机物分析

饮用水中 22 种挥发性有机物总离子流色谱图见图 3-2-2-25。22 种挥发性有机物保留时间和定性定量离子见表 3-2-2-7,标准曲线、回收率及检出限见表 3-2-2-8。图 3-2-2-26 及图 3-2-2-27 为样品组分质谱图和 NIST 标准图谱的比较,检索相似度均在 85%以上,满足其分析检测的要求。

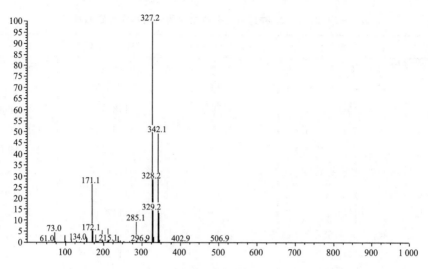

图 3－2－2－23　三聚氰胺标样衍生物全扫描质谱图

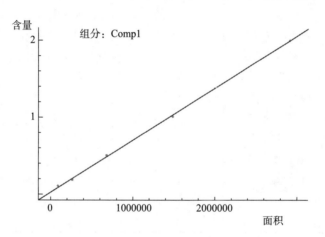

图 3－2－2－24　三聚氰胺标准工作曲线

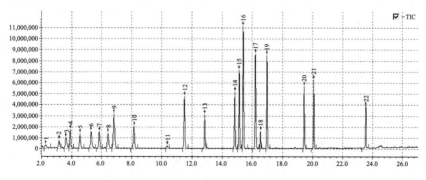

图 3－2－2－25　22 种挥发性有机物总离子流色谱图

表 3-2-2-7　22 种挥发性有机物保留时间和定性定量离子

序号	化合物名称	保留时间/min	定性定量离子	CAS 号
1	氯乙烯	2.26	61,62,64	75-01-4
2	1,1-二氯乙烯	3.23	61,96,98	75-35-4
3	二氯甲烷	3.75	51,84,86	75-09-2
4	1,2-二氯乙烯(E)	3.98	61,96,98	156-60-5
5	2-氯-1,3-丁二烯	4.70	53,88,90	126-99-8
6	1,2-二氯乙烯(Z)	5.46	61,96,98	156-59-2
7	三氯甲烷	5.97	83,85,87	67-66-3
8	四氯化碳	6.62	82,117,119	56-23-5
9	苯(1,2-二氯乙烷)	7.00	52,77,78	71-73-2
10	三氯乙烯	8.25	95,130,132	79-01-6
11	环氧氯丙烷	8.76	49,57,62	106-89-8
12	甲苯	11.55	65,91,92	108-88-3
13	四氯乙烯	12.82	131,164,166	127-18-4
14	氯苯	14.80	77,112,114	108-90-7
15	乙苯	15.18	77,91,106	100-41-4
16	间对二甲苯	15.40	91,105,106	106-42-3
17	苯乙烯(邻二甲苯)	16.21	78,104	100-42-5
18	三溴甲烷	16.60	171,173,175	75-25-2
19	异丙苯	17.02	79,105,120	98-82-8
20	1,4-二氯苯	19.40	111,146,148	106-46-7
21	1,2-二氯苯	20.18	111,146,148	95-50-1
22	六氯-1,3-丁二烯	23.60	118,225,260	87-68-3

表 3-2-2-8　22 种挥发性有机物标准曲线和回收率

序号	化合物名称	保留时间/min	标准曲线	相关系数	浓度范围 ng/mL	回收率 %	检出限 mg/L
1	氯乙烯	2.26	$y=78549x+9321$	0.9988	0.5~100	86	0.01
2	1,1-二氯乙烯	3.23	$y=66897x+2013$	0.998	0.5~100	89	0.006
3	二氯甲烷	3.75	$y=354833x+22953$	0.9993	0.5~100	101	0.004
4	1,2-二氯乙烯(E)	3.98	$y=384766x+11743$	0.9987	0.5~100	90	0.007
5	2-氯-1,3-丁二烯	4.70	$y=49185x+992$	0.9966	0.5~100	92	0.0006
6	1,2-二氯乙烯(Z)	5.46	$y=97865x-103$	0.999	0.5~100	98	0.005
7	三氯甲烷	5.97	$y=177655x-1174.5$	0.998	0.5~100	89	0.02

续表 3-2-2-8

序号	化合物名称	保留时间/min	标准曲线	相关系数	浓度范围 ng/mL	回收率 %	检出限 mg/L
8	四氯化碳	6.62	$y=40960x-785$	0.9982	0.5~100	86	0.0005
9	苯	7.00	$y=11295x+203$	0.996	0.5~100	98	0.002
10	三氯乙烯	8.25	$y=512746x+8105$	0.993	0.5~100	88	0.015
11	环氧氯丙烷	8.76	$y=15810x-1572$	0.995	0.5~100	85	0.005
12	甲苯	11.55	$y=18026x-563$	0.9991	0.5~100	102	0.1
13	四氯乙烯	12.82	$y=11570x+219$	0.998	0.5~100	90	0.01
14	氯苯	14.80	$y=14589x-790$	0.9981	0.5~100	98	0.08
15	乙苯	15.18	$y=14579x+691$	0.9966	0.5~100	97	0.096
16	间对二甲苯	15.40	$y=268410x+363$	0.9988	0.5~100	92	0.11
17	苯乙烯(邻二甲苯)	16.21	$y=35386x-695$	0.989	0.5~100	90	0.006
18	三溴甲烷	16.60	$y=84272x-3417$	0.9991	0.5~100	93	0.03
19	异丙苯	17.02	$y=509610x-6158$	0.9986	0.5~100	91	0.05
20	1,4-二氯苯	19.40	$y=681180x-3121$	0.9989	0.5~100	89	0.26
21	1,2-二氯苯	20.18	$y=610790x-6088$	0.999	0.5~100	90	0.1
22	六氯-1,3-丁二烯	23.60	$y=734285x-653$	0.9992	0.5~100	99	0.0002

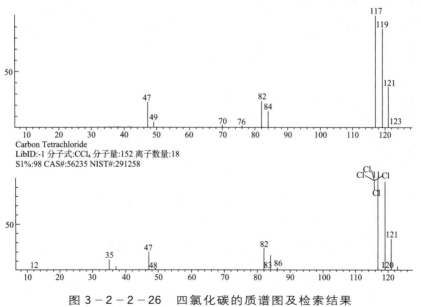

Carbon Tetrachloride
LibID:-1 分子式:CCl₄ 分子量:152 离子数量:18
S1%:98 CAS#:56235 NIST#:291258

图 3-2-2-26 四氯化碳的质谱图及检索结果

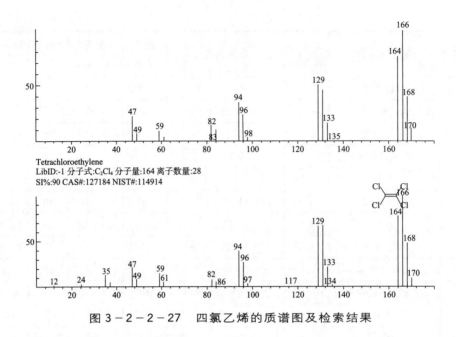

Tetrachloroethylene
LibID:-1 分子式:C₂Cl₄ 分子量:164 离子数量:28
SI%:90 CAS#:127184 NIST#:114914

图 3 - 2 - 2 - 27   四氯乙烯的质谱图及检索结果

（3）白酒中塑化剂的检测

检测白酒中的塑化剂，色谱保留时间、标准曲线及相关系数 R^2、检出限见表 3 - 2 - 2 - 9。邻苯二甲酸酯混合标准溶液全扫描 TIC 图见图 3 - 2 - 2 - 28,邻苯二甲酸酯混合标准溶液 SIM 扫描 TIC 图见图 3 - 2 - 2 - 29,某品牌白酒样品 SIM 扫描 TIC 图见图 3 - 2 - 2 - 30。

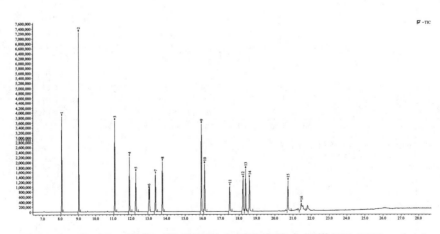

图 3 - 2 - 2 - 28   邻苯二甲酸酯混合标准溶液全扫描 TIC 图（8μg/mL）

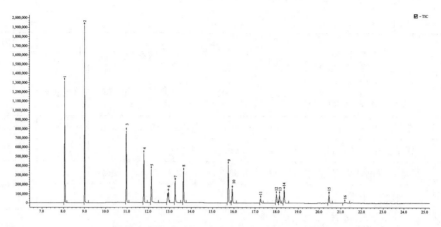

图 3 - 2 - 2 - 29　邻苯二甲酸酯混合标准溶液 SIM 扫描 TIC 图(0.8μg/mL)

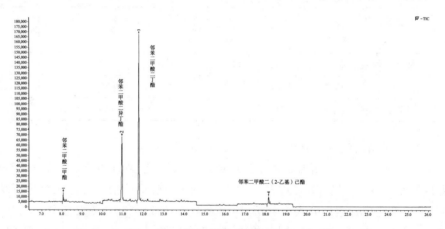

图 3 - 2 - 2 - 30　某品牌白酒样品 SIM 扫描 TIC 图

表 3 - 2 - 2 - 9　邻苯二甲酸酯类化合物标准曲线方程及相关参数

序号	中文名称	保留时间	相关系数	线性方程	RSD/%	检出限 μg/kg
1	邻苯二甲酸二甲酯	8.06	0.9991	$y=2\times10^6 x-94104$	3.6	1.89
2	邻苯二甲酸二乙酯	9.00	0.9990	$y=3\times10^6 x+16477$	4.5	1.66
3	邻苯二甲酸二异丁酯	10.96	0.9980	$y=3\times10^6 x+187214$	3.8	2.82
4	邻苯二甲酸二丁酯	11.77	0.9986	$y=2\times10^6 x+56025$	5.3	2.66
5	邻苯二甲酸二(2-甲氧基)乙酯	12.12	0.9990	$y=2\times10^6 x+106025$	6.0	6.02
6	邻苯二甲酸二(4-甲基-2-戊基)酯	12.93	0.9985	$y=2\times10^6 x-111007$	8.1	8.98

续表 3 - 2 - 2 - 9

序号	中文名称	保留时间	相关系数	线性方程	RSD/%	检出限 $\mu g/kg$
7	邻苯二甲酸二(2-乙氧基)乙酯	13.24	0.9991	$y = 2 \times 10^6 x - 103508$	2.2	8.23
8	邻苯二甲酸二戊酯	13.64	0.9978	$y = 2 \times 10^6 x + 26828$	6.9	8.06
9	邻苯二甲酸二己酯	15.74	0.9987	$y = 4 \times 10^6 x - 157116$	3.9	2.88
10	邻苯二甲酸丁基苄酯	15.92	0.9976	$y = 2 \times 10^6 x - 110666$	4.8	5.23
11	邻苯二甲酸二(2-丁氧基)乙酯	17.25	0.9981	$y = 858722 x - 144477$	5.9	20.88
12	邻苯二甲酸二环己基酯	17.99	0.9979	$y = 2 \times 10^6 x + 53810$	6.8	14.59
13	邻苯二甲酸二(2-乙基)己酯	18.12	0.9981	$y = 2 \times 10^6 x + 62018$	6.1	12.53
14	邻苯二甲酸二苯酯	18.34	0.9989	$y = 1 \times 10^6 x - 313909$	7.6	9.88
15	邻苯二甲酸二正辛酯	20.44	0.9996	$y = 2 \times 10^6 x + 85830$	5.9	6.96
16	邻苯二甲酸二壬酯	23.00	0.9981	$y = 2 \times 10^6 x + 16830$	6.9	25.28

(4)蓝莓香精组成成分分析

用 GC - MS 3200 分析蓝莓香精的组成,获得了比较满意的结果。图 3 - 2 - 2 - 31 为某品牌香精全扫描 TIC 图;表 3 - 2 - 2 - 10 为蓝莓香精挥发性成分分析结果。经 NIST 标准谱库检索结合人工分析,共检测出 32 种组分其中主要成分有乙基香兰素,香兰素,丁酸乙酯,十八烯酸,麦芽醇,棕榈酸,乙酸苄酯,辛酸,香茅醇等;绝大部分组分匹配度大于 85%。

表 3 - 2 - 2 - 10 蓝莓香精挥发性成分分析结果

峰号	中文名称	保留时间 min	CAS 号	分子式	相对含量 %	匹配度/%
1	3-甲基-1-丁醇	3.12	123 - 51 - 3	$C_5 H_{12} O$	0.43	91
2	2-甲基-1-丁醇	3.18	137 - 32 - 6	$C_5 H_{12} O$	0.07	90
3	丁酸乙酯	4.40	105 - 54 - 4	$C_6 H_{12} O_2$	9.26	91
4	丁酸	4.68	107 - 92 - 6	$C_4 H_8 O_2$	1.18	88
5	2-甲基-丁酸乙酯	5.64	7452 - 79 - 1	$C_7 H_{14} O_2$	1.24	94
6	3-甲基-丁酸乙酯	5.72	108 - 64 - 5	$C_7 H_{14} O_2$	1.56	91
7	3-甲基-丁酸	5.91	503 - 74 - 2	$C_5 H_{10} O_2$	0.26	90

续表 3 - 2 - 2 - 10

峰号	中文名称	保留时间 min	CAS 号	分子式	相对含量 %	匹配度/%
8	乙酸-3-甲基-1-丁醇酯 (乙酸异戊酯)	6.38	123-92-2	$C_7H_{14}O_2$	1.13	92
9	乙酸-2-甲基-1-丁醇酯	6.45	624-41-9	$C_7H_{14}O_2$	0.22	91
10	己酸	10.06	142-62-1	$C_6H_{12}O_2$	0.06	81
11	己酸乙酯	10.19	123-66-0	$C_8H_{16}O_2$	1.57	92
12	己酸-2-丙烯酯	12.83	123-68-2	$C_9H_{16}O_2$	2.33	89
13	麦芽醇	13.86	118-71-8	$C_6H_6O_3$	5.30	90
14	乙酸苄酯	15.37	140-11-4	$C_9H_{10}O_2$	2.55	94
15	辛酸	15.93	124-07-2	$C_8H_{16}O_2$	1.54	87
16	水杨酸甲酯	16.27	119-36-8	$C_8H_8O_3$	0.76	88
17	香茅醇	17.33	106-22-9	$C_{10}H_{20}O$	1.01	91
18	2-癸烯醛	18.16	2497-25-8	$C_{10}H_{18}O$	1.31	90
19	壬酸	18.70	112-05-0	$C_9H_{18}O_2$	0.17	80
20	2,4-癸二烯醛	19.75	2363-88-4	$C_{10}H_{16}O$	0.84	89
21	邻氨基苯甲酸甲酯 (氨茴酸甲酯)	20.57	134-20-3	$C_8H_9NO_2$	0.16	88
22	2-十一烯醛	21.05	2463-77-6	$C_{11}H_{20}O$	1.35	92
23	肉桂酸甲酯	21.67	103-26-4	$C_{10}H_{10}O_2$	1.14	88
24	香兰素	22.23	121-33-5	$C_8H_8O_3$	15.96	94
25	α-紫罗酮	22.85	127-41-3	$C_{13}H_{20}O$	0.47	86
26	乙基香兰素	23.74	121-32-4	$C_9H_{10}O_3$	24.11	94
27	β-紫罗兰酮	24.37	79-77-6	$C_{13}H_{20}O$	0.92	91
28	桃醛(十一烷酸内酯)	26.49	104-67-6	$C_{11}H_{20}O_2$	0.95	92
29	十四酸异丙酯	32.07	110-27-0	$C_{17}H_{34}O_2$	0.82	90
30	十六酸(棕榈酸)	35.00	57-10-3	$C_{16}H_{32}O_2$	8.64	91
31	油酸(十八烯酸)	38.32	112-80-1	$C_{18}H_{34}O_2$	10.30	91
32	硬脂酸	38.73	57-11-4	$C_{18}H_{36}O_2$	2.41	87

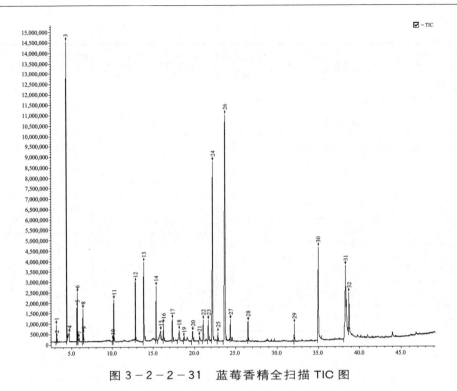

图 3-2-2-31　蓝莓香精全扫描 TIC 图

2.2.2　GC-Q M7 仪器、技术与应用

2.2.2.1　性能指标与配置

北京普析通用仪器有限责任公司创立于 1991 年，自 2004 年起开展质谱研究，2006 年与中国计量科学研究院合作，开展质谱仪器相关部件产品工艺化及整机产业化研究，于 2009 年推出了 M6 单四极杆气相色谱质谱联用仪（图 3-2-2-32）。2010 年，在前期形成的质谱研发平台基础上，自筹资金启动了面向中端市场的 M7 单四极杆气相色谱-质谱联用仪研发计划，于 2013 年成功实现产业化。主要技术指标及配置见表 3-2-2-11。

图 3-2-2-32　普析通用 M7 外观

尺寸/重量：54cm×96cm×140cm/110kg，电源/功率：220 V 交流（16 A）、50/60 Hz、2kW

表 3-2-2-11 普析 M7 气相色谱-质谱联用仪性能指标、配置

主要性能指标	
仪器型号	M7
质量范围 质量稳定性 质量准确性	1.5~1050u 优于±0.1u/48h ±0.1u
分辨率	1M
灵敏度	EI 全扫描 1pg 八氟萘,$m/z272$,$S/N≥150∶1$ 选择离子扫描 100fg 八氟萘,$m/z272$,$S/N≥150∶1$
扫描速度	11000u/s
扫描方式	Scan、SIM
动态范围	10^6

仪器配置		
	型号	安捷伦 7890B
	进样口类型	毛细管柱分流/不分流 分流比 1000∶1
气相色谱	柱箱 升温阶梯 温度稳定性	温度:室温以上 4℃~450℃,设定值分辨率:1℃ 室温每变化 1℃,柱温变化<0.01℃ 最大升温速率:120℃/min,最长运行时间:999.99min 降温速率:450℃~50℃,<4min 20 阶梯,21 平台,可梯度降温
	电子气路控制	压力设定范围:0~150psi 控制精度:在 0.000~99.999 psi 范围内,为 0.001psi 在 100.00~150.00psi 范围内,为 0.01psi 流量设定范围:0mL/min~200mL/min(N_2)0mL/min~1000mL/min(He) 多路电子流量控制通道用于进样口、检测器或辅助气以 0.1psi 的增量调节压力(精度),大气压力传感器补偿高度或环境的变化 程序升压/升流:3 阶 多种控制操作模式:恒流、恒压、程序升流、程序升压、脉冲压力
	加热区	不包括柱箱,独立加热区 6 个(进样口,检测器,以及辅助加热区各 2 个) 辅助加热区的最高使用温度:400℃

续表 3－2－2－11

仪器配置

气相色谱	气质接口最大允许流量	毛细管柱直接插入,独立控温,50～350℃ 2mL/min(M7－80EI) 4mL/min(M7－300EI)
	其它检测器	FID、ECD
质谱	离子源	EI 源 耐高温、长效双灯丝结构 离子化能量 10～100eV 可调 离子源对称加热系统 独立控温,最高温度 350℃,可调
	质量分析器结构特点	金属钼四极杆质量分析器 可拆卸的预四极过滤装置
	检测器类型	－10kV 脱轴转换打拿极,电子倍增器 宽动态范围
真空系统	机械泵	直联型油旋板真空泵,几何抽速 165L/min
	分子泵	德国 PFEIFFER Hipace™80 涡轮分子泵,71L/S(标配) 德国 PFEIFFER Hipace™300 涡轮分子泵,260L/S(选配) 冷阴极电离真空计,检测范围 1.0×10^{-7}～1.0 Pa
数据系统	硬件	联想(ThinkCentre)、彩显、激光打印机 数据采集接口
	软件系统	中/英文软件系统:分为仪器控制、数据采集、数据处理和谱图检索四个功能模块 提供"水中有机污染物 GC/MS 分析专家系统"等多种专用软件 谱库:2014 版 NIST 标准谱库 手动/自动调谐 操作环境:Windows 7 或 XP
选择配置	色谱选件	色谱自动进样系统(选配) 7693A 自动进样器:16 位 自动进样重复精度:＜1% 进样量范围:0.1～50μL 进样量线性:≥99%

2.2.2.2 产品特色

M7 单四极杆气相色谱质谱联用仪性能指标优于仪 M6,而材料成本相比降低 20%。在提升产品质量的同时,M7 也在应用领域不断创新。2013 年,在 M7 平台上推出了针对水质分析的专用系统"水中有机污染物 GC/MS 分析专家系统"。通过直接点击界面、提供了选择预先内置的物质列表和内置的报告模板,从方法设定到分析结果只需要简单的四步操作流程,极大的简化了水质复杂样品的分析过程,提高了工作效率。

2.2.2.3 应用实例

(1)生活饮用水中的挥发性有机物检测

M7 单四极杆气相色谱-质谱联用仪的软件包含了水质有机污染物 GC/MS 分析专家内置了各物质的定量离子和辅助离子,并且通过自动定性识别了每个色谱峰,能够自动完成 55 种 VOCs 标准曲线制作和样品定量。55 种 VOCs 保留时间及定量离子见表 3-2-2-12,分析结果见表 3-2-2-13。

表 3-2-2-12 55 种 VOCs 保留时间及定量离子

序号	挥发性有机物名称	保留时间 min	定量离子 m/z	辅助离子1 m/z	辅助离子2 m/z
1	氯乙烯	5.79	62	64	—
2	1,1-二氯乙烯	9.20	96	61	63
3	二氯甲烷	10.61	84	86	49
4	反-1,2-二氯乙烯	11.15	96	61	98
5	1,1-二氯乙烷	12.26	63	65	83
6	2,2-二氯丙烷	13.53	77	41	97
7	顺-1,2-二氯乙烯	13.59	96	61	98
8	溴氯甲烷	14.15	128	49	130
9	三氯甲烷	14.27	83	85	47
10	1,1,1-三氯乙烷	14.61	97	99	61
11	四氯化碳	14.88	117	119	121
12	1,1-二氯丙烯	14.96	75	110	77
13	苯	15.42	78	77	51
14	1,2-二氯乙烷	15.63	62	64	68
15	三氯乙烯	16.80	95	130	132
16	1,2-二氯丙烷	17.43	63	41	112
17	二溴甲烷	17.70	93	95	174
18	二氯一溴甲烷	17.98	83	85	127
19	顺-1,3-二氯丙烯	18.97	75	39	77
20	甲苯	19.62	91	92	—

续表 3－2－2－12

序号	挥发性有机物名称	保留时间 min	定量离子 m/z	辅助离子 1 m/z	辅助离子 2 m/z
21	反－1,3－二氯丙烯	20.24	75	39	77
22	1,1,2－三氯乙烷	20.67	83	97	85
23	四氯乙烯	20.79	166	168	129
24	1,3－二氯丙烷	21.08	76	41	78
25	一氯二溴甲烷	21.53	129	127	131
26	1,2－二溴乙烷	21.86	107	109	188
27	氯苯	22.90	112	77	114
28	乙苯	23.04	91	106	—
29	1,1,1,2－四氯乙烷	23.04	131	133	119
30、31	对、间二甲苯	23.31	106	91	—
32	邻二甲苯	24.28	106	91	—
33	苯乙烯	24.33	104	78	103
34	三溴甲烷	24.88	173	175	254
35	异丙苯	25.10	105	120	—
36	1,1,2,2－四氯乙烷	26.00	83	131	85
37	溴苯	26.00	156	77	158
38	正丙苯	26.10	91	120	—
39	1,2,3－三氯丙烷	26.10	75	110	77
40	2－氯甲苯	26.44	91	126	—
41	1,3,5－三甲苯	26.56	105	120	—

表 3－2－2－13　55 种 VOCs 分析结果

序号	挥发性有机物名称	相关系数	检出限 μg/L	RSD %	样品 VOC 浓度/(μg/L)*	
					水样 A	水样 B
1	氯乙烯	0.9904	1.20	6.07	N.D.	N.D.
2	1,1－二氯乙烯	0.9990	0.23	3.66	N.D.	N.D.
3	二氯甲烷	0.9975	0.10	2.29	0.43	0.27
4	反－1,2－二氯乙烯	0.9948	0.12	3.68	N.D.	N.D.
5	1,1－二氯乙烷	0.9957	0.12	3.86	N.D.	N.D.
6	2,2－二氯丙烷	0.9949	0.10	3.29	N.D.	N.D.

续表 3-2-2-13

序号	挥发性有机物名称	相关系数	检出限 µg/L	RSD %	样品 VOC 浓度/(µg/L)*	
					水样 A	水样 B
7	顺-1,2-二氯乙烯	0.9974	0.14	4.02	N.D.	N.D.
8	溴氯甲烷	0.9990	0.29	5.13	N.D.	N.D.
9	三氯甲烷	0.9998	0.08	2.95	5.75	0.17
10	1,1,1-三氯乙烷	0.9996	0.08	4.92	N.D.	N.D.
11	四氯化碳	0.9997	0.08	2.72	N.D.	N.D.
12	1,1-二氯丙烯	0.9989	0.08	2.28	N.D.	N.D.
13	苯	0.9967	0.06	2.55	0.11	0.53
14	1,2-二氯乙烷	0.9977	0.16	4.39	0.24	0.28
15	三氯乙烯	0.9982	0.06	4.15	N.D.	N.D.
16	1,2-二氯丙烷	0.9988	0.08	3.32	0.13	N.D.
17	二溴甲烷	0.9985	0.26	4.58	0.87	N.D.
18	二氯一溴甲烷	0.9994	0.08	6.92	6.20	0.06
19	顺-1,3-二氯丙烯	0.9978	0.10	3.27	N.D.	N.D.
20	甲苯	0.9954	0.04	2.19	0.16	0.56
21	反-1,3-二氯丙烯	0.9996	0.09	3.10	N.D.	N.D.
22	1,1,2-三氯乙烷	0.9992	0.18	3.47	N.D.	N.D.
23	四氯乙烯	0.9961	0.05	2.37	N.D.	N.D.
24	1,3-二氯丙烷	0.9991	0.11	3.97	N.D.	N.D.
25	一氯二溴甲烷	0.9992	0.17	3.29	4.78	0.09
26	1,2-二溴乙烷	0.9980	0.22	5.41	N.D.	N.D.
27	氯苯	0.9973	0.04	2.15	0.08	0.14
28	乙苯	0.9972	0.03	2.70	0.47	3.99
29	1,1,1,2-四氯乙烷	0.9993	0.54	11.38	N.D.	N.D
30、31	间、对二甲苯	0.9952	0.03	2.93	0.24	2.28
32	邻二甲苯	0.9956	0.04	2.19	0.12	1.01
33	苯乙烯	0.9979	0.06	2.55	N.D.	0.28
34	三溴甲烷	0.9992	0.35	6.60	1.29	N.D.
35	异丙苯	0.9981	0.05	2.87	N.D.	N.D.
36	1,1,2,2-四氯乙烷	0.9991	0.05	2.27	N.D.	N.D.

续表 3-2-2-13

序号	挥发性有机物名称	相关系数	检出限 μg/L	RSD %	样品 VOC 浓度/(μg/L)*	
					水样 A	水样 B
37	溴苯	0.9991	0.08	3.37	N.D.	N.D.
38	正丙苯	0.9987	0.05	4.37	N.D.	N.D.
39	1,2,3-三氯丙烷	0.9924	0.24	6.74	N.D.	N.D.
40	2-氯甲苯	0.9994	0.05	8.37	N.D.	N.D.
41	1,3,5-三甲苯	0.9983	0.06	4.55	N.D.	N.D.
42	4-氯甲苯	0.9995	0.04	2.19	N.D.	N.D.
43	叔丁苯	0.9988	0.04	2.19	N.D.	0.09
44	1,2,4-三甲苯	0.9991	0.05	2.37	N.D.	0.08
45	仲丁苯	0.9989	0.08	2.92	N.D.	0.61
46	对乙丙基甲苯	0.9986	0.08	2.92	N.D.	4.53
47	1,3-二氯苯	0.9997	0.09	3.10	N.D.	0.18
48	1,4-二氯苯	0.9997	0.09	3.10	N.D.	0.19
49	正丁苯	0.9986	0.06	2.55	N.D.	N.D.
50	1,2-二氯苯	0.9999	0.10	3.29	N.D.	N.D.
51	1,2-二溴-3-氯丙烷	0.9964	1.20	11.19	N.D.	N.D.
52	1,2,4-三氯苯	0.9983	0.08	2.45	N.D.	N.D.
53	六氯丁二烯	0.9995	0.08	2.75	N.D.	N.D.
54	萘	0.9965	0.15	3.66	0.37	2.24
55	1,2,3-三氯苯	0.9981	0.13	3.55	N.D.	N.D.

* N.D. 为未检出。

通过对生活饮用水中 55 种 VOCs 进行的自动化分析,"水质有机物污染物 GC/MS 分析专家系统"(以下简称"专家系统")表现出以下特点:

①系统采用的吹扫捕集/气相色谱-质谱法具有浓缩倍数高、检出限低、线性良好,准确度、精密度良好等优点,其检测限在 μg/L 数量级,能有效地检测水中的VOCs。

②系统内置的方法参数和数据库使气质联用仪使用不再复杂。与常规气质工作站相比,"专家系统"操作便捷高效,定性快速可靠,定量实现一键自动完成,大大节省分析人员工作量和时间,并降低了质谱仪器的使用难度,提高了工作效率,满足生活饮用水挥发性有机物检测的要求。

③VOCs 中的 1,1,1,2-四氯乙烷和乙苯、1,1,2,2-四氯乙烷和溴苯、1,2,3-三

氯丙烷和正丙苯、1,3-二氯苯和对乙丙基甲苯总离子色谱峰常常不能有效分离，"专家系统"通过自动提取质量色谱图进行分离，实现定性定量；间二甲苯和对二甲苯色谱质谱均不能分离，"专家系统"自动测定两者总量。这几种物质体现了使用质谱检测 VOCs 的优势，当分析物质种类繁多，色谱不能完全分离时，质谱的提取质量色谱图功能能够准确的实现分离。

④对于某些响应较低的物质如溴氯甲烷、二溴甲烷、1,2-二溴乙烷、1,2-二溴-3-氯丙烷等可采用选择离子监测模式(SIM)测定，获得比全扫描更好的检出限。"专家系统"的自动 SIM 功能可以便捷地实现这一点。

(2)蜂蜜中 4,4′-二溴二苯甲酮、溴螨酯残留量测定

M7 单四极杆气相色谱-质谱联用仪测定蜂蜜中的 4,4′-二溴二苯甲酮的保留时间为 11.93min 溴螨酯保留时间为 13.00min。4,4′-二溴二苯甲酮在 50～1000μg/L 浓度范围内，溴螨酯在 100～2000μg/L 浓度范围内线性关系良好(见图 3-2-2-33)。

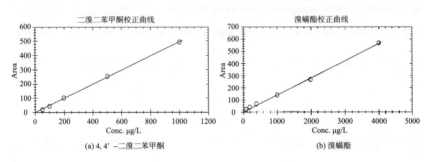

(a) 4,4′-二溴二苯甲酮　　　　　(b) 溴螨酯

图 3-2-2-33　标准曲线

4,4′-二溴二苯甲酮最低检出限 0.010mg/kg，4,4′-二溴二苯甲酮为 0.040mg/kg，平均回收率为 83%～117%，RSD 为 0.85%～3.55%。

(3)汽油成分的定性检测

M7 单四极杆气相色谱-质谱联用仪测定 92# 汽油，图 3-2-2-34 是 3 次重复测试 92# 汽油的 TIC 的对比图，从图可以看出，3 次测试重复性较好。经过 NIST 谱库检索，共检索出 101 种化合物，主要是烃类，检索相似度 80% 以上的占 58.4%。甲苯的保留时间是 5.06min，其谱库检索结果如图 3-2-2-35，实验获得的样品质谱图与 NIST 谱库标准质谱图相似度很高。M7 气质联用仪测试复杂样品汽油重复性优良，质谱图 NIST 谱库检索，相似度高，定性能力强，能够满足复杂混合物样品定性分析的需求。

2.2.3　GC-MS 6800 仪器、技术与应用

2.2.3.1　性能指标与仪器配置

江苏天瑞仪器股份有限公司 2012 年推出 GC-MS 6800 气相色谱-质谱联用仪(图 3-2-2-36)，其主要性能指标配置见表 3-2-2-14。

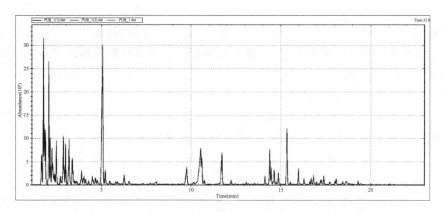

图 3－2－2－34　92#汽油的 TIC 的 3 次进样对比图

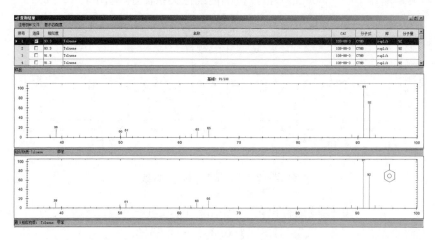

图 3－2－2－35　甲苯的谱库检索结果

图 3－2－2－36　天瑞 GC－MS 6800 质谱仪外观

表 3-2-2-14　GC-MS 6800 气相色谱-质谱联用仪性能指标

主要性能指标		
	质量范围	1.5u～1000u
	质量稳定性	±0.1u/24h
	质量准确性	±0.1u
	分辨率	0.6u(半峰宽)或大于1500
	灵敏度	EI 全扫描 1pg 八氟萘 m/z 272 处;信噪比≥30∶1(RMS)
	扫描速度	10000u/s
	扫描方式	Scan、SIM
	动态范围	10^6
仪器配置		
气相色谱	型号	GC6800
	进样口类型	毛细管柱(分流/不分流)分流比:最大 1000∶1 独立控温,最高温度450℃。
	柱箱	温度范围:室温+4～450℃ 升温速率:最高 120℃/min 8 阶 9 平台程序升温
	压力/流量控制	压力设定范围:0～100psi，精度 0.002psi。 恒温/恒流,程序压力和程序流量
	质谱接口 温度控制	毛细管色谱柱直接插入 独立控温,最高 450℃
	其他检测器	无
质谱	离子源	EI 双灯丝结构 电子能量 5～250eV(可调) 发射电流最大 $350\mu A$ 独立加热 100℃～350℃
	质量分析器	带预过滤四极杆的金属四极杆滤质器
	检测器类型	高压转换打拿级的电子倍增器
真空系统	机械泵	抽速 $5m^3/h$
	分子泵	67 L/s(标配)
数据系统	硬件	PC 机、彩显、激光打印机 数据采集接口
	软件系统	Microsoft® Windows® 7、Microsoft® Windows® 8 或 XP

2.2.3.2 产品特色

性能稳定。机械泵和涡轮分子泵提供了良好的高真空工作环境,保证了系统的灵敏度、稳定性和可靠性。

灵敏度高。能转换打拿极的电子倍增器配合先进的 RF 电源数字补偿技术,使全质量范围内的质谱峰达到较好的灵敏度和分辨率。

功能强大的数据库。天瑞仪器股份有限公司是 NIST 2011 授权的国内企业唯一合法分销商,可以保证用户获取最新的谱库数据及谱库在线升级功能。

操作简便。研发的软件系统,中/英文可选,可同时控制自动进样器、气相色谱仪和质谱仪。软件系统主要包括数据采集和数据处理两部分。数据采集系统可以有效地读取、控制各项参数,实现手动、自动调谐,仪器校准等功能,具备 SCAN、SIM 扫描模式。数据处理系统具备谱峰识别、背景扣除、重叠峰解卷积、谱图比较、谱库自动搜索等功能,搭配 NIST2011 谱库可对复杂体系进行准确的定性分析。

运行成本低。自主研发的双灯丝,该灯丝具有性能稳定、寿命长等特点,离子源和透镜组设计为整体插入式,方便进行维护。

2.2.3.3 应用实例

(1)原料乳与乳制品中三聚氰胺检测

用 GC-MS 6800 测量三聚氰胺获得满意结果。参照国家标准,利用四极杆质谱的选择离子监测模式进行检测,0.2mg/L 的标准样品得到的谱图如下所示。

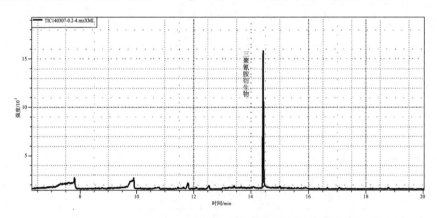

图 3-2-2-37　三聚氰胺衍生物特征离子流图

用 $m/z=327.0$ 的质量色谱图峰面积定量,其标准曲线为 $y=379939.69x-28976.83$,相关系数 R^2 为 0.9976,检测标准品的最低检出限为 12.8μg/kg。

(2)吹扫捕集法检测水中 27 种挥发性有机化合物(VOCs)

测量水中 27 中挥发性有机化合物,其校准曲线及最低检出限见表 3-2-2-15。

表 3 - 2 - 2 - 15　27 种 VOC 的校准曲线及最低检出限(SIM 扫描,吹扫捕集进样)

化合物	定量离子 (m/z)	校准曲线	相关 系数	最低检出限 /(μg/L)	国标方法检 出限/(μg/L)
氯乙烯	62	$y=0.00004050x+0.4809$	0.9956	0.51	0.5
1,1-二氯乙烯	96	$y=0.00002195x+0.7790$	0.9956	0.15	0.4
二氯甲烷	84	$y=0.00002462x-1.1286$	0.9926	0.04	0.5
反式 1,2-二氯乙烯	96	$y=0.00002160x+0.9164$	0.9961	0.15	0.3
顺式 1,2-二氯乙烯	96	$y=0.00003443x+0.7778$	0.9969	0.45	0.4
氯仿	83	$y=0.00003519x-0.0136$	0.9969	0.43	0.4
1,1,1-三氯乙烯	95	$y=0.00003212x+0.5510$	0.9944	0.46	0.5
四氯化碳	117	$y=0.00004531x+0.4477$	0.9928	0.70	0.4
苯	78	$y=0.00001457x+1.0053$	0.9964	0.06	0.4
1,2-二氯乙烷	62	$y=0.00003768x+0.5324$	0.9969	0.11	0.4
1,1,2,-三氯乙烯	130	$y=0.00003509x+0.7723$	0.9920	0.61	0.6
1,2-二氯丙烷	63	$y=0.00003361x+0.4439$	0.9948	0.43	0.4
一溴二氯甲烷	83	$y=0.00003581x+0.3205$	0.9958	0.32	0.4
甲苯	91	$y=0.00001172x+0.7315$	0.9965	0.07	0.3
1,1,2-三氯乙烷	83	$y=0.00003128x+0.8553$	0.9971	0.37	0.4
四氯乙烯	166	$y=0.00002896x+0.6818$	0.9943	0.21	0.2
二溴氯甲烷	129	$y=0.00002451x+0.7350$	0.9964	0.21	0.4
氯苯	112	$y=0.00001384x+0.4564$	0.9959	0.07	0.2
乙苯	91	$y=0.00001258x+0.0834$	0.9937	0.02	0.3
间/对二甲苯	106	$y=0.00000622x+0.1181$	0.9947	0.01	0.5
邻二甲苯	106	$y=0.00002415x-0.0281$	0.9938	0.01	0.2
苯乙烯	104	$y=0.00002597x+0.1744$	0.9953	0.04	0.2
溴仿	173	$y=0.00004688x+1.5650$	0.9980	0.55	0.5
1,4-二氯苯	146	$y=0.00001144x+0.0432$	0.9948	0.04	0.4
1,2-二氯苯	146	$y=0.00001163x-0.1036$	0.9952	0.04	0.4
1,2,4-三氯苯	180	$y=0.00001962x+0.1960$	0.9945	0.04	0.3

3　氦质谱检漏仪、技术与应用

3.1　仪器研发历史、基本结构与性能指标

氦质谱检漏技术主要从两个方向发展,一方面是氦质谱检漏仪器本身技术的发

展,另一方面是检漏工艺技术的发展。我国的氦质谱检漏仪器制造开始于 20 世纪 60 年代初期,当时主要是国营的仪器厂家采取仿制国外产品的技术路线。仪器技术类型采用不同的分类标准可分为单聚焦和双聚焦,普通型和逆扩散型,有油扩散泵和分子泵型等,当时国产仪器的应用共性是操作上基本停留在半自动手工操作状态。市场上高端商品仪器滞后于国外知名厂家,国内研究院所、高端用户绝大部分仍采用进口高端仪器。

近年来,应用领域的迅速拓宽和科技领域(特别是集成电路、微型计算机及其软件)的发展,促进了氦质谱检漏仪器技术的发展。从目前业内现状来看,氦质谱检漏仪主要特点和发展趋势如下:质谱检漏仪在检漏仪器中的主导地位进一步加强;磁偏转型质谱检漏仪目前仍是主流;随着检漏技术的发展,质谱检漏仪向着超高灵敏度方向和实用方便的方向两极发展;高实用性、缩短检漏周期的重点是降低仪器的工作压强,逆扩散型氦质谱检漏仪可在低真空下操作,已普遍推广,不断进步;微机和自动化技术的发展使得仪器迅速更新换代,易于操作的仪器具有明显的竞争力。由此可见,高灵敏度和实用方便是未来检漏仪的两大发展方向。

20 世纪 70 年代到 20 世纪 90 年代初,国际上氦质谱检漏仪的最高灵敏度一直保持在 2×10^{-11} Pa·m³/s(逆扩散型)和 2×10^{-12} Pa·m³/s(带液氮冷阱的常规型)水平。到了 20 世纪 90 年代末,世界上几家著名检漏仪制造商纷纷推出不带液氮冷阱但最高灵敏度可达 5×10^{-12} Pa·m³/s 乃至 5×10^{-13} Pa·m³/s 的产品。

这一方面说明用户对高灵敏度检漏有需求,另一方面也说明科技在进步并且制造技术能够实现高灵敏检漏的需求。撇开分子泵和真空系统的共性问题,从本质上看,高灵敏度的核心技术一是提高质谱管的灵敏度,二是降低 He 本底,提高检测器的灵敏度。

各家提高灵敏度的措施各有特点,如美国 Varian 公司(现 Aglient)的高灵敏度措施完全在接收器上,即信号未提高,提高的是接收器和前置放大器的检测水平。从磁场方面来看,各国的商品仪器采用 180° 场型的最多,主要有德国的 INFICON、LEYBOLD、Pfeiffer、法国的 ALCATEL 和日本的岛津公司等。尤其是采用了非均匀磁场的 180° 场型的质谱管,从理论上看,在"Z"方向有聚焦作用,减少了离子损失,提高了灵敏度。

在易用性方面,集成电路、微型计算机及其软件的发展,为仪器的智能化提供了条件,一键检漏的应用趋势越发的明显。因此,高灵敏度全自动氦质谱检漏仪是检漏仪的发展方向。

随着科学技术的发展,产品的可靠性与自动化程度的提高,氦质谱检漏仪在商业、工业及科学研究机构中的使用正在不断扩大。它已经具有简单易行、见效快、实用性强、经济效益显著等特点,很适合国内用户使用。所以,几乎所有国外大厂商都开始重视中国市场,增加技术服务力量,占据高端和中端仪器的中国市场,甚至采用低价策略,打压国内厂家,给国产检漏仪器的发展带来很大压力。

近十几年来,安徽皖仪科技股份有限公司,通过自主创新,采用国际上先进的检漏技术,瞄准高端检漏市场,开发出系列产品,与国外产品形成了有力的竞争。

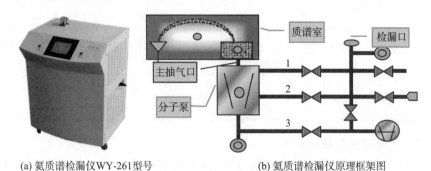

(a) 氦质谱检漏仪WY-261型号　　　(b) 氦质谱检漏仪原理框架图

图 3-2-2-38　氦质谱检漏仪 WY-261

安徽皖仪科技股份有限公司生产的 WY 系列检漏仪以 WY-261 型号为代表 [见图 3-2-2-38(a)],氦质谱检漏仪的基本原理图各家产品基本相近。以 WY-261 型号氦质谱检漏仪原理框架图[见图 3-2-2-38(b)]为例,整个仪器分为接口系统、真空系统、电控系统、质谱系统、数据处理系统等几个部分,WY-261 型氦质谱检漏仪及国外主流产品性能指标详见表 3-2-2-16。

表 3-2-2-16　主流氦质谱检漏仪性能指标

序号	生产企业	产品名称型号	主要性能指标
1	INFICON	UL1000 UL5000	检漏口压力 1500Pa,最小可检漏率 5.0×10^{-13} Pa·m³/s
		Pernicka 700H	检漏口压力 1500Pa,最小可检漏率 4.0×10^{-15} Pa·m³/s
		E3000	最小可检漏率 1.0×10^{-7} Pa·m³/s, 气流量 160sccm
		P3000	最小可检漏率 1.0×10^{-8} Pa·m³/s, 气流量 300atm·mL/min
2	OerlikonLeybold Vacuum	PhoeniXL 300	检漏口压力 1500Pa,最小可检漏率 5×10^{-13} Pa·m³/s
3	Pfeiffer VacuumGmbH	HLT560	检漏口压力 1800Pa,最小可检漏率 5×10^{-13} Pa·m³/s
4	岛津	MSE-2000A	检漏口压力 1000Pa,最小可检漏率 1×10^{-12} Pa·m³/s

续表 3－2－2－16

序号	生产企业	产品名称型号	主要性能指标
5	阿尔卡特	ASM380	检漏口压力 1500Pa，最小可检漏率 5.0×10^{-13} Pa·m³/s
6	Varian	VS PR02	检漏口压力 1330Pa，最小可检漏率 1×10^{-12} Pa·m³/s
7	安徽皖仪科技有限公司	WY－261	检漏口压力 10000Pa，最小可检漏率 5.0×10^{-13} Pa·m³/s

3.2 产品特色与核心技术

与 WY－261 型氦质谱检漏仪竞争的主流的仪器为 UL1000，UL5000，VS PR02，HLT560，通过具体的指标比较，WY－261 型检漏仪具备灵敏度高，检漏口耐压范围宽，抗污染能力强优等特点。产品总体指标上与国产主流产品持平，个别指标超过国外同类产品，同时本产品具备了图形化的操作界面，易用性强的特点。

WY 系列检漏仪拥有多项具有知识产权的核心技术，主要包括：

1）高可靠性振荡离子源技术

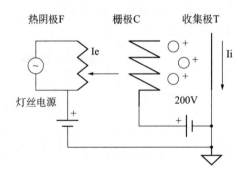

图 3－2－2－39　振荡型离子源示意图

高可靠性振荡离子源技术可以提高质谱电离信号，增加氦气电离效率，从而增加质谱检测灵敏度。振荡型离子源如图 3－2－2　39 所示，热阴极 F 产生电子，在电场作用下飞向栅极 C，一部分被栅极 C 吸收，大部分在惯性作用下通过栅极 C 飞向收集极 T，在电场作用下又被栅极 C 拉回，从而在栅极 C 与收集极 T 之间来回振荡，利用电子的振荡，提高了与氦气的碰撞几率，极大的提高了离子源的电离效率，从而提高了氦质谱仪器的灵敏度。

2）180°非均匀磁场技术

氦质谱检漏仪的质谱系统中质量分析器采用的是 180°非均匀磁场。这种形状的磁场可以产生柱状离子束，离子信号更强，因此起到提高灵敏度的作用。图

3-2-2-40(a)是180°均匀磁场,其产生的离子束为带状,不聚焦,因此检测灵敏度低,而180°非均匀磁场技术,如图3-2-2-40(b)所示,粒子束为柱状,更聚焦,因此灵敏度更高。

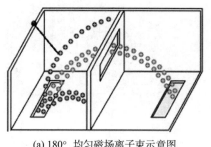

(a) 180° 均匀磁场离子束示意图

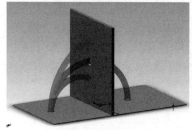

(b) 180° 非均匀磁场离子束示意图

图 3-2-2-40　180°非均匀磁场技术

3)多口复合分子泵技术

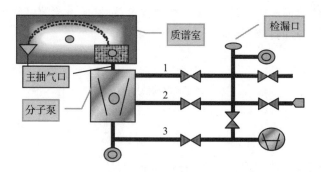

图 3-2-2-41　多口分子泵技术

如图3-2-2-41所示,利用多口复合分子泵技术提高了检漏口的压力、仪器灵敏度、检测量程范围。多口复合分子泵含有四个口,其中1、2、3三个口对主抽气口的压缩比不同,1口压缩比最小,3口压缩比最大,因此当工件漏率较大时,氦气含量多。打开最下面的电磁阀3,让很少一部分氦气通过分子泵逆流到质谱室,避免仪器饱和。当工件漏率较小时,打开上面电磁阀1。可使较多的氦气逆扩散到质谱室,提高了仪器的检测灵敏度,因此利用多口符合分子泵技术提高了仪器的灵敏度和量程。

4)渗氦石英膜片技术

采用氦渗透石英膜片技术,提高氦质谱检漏仪的检测压力和灵敏度,石英膜片就像GC一样,对进入检漏仪的气体进行初步分离。如图3-2-2-42所示,没有氦气时,气体由于石英膜片隔离,空气直接被真空泵抽走,不影响质谱真空系统;如图3-2-2-43所示,当泄漏发生时,氦气(红色颗粒)通过石英膜片渗透到质谱系统而被检测,其他气体被真空泵抽走。这样即使检漏口压力高,由于石英膜片隔离作用,空气等气体分子不能进入质谱系统,从而保证质谱系统真空度,提高了检漏口的可检压力。

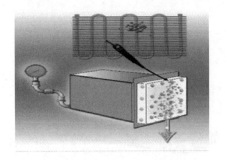 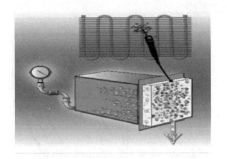

图3-2-2-42　无泄漏时　　　　　图3-2-2-43　有泄漏时
石英膜片工况　　　　　　　　　石英膜片工况

5)软件自动调零技术

经过大量的数据挖掘,采用非线性规划技术,对氦质谱检测基线的时间序列进行建模,实现软件信号的自动调零。

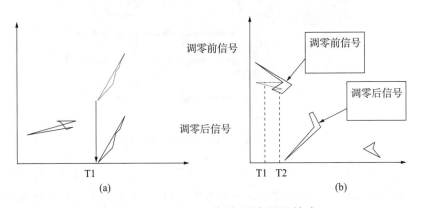

图3-2-2-44　软件自动调零技术

如图3-2-2-44(a)所示,当基线变化时,零点自动跟随基线变化。如图3-2-2-44(b)所示,上方的实线是调零前信号,虚线是基线,下方实线是调零后信号,经过软件算法调零后此可明显看出信号分辨率大大提高。同时在信号检测时,由于有软件模式识别技术,判断信号的速度更快,因此仪器的响应速度更迅速。

通过以上的核心技术,安徽皖仪科技股份有限公司使WY系列氦质谱检漏仪的性能指标达到了国外同类主流产品的相同水平。其在工艺及品控上的不懈努力,大大增强了仪器的稳定性与可靠性,能满足不同工况下的长期使用。在长期用户应用反馈的基础上,针对国内用户的特点,开发出适合国内用户习惯的用户界面及配套应用方法,相对于国外产品更适合国内用户使用,基于以上的原因,皖仪公司的 WY 系列检漏仪居于国内检漏仪市场的领导地位。

3.3　承担课题与获奖情况

安徽皖仪科技股份有限公司自 2003 年以来,一直从事质谱仪器的研发、生产、销售,成功研发了 13C 质谱仪、全自动氦质谱检漏仪系列产品(其中氦质谱检漏仪 2006 年获得安徽省科技进步奖三等奖,真空箱检漏回收系统获得 2011 年安徽省科技进步三等奖),公司已完全掌握了质谱理论和技术应用,逆扩散检漏原理和技术,检漏技术与应用等一系列关键技术。公司的主打产品全自动氦质谱检漏仪获 2004 年国家科技部创新基金支持,2005 年被评为国家重点新产品,2006 年被评为省级重点新产品,2006 年被评为高新技术企业,2006 年全自动氦质谱检漏仪通过国家科技部的验收,2006 年全自动氦质谱检漏仪被评为国家火炬计划项目。2009 年氦质谱检漏仪被认定为安徽省自主创新产品,2011 年真空箱检漏回收系统被认定为国家重点新产。

4　防爆型过程气体质谱分析仪及其应用

4.1　仪器研发历史、基本结构与性能指标

在线过程监测技术涉及化工、轻工、环保、能源、医药、食品、农业、海洋等众多领域,在我国国民经济发展中占有重要地位,是当前经济社会发展急需突破的技术领域,也是当前世界各国发展的热点领域。随着精密加工和检测技术的进步,质谱技术应用于在线检测越来越广泛并发挥越来越重要的作用。

由于人们对安全生产和低能耗高产出的关注,在大量化工、轻工、环保、能源、医药等行业的生产中,危险环境下的在线过程监测需求越来越迫切。这些领域的开发、生产和进一步发展,越来越依赖大量在线科学仪器提供过程信息,其中在线工业质谱仪不但已成为生产精细化控制的基础和支柱仪器之一,也同时成为危险情况防护报警的实时监控仪器。众所周知,爆炸是这些行业中最主要的一类危险环境,在此环境中使用的仪器必须符合国家防爆标准。因此,防爆型在线工业质谱仪对气体成分快速在线分析,并和生产反应调控过程关联,对安全生产和精细化控制的研究和实践具有极其重要的作用,尤其在石油化工、合成药物等国民经济重要行业中意义重大。安全生产、节能减排已成为我国当前的一项基本国策,防爆型在线工业质谱仪正逐渐成为实现这一目标的在线仪器之一。

防爆型在线工业质谱仪器主要有美国的 Thermo 和 Extrel 等少数几家著名的国外仪器公司生产。在国内,上海舜宇恒平科学仪器有限公司(简称舜宇恒平)推出了过程气体质谱仪产品,但防爆型的仪器制造是空白状态,也无相应的技术标准。在这一形势下,上海市科学技术委员会于 2011 年 9 月立项"防爆型在线工业质谱仪的研制"由舜宇恒平组织进行,目标是开发基于四极杆的防爆型在线工业质谱仪器制造技术,实现仪器国产化,将其应用于生产领域,实现可燃性气体多组分的高精度、宽量程和长时间连续稳定测量,并开发专用的采样前处理装置、应用软件和系统解决方案,

打破进口仪器在该领域的垄断。该项目于 2013 年 9 月顺利完成,形成正式产品并应用于石油化工、工业发酵等复杂或危险的工况领域。

防爆型过程气体质谱分析仪(SHP8400PMS-Ⅰ,图 3-2-2-45,舜宇恒平,中国),具有可靠性高、稳定性好、自动化控制、运行成本低等特点。仪器内置工控机,方便实现远程控制,且运行中的数据采集和保存不受外部故障干扰。产品性能指标如表 3-2-2-17 所示。

仪器的结构框图如图 3-2-2-46。整套系统包括:多通道采样系统、电子轰击离子源、四极杆质量分析器、法拉第筒(FC)/电子倍增器(CDEM)双检测器、真空系统和控制系统。其中真空系统由前级泵、涡轮分子泵、真空阀门和真空腔组成,为分析系统提供稳定的真空环境,系统真空度维持在 10^{-5} Torr 以下。样气由多通道采样系统导入离子源,在离子源被离子化

图 3-2-2-45 SHP8400PMS-Ⅰ
防爆型过程气体质谱分析仪

和碎片化后,按照质荷比大小由质量分析器分开进入检测器,检测信号经处理后得到质谱图。针对气体质谱仪器特点,SHP8400PMS-Ⅰ防爆型过程气体质谱分析仪采用正压型防爆,使用正压保护气体,结合隔爆、增安型等防爆设计实现系统的防爆(见图 3-2-2-47)。

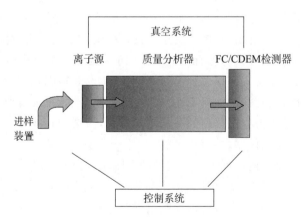

图 3-2-2-46 防爆型过程气体质谱分析仪结构框图

仪器的性能指标见表 3-2-2-17。SHP8400PMS-Ⅰ防爆型过程气体质谱分析仪可检测的最高质量数为 300u,可满足不同领域各种工艺气体的分析需求。配置

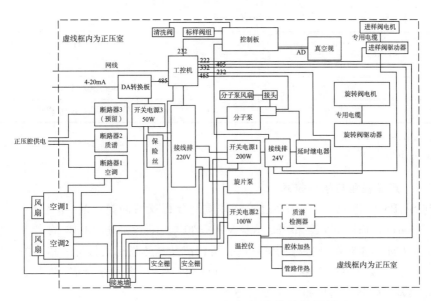

图 3-2-2-47 正压腔内电器件总体设计图

法拉第筒（FC）/电子倍增器（CDEM）双检测器,可实现从 10ppb 到 100％的检测范围,即使对检测限要求苛刻的工艺中亦可满足要求。毫秒级的响应时间,满足反应工艺过程要求。内置工控机,配置专用软件系统集成远程数据传输处理及数据库,可实现自动化控制和无人值守,最大限度降低人员操作,减小人为失误。同时,远程控制操作和外部联锁通讯,实现了仪器的远程操作,进一步增加了安全性和可靠性。

表 3-2-2-17 产品主要性能指标

项目	性能指标
质量数范围	$1\sim300\mathrm{u}$
响应时间	ms 级
最小检测分压	$5\times10^{-11}\mathrm{Torr}^{①}$（FC） $5\times10^{-14}\mathrm{Torr}$（CDEM）
检出限	$\leqslant10\mathrm{ppm}$（FC） $\leqslant10\mathrm{ppb}$（CDEM）
操作范围	从常压到超高真空
操作温度	$\leqslant70℃$
取样压力	$\leqslant5\mathrm{bar}^{②}$（有特殊需求者可订制）
质量分析器	四极杆（Quad）
检测器	法拉第筒（FC）/电子倍增器（CDEM）

续表 3 - 2 - 2 - 17

项目	性能指标
离子源	电子轰击(EI)源
防爆等级	Exdibembpz II CT4
控制系统	内置工控机,可实现远程监控

①1Torr≈133Pa

②1bar＝100 kPa

4.2 产品特色与核心技术

与 SHP8400PMS－I 防爆型过程气体质谱分析仪的同类产品,市场上主流的仪器为 Thermo Prima δB 和 Extrel MAX300 － IG。通过具体的指标比较,SHP8400PMS－I 防爆型过程气体质谱分析仪产品总体指标上接近或超出国外样机,同时本产品的软件采用全中文,方便用户理解和操作,具备灵敏度高、动态范围广、安全性高以及稳定性好等特点。主要特点如下:

(1)灵敏度高,动态范围宽:配置法拉第筒(FC)/电子倍增器(CDEM)双检测器,检测范围从 10ppb 到 100％。两种检测器配合使用,不仅大大提高了灵敏度,也极大地拓宽了仪器的动态检测范围,满足不同浓度级别的检测需求。

(2)安全性高:系统防爆设计,符合 GB 3836 系列国家标准,Ⅱ区 C 类 T4 正压型防爆,在防爆区域中提供最高气体类型的过程安全性;智能在线监控,对真空度、分子泵状态、气路温度等系统运行参数在线监测,如有异常立即报警或停机,最大限度保障运行安全。

(3)稳定性好:仪器内置温度补偿型全自动高精度电子流体控制系统,避免样气压力、温度波动对检测数据的影响;高稳定质量轴设计,保证长期连续监测过程中的数据稳定性。

(4)运行成本低、可维护性好:一台质谱仪即可监测多个反应位点,不仅降低设备投资费用,也简化了与控制系统的连接;系统几乎无可动部件,维护量少,具有在线标定、自我监控及自我保护功能,最大限度缩短停机时间,提高效率。

(5)本产品拥有多项具有知识产权的核心技术,主要包括:

1)在线气体净化处理技术

创新的多通道在线气体样品处理技术,在保证样气真实及传输快速的基础上具备除尘、加热、控温控压等功能,满足在线分析系统长期连续运行的可靠性和安全性要求。

2)微量气体无损运输控制技术

新型小死体积微量气体的无损输运技术,实现快速多通道微量样品切换检测,以及微小流量的调压、稳压和稳流控制,满足在线快速检测和质谱分析的要求。

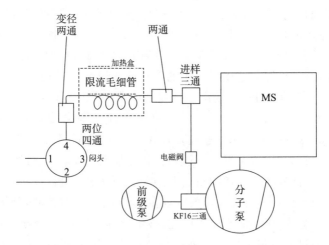

图 3－2－2－48 旁路毛细管微流量气体稳定控制结构示意图

3）抗吸附稳定离子化技术

对质谱仪器的稳定性,离子源起着举足轻重的地位,欲提高仪器长期连续运行稳定性,离子源优化是关键,其在很大程度上决定了仪器的灵敏度、分辨率、准确度和稳定性。在各种影响因素中,离子源的抗污染性最为突出。经过试验,采用了新型抗吸附的稳定离子化技术,实现稳定地长时间运行。

4）四极杆质量分析器稳定射频技术

四极杆质量分析器射频是质谱稳定性和分辨力的关键技术之一,仪器采用了自锁式稳定射频技术,在 SIM 模式下通过基点反馈锁定工作位点,具有良好的抗漂移特性,实现了质谱长时间稳定分析。

5）系统防爆技术

防爆型在线仪器防爆技术是基本要素,仪器采用国际上过程质谱仪器通用的正压防爆技术,实现对 IIC 类气体的防爆。

6）全中文过程气体质谱仪专用软件

针对防爆型在线工业检测的应用需要,软件在设计时充分考虑用户需求,采用最新的 Fluent/Ribbon 用户界面标准。所有数据文件都采用当前最流行的数据交换开放工业标准——XML 格式,数据的发布有 DDE 和 OPC 两种方式,与其它系统兼容性强,可完成多点快速数据采集、处理和网络传输等功能,提供最适宜的控制整合,使得操作简洁,容易掌握。测试过程中,系统无需任何人工干预自动运行。配合软件的"任务"功能,可实现长时间分析过程的无人值守。

4.3 市场情况

利用质谱快速定性、定量的特点,SHP8400PMS－I 防爆型过程气体质谱分析仪可对过程中的气体或蒸汽进行检测,实时给出样品相关的多种信息,及时对过程进行判断和控制,实现在线、快速、多组分气体成分高精度分析。防爆型可用于防爆环境,也可用于非防爆环境,因此应用的环境范围广,可以广泛用于各行业应用:

过程气体质谱分析的应用领域涉及石油化工、生物制药、食品加工、环境监测、钢铁冶炼、半导体、真空检漏和地质勘探中的地球化学研究、环境监测中的 VOCs 检测等多个行业。SHP8400PMS－I 防爆型过程气体质谱分析仪的细分市场定位于石油化工、钢铁冶炼和工业生物过程行业。在石化生产行业,防爆是过程气体质谱分析仪使用的基本需求,该产品的使用可涵盖多种化工工艺过程:乙二醇装置、采用水煤浆加压气化法的合成氨和甲醇装置、乙酸装置、丙烯腈等一些反应剧烈、需要进行快速在线分析的场合。此外还有乙烯裂解、催化裂解、环氧乙烷和聚乙烯、丙烯等。与传统在线监测系统相比,由于过程质谱仪可以多点、多组分实时监测,分析速度快、精度高,因此制造及维修费用直线下降,同时能够快速提供正确的组分数据。在冶金行业,防爆型过程质谱分析仪可用于冶炼过程的动态监测和自动控制,达到过程优化、提高效率、减少消耗的作用。在生物和医学领域,往往也涉及有机物和微粒等需要防爆的场所。生物发酵过程中,在线过程气体质谱分析仪对发酵罐气体的检测能够确定发酵的阶段,提供生长动力学和培养基消耗的数据,同时有助于最优发酵终点的确定,达到产量最大化。在制药行业,过程质谱仪通过在线检测 O_2、CO_2、甲醇、乙醇等,提高有机合成及生物发酵阶段的产率,实现流程的自动控制,优化提高生产效率。

5 电感耦合等离子体质谱仪器、技术与应用

5.1 概述

5.1.1 电感耦合等离子体质谱(ICP－MS)发展概况

ICP－MS 是以电感耦合等离子体为离子源,以质谱计进行检测的无机多元素和同位素分析技术。该技术以其灵敏度高,检出限低,可测定元素多,线性范围宽,可进行同位素分析,应用范围广等优势被公认为最强有力的痕量超痕量无机元素分析技术,已被广泛地应用于地质、环境、冶金、生物、医学、工业等各个领域。

1912 年 J. J. Thomson 在英国剑桥大学 Cavendish 实验室制作了第一台电场偏转类型质谱仪器。同年他发表了世界上第一张离子信号强度与相应质量数的质谱谱图。1953 年 W. Paul 和 H. S. Steinwedel 在德国自然科学杂志(Naturforsch)首次发表了一种新的四极场质谱仪器,并在他们的专利说明书里描述了四极杆质量分析器和离子阱。1964 年 Greenfield 等描述了电感耦合等离子体源[Inductively Coupled Plasma (ICP) Source]的优异特性,并把等离子体源应用于等离子体光谱仪器中。1980 年 R. S. Houk, V. A. Fassel, G. D. Flesch, A. L. Gray 和 E. Taylor 展示了等离子体质谱仪器的潜力。

ICP－MS 的早期开发工作来之于三个国家的实验室:美国爱荷华州立大学(Lowa State university)的 Ames 实验室,加拿大的 Sciex 实验室,英国萨里大学(Universityof Surrey)的 Bristish Geological Survey 学院和 VG instrument 公司的合

作实验室。早期的许多等离子体质谱技术综述和论文主要来之于 Douglas、Houk 和 Gray 等。1983 年商品四极杆等离子体质谱仪器上市,当时的商品仪器和 Houk 在 Ames 实验室自制的仪器系统基本构造上是相似的,其构造接近于 Surrey 类型。

　　等离子体激发源可以包括电感耦合等离子体(ICP)、直流等离子体(DCP)、微波诱导等离子体(MIP)等。1991 年 D. W. Golightly 指出在元素分析领域内,电感耦合等离子体作为光谱和质谱的激发源当时已经处于主导地位了。现在采用电感耦合等离子体作为离子源的质谱仪器已经成为元素分析领域里应用最广的仪器了。

　　采用电感耦合等离子体作为离子源的质谱仪器可以包含几种类型,如等电感耦合离子体四极杆质谱仪(ICP - Q - MS);高分辨率 ICP - MS(HR - ICP - MS)或者被称为扇场 ICP - MS(SF - ICP - MS 或 ICP - SF - MS);多接收器的 ICP - MS(M(MC - ICP - MS)(主要用于高精度的同位素比值分析);电感耦合等离子体飞行时间质谱(ICP - TOF - MS)。虽然辉光质谱(GD - MS)也涉及离子、电子、等离子体的碰撞激发原理,但还是常常单独被归成一类仪器中,辉光质谱主要用于固体样品的直接分析。本内容主要集中在电感耦合等离子体四极杆质谱仪器上。

5.1.2　ICP - MS 仪器构成

　　ICP - MS 仪器系统可以分成(见图 3 - 2 - 2 - 49):进样系统(雾化器,雾化室,蠕动泵等),等离子体炬系统,锥口,碰撞/反应池系统,四极杆质谱系统,检测和数据处理系统,另外辅助装置为真空系统和循环冷却水系统。

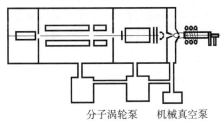

图 3 - 2 - 2 - 49　四极杆等离子体质谱仪器的结构示意图

　　ICP - MS 是采用电感耦合等离子体炬作为离子激发源的质谱系统。等离子体炬提供了一种高温环境,样品气溶胶(Sample aerosol)通过其中心高温区时,绝大多数分析物的分子都会产生键断裂,生成原子团或原子,而原子进一步被电离成离子和电子,所以电感耦合等离子体炬是个电离效率很高的离子源。

　　锥口是等离子体质谱仪器的重要部件,它处在等离子体炬和高真空质谱系统的中间。锥型接口阻挡了大部分高温高密度气体分子,减少它们进入质谱系统的机会,同时由于锥面接触高温,所以锥口需要采用循环水冷却系统进行冷却处理。

随后的四极杆质谱系统包括：离子透镜系统，四极杆滤质器，以及检测器。离子透镜促使离子束聚焦和传输，施加一定交直流电场的四极杆滤质器在一定的单位时间里只让特定质荷比的离子通过，该离子最后被检测器同步检测。当施加的交直流电场变化时四极杆质谱即可以对不同的质荷比的离子完成跳锋检测或扫描检测。

现代等离子体质谱系统中绝大多数还包括了碰撞/反应池系统，利用碰撞反应来抑制多原子离子的干扰，扩大仪器的应用范围。

等离子体质谱仪器从其拥有的基本功能上面可以分成几种工作模式：

(1)如标准工作模式(Standard mode)(指采用正常的高的等离子体射频功率，如1000W以上)，应用于一般常规样品的分析，如地质样品，环境样品等。

(2)冷等离子体炬焰工作模式(Cool plasma mode)(指采用低的等离子体射频功率，如500W～600W)的工作模式，有的仪器需要采用屏蔽圈辅助装置，有的需要换用不同的锥口或离子透镜)，利用降低等离子体射频功率，减少氩亚稳态离子的生成，降低氩基多原子离子的干扰以及改善轻质量数离子(如：K，Na，Ca，Mg，Fe)的信背比，主要应用于高纯材料高纯试剂等样品的检测。

(3)碰撞/反应池工作模式(Collision/Reaction Cell)通常指在四极杆滤质器前端加入碰撞/反应池装置，工作时加入反应气体，碰撞气体或混合气体，也有的采用特殊的碰撞/反应接口。

(4)动能歧视工作模式(Kinetic Energy Discrimination mode)指在四极杆滤质器中的四极杆与碰撞/反应池中的多极杆上，加入不同的电压，形成一种电势的栅栏，产生一种离子的动能歧视效应，可应用于区分一些动能有所差别的而质荷比相同的离子，碰撞/反应池和动能歧视这两种模式都是用来抑制多原子离子的干扰，两者可以分别使用或配合使用，应用面很广，如食品安全、冶金材料、临床医学，也包括地质环境样品中一些困难元素的分析。

(5)高灵敏度工作模式(High sensitivity mode)常指采用接地的屏蔽圈等离子体炬焰系统，促使生成离子的能量分布集中，提高仪器的灵敏度。另外处理的方式可以更换或增加一些装置(如：更换锥口、更换离子透镜、更换高效雾化器、增加机械真空泵等)来获得更高的灵敏度，主要是应用于激光剥蚀进样系统的联用上，也有应用在一些高纯材料的分析方面。

各种工作模式也可以混合配合使用。如碰撞/反应池与动能歧视配合使用，又如在使用冷等离子体炬焰工作模式时加入碰撞/反应气体。也有的采用折中的工作条件来对付一些困难的样品，如对等离子体射频功率采用中等功率(如700W～800W)等。

等离子体质谱采用不同的工作模式或混合工作模式主要是用来对付一些困难的样品，抑制强的干扰信号，改善分析物元素的信背比。

另外，等离子体质谱可以与多种附件进行联用，采用时序分析软件来采集和处理一些瞬间信号，形成一种联用工作模式。可以联用的附件可以包括色谱系统(如：液相色谱、离子色谱、凝胶色谱、气相色谱、毛细管电泳等),也可以包括其他附件(如:激光剥蚀系统、流动注射系统、快速进样系统、电热蒸发系统等。

5.1.3　ICP-MS分析方法

等离子体质谱拥有多元素快速分析的能力,例如在 $2min\sim3min$ 内,对一个样品可以完成三次重复分析,同时完成的元素分析项目可达 20 种以上。

等离子体质谱的元素定性定量分析范围几乎可以覆盖整个周期表,常规的分析元素为 85 种。质谱系统对所有离子都有响应,但部分卤素元素(如 F,Cl)、非金属元素(如 O,N),以及惰性气体元素等由于存在太大的电离势,在氩气等离子体(氩的电离势为 15.76eV)中产生的离子量和离子信号太小,或者因太强的背景信号(如水溶液引入的 H,O)等原因,而没有被包括在常规可分析元素的范围之内。

等离子体质谱对常规元素分析的动态线性范围,可跨越 $8\sim9$ 个数量级,可检测元素的溶液浓度范围为 $10^{-1}ng/L\sim10^{2}mg/L$。等离子体质谱拥有高灵敏的元素检出能力,有些重元素的检出限甚至可以达到 $10^{-2}ng/L$,这样这仪器在高纯材料,微电子工业和一些科研单位里得到广泛的应用。而等离子体质谱的常量元素分析主要是被应用在环境监测方面(参看美国环境保护公署的标准方法 EPA 200.8),实际使用中可采用特殊锥口可适当地抑制环境样品中过渡元素浓度过高的信号,也可以对高浓度元素采用高分辨率设置来抑制一部分信号,而对微量元素采用标准分辨率的设置保持原有的检测能力。

等离子体质谱的另一个重要的特征是采集的信号是按离子的质荷比进行区分和检出的,实际检出信号为同位素信号,这使等离子体质谱同时具备了同位素比值分析,同位素稀释法分析和同位素分析的能力。这被应用于核环境,核材料,环境污染源(同位素比值方法),同位素示踪剂方面的检测。同位素稀释法则常被用于公认的仲裁分析。

等离子体质谱仪器具备很高的元素检测能力,可作为高灵敏的检测器,方便地与多种色谱仪器(如与高效液相色谱,离子色谱,凝胶色谱,气相色谱,毛细管电泳等)联用,进行元素形态的分析,拓宽了仪器的应用范围。色谱仪器完成不同元素形态的分离,而等离子体质谱完成高灵敏度地检测,这使痕量级有害元素的不同形态分析物检测成为可能。

等离子体质谱也可以与固体进样技术(如,激光剥蚀进样系统等)联用,直接进行固体样品的分析,既可以进行固体的成分分析,也可以进行一些其他应用,如:表面分析,剖面分析,微区分析,固体样品的元素分布图像分析。

与等离子体光谱的数十万条紫外可见分析谱线相比较,等离子体质谱的同位素分析谱线相对要少得多,从最轻的元素氢到常规的重元素铀,才不到二百四十条同位素谱线。相对来说呈现的干扰也小一些,这样可以用来较方便地进行元素定性分析,也可以快速地用于样品的元素指纹分布调查。

5.1.4　ICP－MS应用领域

近几年,全球ICP－MS市场(包括四极杆与高分辨)每年都要超过1500台。ICP－MS对于元素与同位素分析来讲是一种极为强大的技术。在许多不同的领域,包括环境管理、半导体制造、农业和食品生产、地球科学、临床和医药研究、石化生产以及金属工程等,它已经成为一种主流的分析技术。通过对许多不同种类的分析物在很宽的浓度范围内进行精确和高灵敏度的元素分析,ICP－MS极大地改变了很多行业,例如半导体和环境保护产业。它能够提供快速、经济有效和简单的多元素同时分析。事实上,当今有三个产业是被ICP－MS技术所推动的,包括环境监测,食品生产以及半导体工业中的元素分析。

(1)地质科学领域

地质材料是人类社会发展中最重要、最基本的原材料。我国能源的90%、工业原料的80%和农业生产资料的70%以上来自矿产资源。它们种类繁多、成分复杂,几乎涉及天然存在的所有元素,而且其含量跨度达到10多个数量级,因此一直是最具挑战性的研究领域。ICP－MS仪在地质科学中应用最多的是元素分析方面,周期表上几乎所有的元素都可以进行测定,且灵敏度高,背景计数非常低,它已经成为地质样品痕量和超痕量元素分析的最强有力的手段。

(2)环境保护领域

环境分析化学是环境科学研究的重要组成部分。环境样品的基质复杂,被测物浓度水平低,测试时空跨度大,要求数据有很好的精密度和准确度,才能保证不同条件下获取的数据之间具有良好的可比性;环境样品一般数量相对较多,且存在稳定性问题不易长期保存,向分析方法提出了高通量的要求。针对这类检测工作,ICP－MS仪发挥了很大的作用。例如:ICP－MS仪,作为测定水中10^{-10}量级痕量元素的常规方法,已被美国环保署(EPA)和安大略环境部(OME)等权威机构认可,用以检测铝、铍、镉、铬、钴、铜、铅、钼、镍、银、铊、钒、锌等。

(3)生物医学领域

人体的正常发育和健康与体内的痕量元素的含量、形态及其正常代谢有着密切的关系。测定生物组织、体液、不同器官中痕量元素的含量、存在形式和分布,不仅可为疾病的正确诊断和监测、病理研究提供重要信息,而且也为通过食物、营养保健、医疗等适时控制和调节体内有关痕量元素的含量,预防疾病提供重要的依据。生物样品中痕量元素的测定,要求被检测的绝对量很小,对仪器的方法检测限和灵敏度要求很高,同时还要考虑测定方法的准确度、特异性、抗干扰和多元素同时检测能力。ICP－MS仪很好地满足了检测的需求,在生物医学领域获得了越来越广泛的应用。

由于法律规定的限量浓度在不断降低,因此精确测定超痕量有毒元素(如As,Cr,Cd,Sb和Hg)的含量已变得越来越重要。较低的检出限、多元素同时分析、与低进样量附件相联、近期对人体及动物体内纳米颗粒的行为及累计的关注,目前是

ICP－MS市场的增长点。ICP－MS在检测样品的时间效率上有其明显优势,它为研究人体及动物体内的超痕量元素作用开启了一扇新大门。典型临床/医药上的研究应用包括测定血液、尿液以及其他体液和组织样品来评估人体和动物对自然、人工合成及有毒化学物质的暴露和吸收程度。法医学上的应用包括同位素指纹印迹来指示毒物来源以及枪弹残留物分析。

(4)半导体领域

半导体行业是ICP－MS另一个重要的市场范围。在这一领域的不同应用与公司的性质有关,例如芯片与晶圆制造商,化学工业的供应商等。近些年来,计算机芯片被引入现代电子设备(包括移动电话,TV,DVD播放器等),利用ICP－MS检测制造计算机芯片的材料使得芯片制造商能获得更高的生产率,更少的残次品以及更低的生产成本。这使得电子设备功能更强大,外形更小巧及价格更便宜。ICP－MS在这一领域的应用主要包括对一些难于检测的化学试剂进行痕量元素分析,如H_2O_2、氨水、浓酸以及用于半导体产品化学前处理的一些有机物等。

(5)农业和食品生产

ICP－MS多元素同时测定的能力使它成为测定食品与土壤中的痕量元素以及对食品进行同位素示踪研究的理想工具。在确保农产品以及食品富含微量元素的同时还须保证有毒重金属含量足够低。大量食用含过量重金属的食品被认为在现代医疗条件下会显著增加患病的风险,如糖尿病,甲状腺功能低下以及癌症等。ICP－MS是一种重要的工具,它提供了快速、可靠以及在很大浓度范围内进行日常检测的能力。典型的应用包括土壤、谷物、肉类、化肥以及饮料等物质的痕量(主要)元素分析。感兴趣的元素主要包括一些可生物利用部分,如Ca,Mg,Na,B,P,K,Zn,Cu,Fe以及一些痕量元素如Pb,Cd,Cr,Hg等。

(6)地球化学

在地球化学领域,ICP－MS的市场极为广阔,主要是由于其高效,测定元素的范围广,特别是对于稀土元素。典型的应用主要包括分析矿物,测定各种样品基质中(例如岩石、水泥、飞灰以及煤等)的痕量元素(包括稀土元素)和贵金属。激光剥蚀是地化学领域一种通常的进样方式。实际上,LA－ICP－MS被认为是测定固体样品中的流体包裹体的一种基本工具。

5.2　国内外 ICP－MS 质谱仪器

根据各收集到厂商所提供的ICP质谱仪的型号及典型性能指标列于表3－2－2－18。

表3－2－2－18　国内外四极杆质谱仪的典型性能指标

典型性能指标	国内质谱仪	国外质谱仪		
	2000 型质谱仪	aurora M90 质谱仪	NexION 350 质谱仪	iCAP Q 质谱仪
质量数范围	2～255u	3～256u	1～285u	4～290u

续表 3 - 2 - 2 - 18

	国内质谱仪		国外质谱仪	
测量范围	$\geq 10^8$	—	$\geq 10^9$	—
灵敏度/ （Mcps/mg/L）	^{9}Be$\geq$5； ^{115}In$\geq$60； ^{238}U$\geq$60	^{9}Be>50； ^{115}In>1000； ^{232}Th>500	^{7}Li>50； ^{24}Mg>80； ^{115}In>150； ^{238}U>120	^{7}Li>90； ^{59}Co>150； ^{115}In>350； ^{238}U>5501
检出限/（ng/L）	^{9}Be$\leq$5； ^{115}In$\leq$0.5； ^{238}U$\leq$0.5	^{9}Be<0.5； ^{115}In<0.1； ^{232}Th<0.04	^{9}Be<0.3； ^{59}Co<0.06； ^{115}In<0.08； ^{238}U<0.02	^{9}Be<0.3； ^{115}In<0.08； ^{239}Bi<0.06
分辨率	0.6～1u 可调	0.5～1.2 可调	—	—
背景信号	$\leq$2cps （220u）	<2cps （5u）	<0.2cps （220u）	<0.3cps （4.5m/z）
质量轴稳定性	$\leq$0.05u/24h	$\leq$0.05u/24h	<0.025u/8h	<0.025u/8h
稳定性 RSD	短期$\leq$2%； 长期$\leq$3%	短期（20min）<3%； 长期（4h）<4%	短期（标准和反应 模式切换）<3%； 长期（>4h）<4%	短期（10min） <1%； 长期（2h）<2%
氧化物离子	CeO$^+$/Ce$^+$$\leq$3%	CeO$^+$/Ce$^+$<2%	CeO$^+$/Ce$^+$<2.5%	CeO$^+$/Ce$^+$ <1.8%
双电荷离子	^{138}Ba^{2+}/^{138}Ba$^+$ $\leq$3%	^{138}Ba^{2+}/^{138}Ba$^+$ <3%	Ce^{++}/Ce$^+$<3%	^{138}Ba^{2+}/^{138}Ba$^+$ <2.5%
同位素比精度	（^{107}Ag$^+$/^{109}Ag$^+$） $\leq$0.2%	（^{107}Ag$^+$/^{109}Ag$^+$） <0.1%	（^{107}Ag$^+$/^{109}Ag$^+$） <0.08%	（^{107}Ag$^+$/^{109}Ag$^+$） <0.1%
丰度灵敏度	$\leq$1×10^{-6} 低质量端； $\leq$5×10^{-7} 高质量端	$\leq$1×10^{-6} 低质量端； $\leq$1×10^{-7} 高质量端	$\leq$1×10^{-6} 低质量端； $\leq$1×10^{-7} 高质量端	—

　　从表 3 - 2 - 2 - 18 可以直观地看出，国外仪器在所列的典型性能指标上没有明显的差异，国内仪器在灵敏度、检出限、背景信号和同位素比值精度分析方面与国外进口仪器还有明显差距，不仅如此，国产仪器在干扰消除技术（如池技术）等方面还有大量工作要做，但国产仪器已经迈出了追赶国外先进仪器的坚实的一步，相信随着国家支持和扶植力度的加大，研发单位的投入和国内国际 ICP 专家的帮助，在不远的将来，国产 ICP 质谱仪性能一定能大幅度提升。

5.3　国内外 ICP - MS 质谱仪器特点和应用

国内商品化的 ICP - MS 仪器仅江苏天瑞仪器股份有限公司推出了一款 ICP - MS 2000 型质谱仪,其原理图见图 3 - 2 - 2 - 50,外观图见图 3 - 2 - 2 - 51。本仪器于 2010 年初立项,历经三年的不懈努力,至 2012 年中正式推向市场。ICP - MS 2000 具备灵敏度高,检出限低,稳定性好,样品分析速度快,线性范围宽,易操作,易维护等特点。

ICP - MS 仪 ICP - MS 2000 的整机包括进样系统、离子源、接口、离子光学透镜、四极杆质量分析器、检测器和真空系统。样品经 ICP 离子源电离,形成离子流,通过接口进入真空系统。在离子光学透镜通路中,负离子、中性粒子以及光子被拦截,而正离子正常通过,并达到一定的聚焦效果。在四极杆质量分析器中,通过改变相关参数,使具有一定质荷比(m/z)的离子顺利通过并且进入检测器。检测器对进入的离子进行计数,并经转换后得到对应元素的含量。

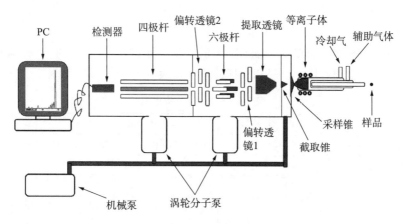

图 3 - 2 - 2 - 50　ICP - MS 2000 质谱仪

图 3 - 2 - 2 - 51　ICP - MS 2000 质谱仪

5.3.1 产品特色与核心技术

(1)全中文软件工作站,软件界面简单明了,操作人员极易上手。

(2)一键式仪器启动与停止,不需要进行复杂的参数设定过程。

(3)通过以太网接口实现计算机对仪器的控制,操作人员与仪器可以不同处一室。

(4)仪器具有敞开式的进样系统,操作人员只需简单的几步就可以完成从雾化器到锥的拆卸与安装。

(5)分析腔体内没有任何导线连接,全部采用弹针方式,若需要清洗透镜只需拆掉两颗螺丝就可以将透镜部分取出,安装时透镜可自我定位,不需专业人员和专用工具即可完成。

(6)在意外停电发生时,仪器会安全自行关机,而不损坏仪器系统。

(7)仪器在氩气不足或冷却水流不足时会自动进入待机状态,避免对炬管或者等离子体发生器造成损害。

5.3.2 应用实例

(1)测定茶叶中14种稀土元素

用 ICP - MS 2000(江苏天瑞仪器股份有限公司)测定茶叶中的 14 种稀土元素,获得比较满意的结果,其检出限和加标回收率见表 3 - 2 - 2 - 19 和表 3 - 2 - 2 - 20。

表 3 - 2 - 2 - 19　检出限

稀土元素	^{139}La	^{140}Ce	^{141}Pr	^{146}Nd	^{147}Sm	^{153}Eu	^{157}Gd
空白计数(与内标比值)	0.0011	0.0021	0.0007	0.0003	0.0035	0.0032	0.0064
检出限/(ng/mL)	0.0001	0.0006	0.0001	0.0001	0.0009	0.0011	0.0015
稀土元素	^{159}Tb	^{163}Dy	^{165}Ho	^{166}Er	^{169}Tm	^{172}Yb	^{175}Lu
空白计数(与内标比值)	0.00477	0.00050	0.00112	0.00208	0.00100	0.00046	0.00118
检出限/(ng/mL)	0.00094	0.00011	0.00039	0.00031	0.00017	0.00010	0.00034

表 3 - 2 - 2 - 20　加标回收率　　　　　　　　　　　　　单位:mg/kg

稀土元素	^{139}La	^{140}Ce	^{141}Pr	^{146}Nd	^{147}Sm	^{153}Eu	^{157}Gd
本底值	0.154	0.221	0.024	0.090	0.065	N. D.	0.023
加标量	0.5	0.5	0.5	0.5	0.5	0.5	0.5
测量值	0.63	0.68	0.54	0.60	0.56	0.51	0.58
加标回收率/%	95.09	92.68	102.95	102.95	98.66	103.01	111.64
稀土元素	^{159}Tb	^{163}Dy	^{165}Ho	^{166}Er	^{169}Tm	^{172}Yb	^{175}Lu
本底值	0.0012	0.0091	0.0028	0.0088	N. D	0.0052	N. D.
加标量	0.5	0.5	0.5	0.5	0.5	0.5	0.5
测量值	0.54	0.53	0.52	0.54	0.52	0.52	0.53
加标回收率/%	108.06	104.63	103.28	107.07	105.01	102.69	106.54

（2）菠菜、圆白菜、玉米、黄豆、小麦中 As、Cd、Pb 的测定

使用 ICP－MS 2000（江苏天瑞仪器股份有限公司）测农产品中的 As、Cd 和 Pb 测试结果分别见表 3－2－2－21 和 3－2－2－22，测试结果与标准值吻合较好。

表 3－2－2－21　GBW10015 菠菜、GBW10014 圆白菜 测试数据　　　　单位：mg/kg

元素	GBW10015 菠菜		GBW10014 圆白菜		D. L. /μg/L
	测量值	标准值	测量值	标准值	
As	0.21	0.23±0.03	0.063	0.062±0.014	0.056
Cd*	174	150±25	35.5	35±6	0.02
Pb	11.23	11.1±0.9	0.2	0.19±0.03	0.014

＊ 表示单位为 μg/kg

表 3－2－2－22　GBW10013 黄豆、GBW10012 玉米、GBW10011 小麦测试数据　　单位：mg/kg

元素	GBW10013 黄豆		GBW10012 玉米		GBW10011 小麦	
	测量值	标准值	测量值	标准值	测量值	标准值
As	0.028	0.035±0.012	0.027	0.028±0.006	0.028	0.031±0.005
Cd*	—	—	N. D.	4.1±1.6	14.2	18±4
Pb	0.058	0.07±0.02	0.055	0.07±0.02	0.063	0.065±0.024

＊ 表示单位为 μg/kg

对样品溶液平行测定 7 次（时间间隔分别为 2min 及 12min），计算其 RSD，分别表示短期稳定性及长期稳定性（表 3－2－2－23）。

表 3－2－2－23　GBW10015 菠菜/GBW10011 小麦稳定性数据

GBW10015 菠菜	^{75}As	^{114}Cd	^{208}Pb	GBW10011 小麦	^{75}As	^{114}Cd	^{208}Pb
短期 RSD/%	1.99	0.67	0.31	短期 RSD/%	5.23	4.01	1.13
长期 RSD/%	4.55	1.16	0.27	长期 RSD/%	5.15	6.50	0.93

（3）碰撞反应模式（CRC）测定地表水中 Mn、Fe、Co、Ni、Cu、Zn、As、Se、Cd、Pb

碰撞反应模式下，使用 ICP－MS 2000 对样品溶液及加标样液进行测试，计算其加标回收率；对样品空白溶液平行测定 7 次，以 3 倍空白信号标准偏差所对应的浓度为检出限；同时对样品溶液平行测定 11 次（间隔 2min），计算其相对标准偏差，考察短期稳定性，详细数据见表 3－2－2－24 及表 3－2－2－25；对同一份水样，分别于不同日期进行测试，考察其重现性，详细数据见表 3－2－2－26。He/H$_2$ 碰撞反应模式下，^{52}Cr、^{56}Fe、^{75}As、^{80}Se 信号强度相比标准模式下，分别降低了 90.19%、95.26%、90.92% 及 99.38%；各元素检出限、短期稳定性及重现性，结果良好。

表 3 - 2 - 2 - 24　线性相关度、检出限及加标回收率（n＝11）

元素	^{52}Cr	^{55}Mn	^{56}Fe	^{59}Co	^{60}Ni	^{65}Cu
本底值/(μg/L)	0.6123	137.3767	47.2337	0.3908	7.9841	12.2512
加标量/(μg/L)	4	50	50	4	10	20
测量值/(μg/L)	5.0293	189.6115	104.3907	4.5776	18.8096	35.758
回收率/%	110.43	104.47	114.31	104.67	108.25	117.53
检出限/(ng/L)	0.17	0.33	6.13	0.23	0.89	0.91
线性相关度	1	0.9999	0.9999	0.9999	0.9999	0.9999
项目	^{68}Zn	^{75}As	^{78}Se	^{114}Cd	^{208}Pb	
本底值/(μg/L)	100.6648	1.6316	0.3336	N.D.	0.391	
加标量/(μg/L)	50	4	4	4	4	
测量值/(μg/L)	143.4533	6.3179	4.4928	3.8602	4.0112	
回收率/%	85.58	117.16	103.98	99.23	90.51	
检出限/(ng/L)	0.51	0.70	0.12	0.10	0.66	
线性相关度	0.9997	0.9992	0.9996	0.9996	0.9991	

表 3 - 2 - 2 - 25　短期稳定性

元素	^{52}Cr	^{55}Mn	^{56}Fe	^{59}Co	^{60}Ni	^{65}Cu
平均值/(μg/L)	0.547	153.648	154.653	0.409	8.575	2.647
RSD/%	7.83	1.06	2.41	3.39	0.66	3.52
项目	^{68}Zn	^{75}As	^{78}Se	^{114}Cd*	^{208}Pb	
平均值/(μg/L)	19.940	1.971	0.287	3.825	0.294	
RSD/%	2.04	5.51	8.43	1.51	3.77	

注：Cd* 的短期稳定性数据为加标样测试结果，因原样中 Cd 结果未检出。

表 3 - 2 - 2 - 26　水样重现性数据

元素	^{52}Cr	^{55}Mn	^{56}Fe	^{59}Co	^{60}Ni	^{65}Cu
avg.	0.56	132.68	186.78	0.39	7.59	11.97
RSD/%	12.64	4	4	17.85	4.47	7.16
元素	^{68}Zn	^{75}As	^{78}Se	^{114}Cd	^{208}Pb	
avg.	99.745	1.547	0.326	—	0.392	
RSD/%	0.86	16.6	3.25	—	0.28	

5.4　国外 ICP － MS 质谱仪器特点和应用

国外共有 3 家 ICP － MS 仪器生产厂家提供了资料，其中包括德国布鲁克公司生产的 aurora M90 ICPMS 质谱仪、美国 Perkin Elmer 公司生产的 NexION™ 350 ICP
－MS 质谱仪、赛默飞世尔公司生产的 iCAP Q ICP－MS 质谱仪。其典型的技术指标
见表 5－1,各生产厂商生产的仪器的特点与应用以下进行分别介绍。

5.4.1 ICP－MS aurora M90 仪器、技术与应用

2010 年瓦里安 ICPMS 产品线被 Bruker 收购,2012 年 Bruker 公司推出业内高
灵敏度的 ICPMS 产品－aurora M90。

ICP－MS 仪(ICP－MS aurora M90,布鲁克公司),仪器采用卓越的独特设计以
满足和适应当今分析工作中较困难和具挑战性的应用需求。仪器见图 3－2－2－52。

仪器的主要结构如图 3－2－2－53,其中等离子体系统有进样系统和等离子体发
生系统以及电路控制系统组成;质谱部分由四极杆质量分析器模块、等离子体-质谱
界面、离子透镜、真空系统和相应的电路模块组成。其中真空系统提供和维持质量分
析模块所需要的高真空,主要由双机械泵和双涡轮分子泵组成,系统真空度维持在通
常在 10^{-5} Torr 以下。质量分析模块主要由四极杆质量分析器和检测器等组成。样
品经高温等离子源形成离子后由等离子体-质谱界面进入质谱系统,通过离子透镜
后,按照质荷比大小由质量分析器分开进入检测器,检测信号经处理后得到质谱图。

图 3－2－2－52 aurora
M90ICP－MS 仪

图 3－2－2－53 布鲁克 ICP－MS
aurora M90 结构图

5.4.1.1 产品特色与核心技术

易用特性包括 Bruker ICP－MS 的核心:Bruker 专利的高效 90°离子透镜和双
曲轴预杆技术、表现出来的超低的背景噪声、无与伦比的超高灵敏度以及彻底消除干
扰的碰撞反应技术;自动优化:无需手动摸索仪器参数,自动优化功能快速获得最佳
测试条件,帮您把更多时间花在样品分析上;优化的进样系统:采用计算机控制的
Peltier 制冷雾化室,大大减少氧化物干扰并改善稳定性;强劲高效的等离子体系统和
专利的 Turner 交错线圈:可轻松应付困难的样品,减少基体效应,同时减小质量歧
视,保证了最大的灵敏度和稳定性;宽范围全数字脉冲检测器:提供了 9 个数量级的
脉冲(数字)检测模式,无须数-模交叉校准,易于使用,减少稀释的可能性,大大降低

了运行成本;丰富的附件:进一步增强了 ICP - MS 的效率和扩展性,为您提供完整的应用解决方案;人性化的软件:ICP - MS Expert 工作站软件提供了一键优化和方法开发向导。

专利技术包括:

专利 1:US 6614021 离子透镜技术:布鲁克公司设计的 90°反射离子透镜,形成一个抛物面的静电场,离子在静电场的作用下,直角反射并聚焦进入质量分析器,光子和中性粒子由于不受静电场的影响,直接从后端的真空泵抽走。Bruker 离子透镜设计的一大特点就是,离子在静电场的作用下,通过反射(reflection),而不是偏转(deflection),它能最有效率的调整离子透镜聚焦,将全质量范围内的离子导入质量分析器;

专利 2:US 7329863 CRI II 技术:多原子离子干扰,一直是 ICP - MS 分析样品时最主要的干扰和测定误差的来源。布鲁克公司 CRI 碰撞、反应界面专利技术,最有效的消除多原子离子的干扰。氢气或氦气进入采样锥和截取锥锥口端碰撞反应区,产生碰撞、反应,将多原子离子干扰物转换成其它形式,有效克服其对分析元素的干扰。Bruker CRI 碰撞、反应界面专利技术具有以下优点:

(1)操作简单,反应区域小,反应区域集中,无死体积,气体转换快速,反应完全、快速。

(2)氢气、氦气两种气体就解决所有的多原子干扰,无须腐蚀性气体。

(3)碰撞反应完成后,副产物通过 90°离子透镜被筛除,不进入质量分析器,大大降低背景、噪音,延长检测器的使用寿命。

专利 3:US 5194731 Turner 交叉式 RF 线圈:布鲁克公司提供的稳定可靠的 RF 高频输出技术。RF 产生的等离子体稳定性和离子化效率,对于 ICP - MS 的性能具有关键性的影响。布鲁克公司专利设计的 Turner interlaced coils 交叉线圈,利用两个交叉式 RF 线圈,采用微电子处理控制技术控制电感阻抗匹配,有效提供最高的等离子体耦合效率,能够在任何 RF 高频输出功率之下,提供稳定的等离子体,同时,有效避免二次放电,大大降低二价离子。另外,由于能够提供极佳的等离子体,即使在极低的 RF 功率(0.65kW)下,仍然可以维持等离子体的正常运行,实现冷等离子体模式的分析;

专利 4:US 6762407 Curved Fringes;US 7351962Contamination resistant Fringing Rods for mass - analyzer:为进一步确保仪器达到极低的背景信号值,布鲁克公司设计的曲轴四极预杆(Curved Fringing Rods)技术,获得两项技术专利。Bruker 公司在离子透镜之后入口处与四极杆之间,设计了具有离子导向功能的曲轴四极预杆,带电离子在弯曲的四极预杆产生的电场引导下进行离轴运行,进入四极杆质量分析器,而不带电的中性粒子不能进行离轴运行被排除。使得进入四极杆质量分析器的离子非常纯,从技术上确保 ICP - MS 获得低的背景和高的灵敏度;互联网风格的 Bruker

ICP - MS 工作表格界面工作站,重新定义了易用性的标准,它提供了一系列的自动化功能,删繁就简以往的仪器设置过程,包括设置和初始化,如炬管准直、质量校准和分辨率测试。自动优化(Auto Optimisation)功能无须人为干预自动调节离子透镜、雾化气和等离子体参数得到最优结果,将方法开发时间减到了最少。

5.4.1.2　应用实例——环境水分析

aurora M90ICP - MS 用于分析环境水中 21 中微量元素、尿液中 Se、Fe、Cr 和钒的测定、水系沉积物中 15 种稀土元素的测定以及食品与农产品中多种元素的测定都获得了比较满意的结果。试验表明,使用 CRI 技术可以有效地消除各种多原子离子的干扰。比如 ArO^+ 和 CaO^+ 对 ^{56}Fe 的干扰,在不同的钙浓度水平下 $1\mu g/L$ 铁的回收率令人满意(见图 3 - 2 - 2 - 54)。

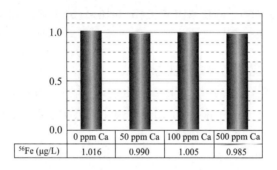

	0 ppm Ca	50 ppm Ca	100 ppm Ca	500 ppm Ca
$^{56}Fe\ (\mu g/L)$	1.016	0.990	1.005	0.985

图 3 - 2 - 2 - 54　在各种 Ca 浓度下 $1\mu g/L$ Fe 的回收率

通过对尿液中 Cr 分析表明,$^{52}Cr^+$ 的信号(实际上来自于干扰离子)随着截取锥上的 He 流量增加而降低,当 He 增加到 120mL/min 时,$^{52}Cr^+$ 的干扰可忽略不计。采样锥上加的 He 流量对 $^{52}Cr^+$ 信号影响很小(见图 3 - 2 - 2 - 55)。图 53 - 2 - 2 - 55(b)也证明了干扰减小的效果,$^{59}Co^+/^{52}Cr^+$ 比率信号(即:实际分析信号与干扰离子信号之比)截取锥上的 He 流量增大而提高,而采样锥上加的 He 流量对信号的改善没有明显效果。因此,本实验仅在截取锥上加入 He。从图 3 - 2 - 2 - 55(b)可看出,当截取锥上的 He 加到 130mL/min 左右时,$^{59}Co^+/^{52}Cr^+$ 的信号比达到最大值。

对茶叶、脱脂奶粉、猪肝、黑面包、咖啡粉末、粘土、青柠檬、饲料、干草标准参考物质跨实验室测定,所有样品的实验结果均在参考值的 ±10% 区间内,多数在 ±5% 区间内,显示了方法具有很高的可靠性。Bruker aurora M90 ICP - MS 可在一次常规食品及农产品检测中即能快速、准确测定从 ppt 级至高 ppm 级各元素的含量,为此类检测提供了一种简单高效的解决方案。

5.4.2　NexION 350 仪器特点与应用

图 3 - 2 - 2 - 56 是美国 Perkin Elmer 公司生产的 NexION™ 350ICP - MS 仪。拥有专利的通用池技术(UCT,Universal Cell Technology™)。三锥接口(Triple Cone Interface)设计和四极杆离子偏转器(Quadruple Ion Detector)提供了仪器信号

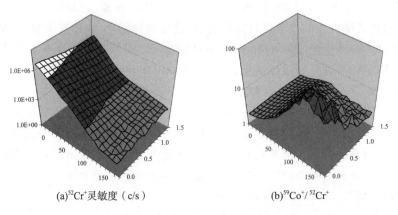

(a)^{52}Cr$^+$灵敏度（c/s）　　(b)^{59}Co$^+$/^{52}Cr$^+$

图 3－2－2－55　同位素灵敏度(a)和比率(b)与截取锥和采样锥中
CRI 气体－He 流量关系典型三维图

长时间的稳定性并且完全不需要清洗通用池。NexION™350 型 ICP－MS 仪器的结构框图如图 3－2－2－57。其中 ICP 部分由蠕动泵，进样系统，RF 发生器以及电路控制系统组成；质谱部分由三锥接口、四极杆离子偏转器、四极杆通用池、四极杆质量分析器、真空系统和相应的电路模块组成。

除了像所有其他 ICP－MS 一样，具有一对采样锥和截取锥外，NexION 350 还具有一个专利的超截取锥（Hyper Skimmer）—实现对离子束最大限度提取。独特的两腔设计，真空压力差更小，保证了离子的膨胀扩散更小，从而使得样品在仪器内部的沉积更少。三个锥从不需要调节电压，而且置于真空室外，可以对其快速、方便地拆卸，清洗和更换，大大减少仪器停机时间。

离子束离开三锥接口后，四极杆离子偏转器牢牢地控制离子进入通用池。独有的小型四极杆离子偏转器设计，使离子束发生 90°偏转，保证分析离子进入到通用池中，而所有中性组分完全去除。这一设计确保所有离子和中性组分不会碰撞到仪器组件表面，保证了仪器优异的稳定性，完全不需要清洗。

NexION 350 的通用池技术，实现了在同一台 ICP－MS 中将两种最有效的多原子离子干扰消除技术相结合，将基于动能甄别（Kinetic Energy Discrimination，KED）的碰撞池与基于四极杆质量扫描过滤的真正反应池（Dynamic Reaction Cell，DRC™）相结合。NexION 有三种工作模式：(1)标准模式：NexION 350 采用主动排空设计完全排除通用池中的残留气体。只需把通用池关闭，就可以使 NexION 350 运行真正的标准模式。这一主动排空功能保证在标准模式下不会发生残留气体带来的潜在干扰，从而被限制了气体的选择，只能使用单一的气体。对那些无需干扰校正的元素，NexION 350 的标准模式与碰撞或反应模式可以具有相等的灵敏度；(2)碰撞模式：基于动能甄别（KED），适用于半定量分析，环境样品和未知样品测试，NexION 350 的碰撞模式提供了高性能和简单性的完美结合。碰撞模式通过使用一个简单的无反应性的气体消除干扰,部分元素可以获得比标准模式更好的检出限;(3)反应模式:基于质量扫描过滤的四极杆(DRC),NexION 350 的反应模式可以提供极低的检出限(即使是最困难的元素和基体),在消除所有干扰的同时灵敏度很少下降或没有下降,这是一种性能被广为认可的技术。NexION 350 采用通过一个具有质量扫描过滤功能的四极杆来消除干扰物和反应的副产物,只允许待分析的离子进入到质量分析器中,从而可以使用任何反应性的气体。

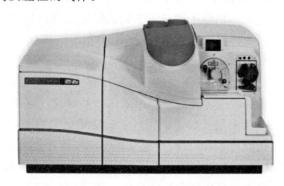

图 3 - 2 - 2 - 56 NexION™350 型 ICP - MS 仪器

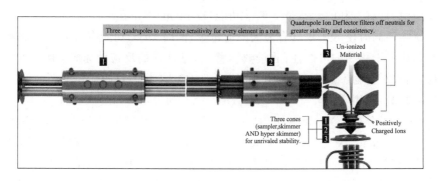

图 3 - 2 - 2 - 57 NexION™350 型 ICP - MS 仪器结构图

5.4.2.1 产品特色与核心技术

NexION™350 型 ICP - MS 仪具有较好的分析稳定性和分析速度,独特的通用池技术,不限制池内使用气体类型。具有较佳的同位素比精度,具有 $10\mu s$ dwell time 时 100 000 pts/s 的数据获取速度,具有纳米粒子分析模块,适用于单粒子粒子分析应用。四极杆回旋速度:1.6Mu/s;射频发生器(40.68MHz)是一个可移动的部分采用第三代自激式设计,含有 PlasmaLok™专利技术,点火时等离子不动的位置可以点火。耐受性最强,最快的射频匹配速度—纳秒级时间内快速适应样品成分的改变。感应线圈用氩气冷却,避免用循环水冷却时水中微生物等杂质堵住线圈,且便于维修;三锥接口:三锥的直径分别为,采样锥 1.11mm、截取 0.9mm、超锥 1.0mm,大锥孔设计,提高了离子利用效率。三锥接口设计,仪器即开即用,5min 就能达到真空要求。三锥接口设计,是在传统的两个采样锥的基础上增加了一个超截取锥(Hyper-skimmer cone),三锥接口提高了分析的稳定性,阻止了大量基体进入质谱,同时减少了离子光学系统的维护次数,使真空压力差下降更平缓,减小离子束扩散和对仪器内部的污染。第三个锥,将过滤掉未电离物质和中性物质。提高了元素分析的灵敏度;四极杆离子偏转器(QID):通过三个锥将离子束变成非常窄的离子束,离子通过四极杆发生 90°的偏转,需要分析的离子通过离子透镜发生 90°的偏转进入质谱,四极杆离子偏转器与三锥在几何上的组合使中性物质、光子和未电离物质继续沿着直线穿过离子光学系统,且不会触及到该系统,离子偏转器将光子噪音降到最小并且大幅提高了分析的稳定性,是真正意义上的免维护。使用户有更多的时间用于分析样品,用更少的时间用于清洁和重新校准。在分析复杂基体样品时,质谱(离子透镜和碰撞反应池)内部仍能保持清洁,且无需提取透镜。对于低质量元素分析,灵敏度可提高一个数量级;准确定量:通用池技术,没有使用碰撞和反应气体种类的限制,去除 7 个数量级的质谱干扰,实现准确定量。既可以使用通用型的动能 KED 模式,如 He 等碰撞气体,分析常规样品,也可以采用专利的纯反应气体,如 O_2、CH_4、NH_3 等纯反应性气体,有效去除多原子离子、同量异位素、双电荷离子等质谱干扰,实现特殊样品分析;动态反应池:具有专利的动态带宽调谐功能(Dynamic Bandpass Tuning,DBT),有效去除干扰物的同时使分析物具有最大的通过量,同时 DBT 功能有效防止先驱离子与反应性形成新干扰物的可能性;质量数转移:通过特殊的反应池条件,池气体与分析物反应,而与干扰物不反应,从而实现彻底去除质谱干扰的目的。

5.4.2.2　应用实例

(1)单粒子分析。NexION 350D ICP-MS NexION 350D ICP-MS 和单粒子分析软件模块(Syngistix™ Nano Application Module)结合可用于单粒子分析,实验中对 NIST8013(60nm)的分析数据结果如图 3-2-2-58 所示,粒子大小分布与其标准值 60nm 吻合。在随后的实验中,NIST 8013 均作为 QC 样来验证方法准确性。

单粒子分析是使用反应池模式,可以去除质谱干扰,使得分析物不会受此限制。例如采用 NH_3 反应池条件,对 60nm 的 Iron(III)oxide(Fe_2O_3)nanoparticles 进行 SP-ICPMS 分析,测定结果见图 3-2-2-59。

(2)在 DRC 模式下,动态反应池(O_2)ICP-MS 分析痕量 S 和 P,使用纯氧气气体作为反应气,将待测 S 和 P 通过四极杆反应池的质量数转移,有效使质谱干扰与待测物分离,检测 ^{47}PO 和 ^{48}SO,能够准确分析痕量 S 和 P 的含量。

5.4.3　iCAP Q 仪器、技术与应用

赛默飞世尔源于德国 Finnigan 和英国 VG。就无机质谱来说,从低分辨的四极杆到高分辨的双聚焦扇型磁质谱,从单接收器到多接收器,从热电离到辉光放电质

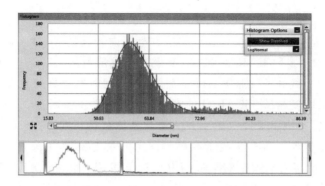

图 3－2－2－58　NexION 350D SP－ICP－MS 分析
NIST8013（Gold－Nanoparticles，60nm）

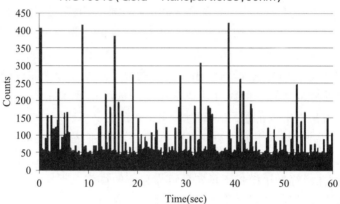

图 3－2－2－59　DRC mode SP－ICP－MS 分析
60nm Iron－Oxide Particles

谱，包括其他气体同位数质谱，赛默飞世尔具有多个产品线。iCAP Q 质谱仪及结构框图分别如图 3－2－2－60 和图 3－2－2－61 所示。

图 3－2－2－60　iCAP Q ICPMS

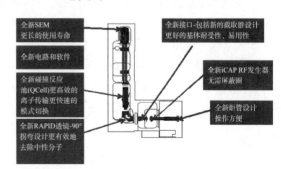

图 3－2－2－61　iCAP Q 仪器结构框图

5.4.3.1 产品特色与核心技术

iCAP Q ICP - MS质谱仪具有全质量数范围内较高的灵敏度,低质量数 Li7 从 90M 到 130M,中质量数 In115 从 350M 到 500M,高质量数 U238 从 500M 到 700M。使其能更好应用于微电子行业中高纯试剂的分析,同时能更好与色谱和激光烧蚀系统联用进行高灵敏度测试。iCAP Q 的锥口使用独特的 Insert(嵌片)技术,通过改变离子通道的宽度,提供离子提取效率并能耐高基体和抗积盐;专利 RAPID 透镜,90°直角正离子拐弯设计。所有正离子在单一固定的负电压作用下呈 90°偏转,同时被 XYZ 三维聚焦,而等离子体中的不带电中性粒子和光子直接透过透镜被去除,相对于其他离轴式或者 XY 二维的 90°偏转来说,RAPID 透镜具有离子传输效率高,从而提高灵敏度;全新设计 Qcell 碰撞反应池技术,采用先进的 Flatapole 技术、结合 KED(动能歧视效应)干扰消除与独特的低质量数剔除功能。由于 iCAP Q ICP - MS 具有足够高的灵敏度,使得单 He KED 模式下,都能够获得低质量元素(锂、铍、硼等)的 ppt 级检出限,从而胜任环境、临床和食品应用中常规样品的全质量范围分析。QCell Flatapole 提供了低质量数剔除功能,阻止了干扰离子通过并进入四极杆质量过滤器,并且由软件根据分析物的质量数自动选定相应的低质量数剔除的范围,这确保了在复杂的未知样品基质中也能可靠地消除干扰;全新的 iCAP 27.12MHz 全数字固态 RF 发生器发生器设计,采用超快速变频阻抗匹配,没有匹配箱,适合于包括 100%乙腈在内的有机试剂直接进样,12h 连续测定强度漂移小于 5%。采用虚拟接地技术,无屏蔽圈设计,在冷等离子模式下可实现可靠稳定的操作。真空室内无导线设计,全部采用金插针连接,提高仪器可靠性;iCAP Q 采用标准旋口卡式推入设计,可非常轻松地将炬管插入预准直的炬管座。全惰性的炬管座和中心管座,进样部分采用无 O 型圈密闭方式,减少由于 O 型圈老化而造成样品漏液风险。新的模块化进样位置位于工作台高度,无需复杂连接,用户可以非常方便、快速地操作。进样通路最短,使得分析效率大大提高。搭配有小型 Peltier 冷却旋流雾化室,可提供最佳的信号稳定性。配有专用的进气口,可以非常方便地引入附加气体到等离子体中,轻松实现气溶胶稀释和离子化增强,使得诸如分析有机溶剂所需要的氧气的引入变得简单快捷。

5.4.3.2 应用实例——测定化学药物样品中多种重金属和贵金属含量

1)测定化学药物样品中多种重金属和贵金属含量

Thermo Scientific iCAP Qc ICPMS 仪器灵敏度高,检出限低,操作简单能简单,是测量药品中的重金属的理想工具。部分元素的检出限结果见表 3 - 2 - 2 - 27。

表 3 - 2 - 2 - 27　方法检测限(μg,相对 5g 原样品)

同位素	[51]V	[52]Cr	[55]Mn	[60]Ni	[63]Cu	[75]As	[98]Mo	[102]Ru
M. d. L	0.011	0.01	0.03	0.03	0.01	0.01	0.07	0.002
M. d. L	0.005	0.03	0.001	0.01	0.07	0.01	0.03	0.007

2)IC－ICP－MS 形态分析

ICS－5000 离子色谱系统与 iCAP Q ICP－MS 联用可以进行形态分析。采用 AS－7 阴离子交换柱实现高效分离,结合高灵敏度的 iCAP Qc ICP－MS 提高信噪比,从而显著降低检测限。AS－7 柱尺寸小巧,最大限度减少了样品消耗和溶剂量,从而降低了每次分析的成本。方法的检出限(约 5 pg/g)。用于分析苹果汁中的六种砷形态:(As(III)、As(V)、砷甜菜碱(AsB)、砷胆碱(AsC)、甲基砷(MMA)和二甲基砷(DMA),见图 3－2－2－62。

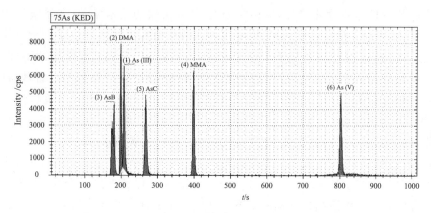

图 3－2－2－62　六种砷形态的分离离子色谱

第三节　色谱分析技术

一、专家评议

根据 SDI2012 报告,在国际分析仪器市场上,各种色谱类仪器占有的比例约为 17%,仅次于生命科学仪器的 24%(实际上,生命科学仪器中也有很多是由色谱仪器发展来的专用仪器)。虽然气相色谱(Gas Chromatography,GC)和液相色谱(Liquid Chromatography, LC)技术已相对成熟,但国内外相关仪器厂家仍然不断推出性能更稳定、功能更全面,自动化程度更高的色谱仪器,特别是国产色谱仪器的进步更加明显。据统计,2013 年 GC 仪器和 LC 仪器的国内市场需求都已经超过了 10000 台,而且 LC 仪器的市场需求开始超过 GC 仪器。按台数计算,国产 GC 仪器的国内市场占有率超过 70%,国产 LC 仪器的市场占有率也达到了 30% 左右。此外,除色谱仪器整机及耗材外,色谱仪器作为复杂样品的分离手段与其他分析仪器的联用也是近年来色谱仪器发展的一个重要领域,特别是色谱与各类质谱(MS)仪器的联用技术,越来越成为研究机构和法规实验室的常用手段。比如,GC 与三重四极杆质谱(QQQ－MS)联用、GC 与飞行时间质谱(TOF－MS)联用仪器,采用多级 MS 提高了未知化合物鉴定的准确度和定量分析的灵敏度。LC 与各类 MS(四极杆、离子阱、TOF 及其组合的 MS)的联用仪器更是越来越普及。联用技术不仅是相关研究领域的热点和必备手段,也是应用领域强有力的工具。

在 2013 年的 BCEIA 展会上,Waters 公司展出的超高效合相色谱(Ultra Performance Convergence Chromatography,UPC^2)是 Waters 公司于 2012 年 3 月推出的全新色谱分析仪器,它利用超临界流体色谱(Supercritical Fluid Chromatography,SFC)的技术原理,基于 Waters 公司业已成熟的 UPLC 硬件/软件技术平台,针对超临界流体的特性进行优化设计,突破了原有 SFC 仪器的技术瓶颈(如系统压力波动大、低比例助溶剂传输精度低、灵敏度低等),为分析研究工作者提供了一种全新的分析工具。该公司还推出了可用于 UPLC 和 HPLC 的分析级馏分收集器(WFM－A),以及实现更快速分析的 Acquity UPC^2 系统和 Acquity CM－30 区域柱管理器(可同时安装 8 支内径从 2.1 mm 到 8.0mm 的色谱柱)。该公司新推出的超高效凝胶色谱,采用新的色谱柱和仪器设计,可以在同一台仪器上方便地更换流动相,实现多种样品分析。Agilent 公司也在 2013 年的 BCEIA 展会上展出了 Agilent 1260 Infinity SFC 控制模块,与改进的 1260 Infinity 二元 LC 系统相结合,可以实现超高效合相色谱的各种功能。基于其 1290 UHPLC 系统,Agilent 公司还推出了新的 1290 Infinity 多样品进样器和二维液相色谱解决方案。其他公司如岛津公司和赛默飞公司也推出了类似仪器,可以说,UHPLC 仪器已经成为 LC 仪器市场的主流产品。我国的普源精电和上海伍丰公司也已经能生产 UHPLC 仪器。大连依利特分析仪器有限公司在 2013 年的 BCEIA 展会上推出的 iChrom 5100 高效液相色谱仪是国内第一款高端液相色谱仪,各项指标都达到国外同类产品的先进水平,获得了 2013 BCEIA 金奖。

Thermo Scientific 在 2013 年的 BCEIA 展会上推出了世界上首款毛细管高压、"只加水"离子色谱系统——ICS－5000＋ HPIC 高压毛细管离子色谱系统,采用小粒径的色谱柱(比如 4 μm),在不增加分析时间的情况下提高了色谱分辨率。

生命科学和制药行业的发展对制备色谱提出了更高的要求,国际上各大公司都有产品,只是仪器名称往往叫做纯化系统。值得指出的是,国内的天津博纳艾杰尔公司推出的高、中、低压制备色谱系列产品获得了用户的肯定;创新通恒公司等厂家的大规模制备色谱仪器在市场上占有很大的份额。

GC 仪器相对稳定,近年来没有明显的技术突破。国际上类似 Agilent 7890 系列的产品仍然是主流。国产色谱仪器方面,在 2013 年的 BCEIA 展会上,温岭福立和上海天美都推出了带有 EPC 控制的高端 GC 仪器,他们的产品都实现了 3 个检测器 9 个气路(空气、氢气、尾吹)和 3 个进样器 9 个气路(载气、分流、隔膜吹扫)共 18 路 EPC 控制,控制精度达到了 0.01 psi,接近国外同类产品的先进水平,结束了国产 GC 仪器没有高端产品的历史。上海天美的 GC7980 GC 全部采用 EPC 控制气路,性能接近国际先进水平,也获得了 2013 BCEIA 金奖。

二、裂解气相色谱法进展

1　裂解气相色谱的分析原理

裂解气相色谱(Py－GC)是在热裂解和气相色谱基础上发展起来的一种分析技术。其过程就是将待测样品置于裂解装置内,在严格控制的条件下进行加热使样品迅速裂解成可挥发性小分子产物,然后将裂解产物送入色谱柱直接进行分离分析。通过产物的定性定量分析,及其与裂解温度、裂解时间等操作条件的关系可以研究裂解产物与原样品的组成、结构和物化性能的关系,以及裂解机理和反应动力学。因此,裂解气相色谱法是一种化学和物理相结合的分析方法,在实验过程中样品被破坏,是一种破坏性的仪器分析方法。在一定条件下,高分子及非挥发性有机化合物的裂解过程将遵循某些反应规律。即,特定的样品具有其独特的裂解行为,具有特征裂解产物或产物分布。因此,通过对某一样品进行裂解可以获得所需要的产物,这就是应用裂解;也可以对原样品进行表征,这就是分析裂解。Py－GC 就是一种分析裂解方法。Py－GC 的主要研究对象是天然和合成大分子、生物大分子、有机地质大分子以及非挥发性有机化合物。

早期的 Py－GC 一般使用填充柱对裂解产物进行分离,得到的是低分辨裂解产物谱图,由于受到填充柱分离效应能的限制,对诸如位置异构体,同位素化合物等特征产物难以分离,因此这种谱图不能完全、有效地表征和研究高分子及其他非挥发性有机物的微细结构。但是如果采用高性能毛细管色谱柱代替填充柱,相应使用高性能裂解器及配置数据微处理机,即可构成高分辨裂解气相色谱分析系统。

2　裂解气相色谱的优缺点

2.1　裂解气相色谱的优点

Py－GC 是由裂解技术和 GC 技术结合而成的一种分析技术,因此,具有二者的优点:

(1)分析灵敏度高,样品用量少

Py－GC 采用火焰离子化检测器,可获得很高的分析灵敏度,样品用量一般为微克至毫克量级,若用液体样品,进样用量仅 $0.1\sim1\mu L$。这对样品量很少的分析(如司法检验)是极为有利的。

(2)分离效能高,定量精度高

因为采用了毛细管色谱柱,大量复杂的裂解产物都可以得到较好分离,所以定量精度也相应地得到了提高。这样就可准确分析微量的裂解产物,使谱图的解析和研究结果更为可靠。

(3)分析速度快,信息量大

典型的 Py－GC 分析周期约为 0.5h,裂解产物很复杂时,一个多小时完成一次分析,比化学分析速度快。根据实验分析结果,不仅能够对裂解产物进行定性、定量研究,而且还能研究样品的化学结构、裂解机理、热稳定性及反应动力学等。

(4)适用于各种样品,样品预处理简单

样品一般不需要预先提纯或处理,可以直接使用任何物理形态的样品进行测试,特别适用于不溶、难以处理的固体样品。由于多数情况下采用原样直接分析,避免了因预处理可能带来的失真或其他信息的丢失。样品中的无机填料和少量有机添加剂不干扰实验结果,通过谱图解析可对重要组分做出准确的判断。

(5)设备简单,投资少,易于普及

将适当的裂解器连接到 GC 仪器上即可进行 Py - GC 分析。裂解器的操作和维护也比较简单,因此,常规 GC 实验室很容易开展 Py - GC 的应用。

2.2 裂解气相色谱的缺点

(1)由于受 GC 分离特点的限制,从色谱柱中流出的是热稳定的、相对分子质量有限的化合物,故不易检测到不稳定的中间体和难挥发的裂解产物。这将对研究裂解机理产生一定的影响。如果采用 Py - HPLC 技术,则可以检测到相对分子质量更大的裂解产物。

(2)裂解产物的定性鉴定比较费时。虽然各种联用仪器分析,如 Py - GC - MS 和 Py - GC - FTIR 在这方面有很好的作用,但往往需要其他辅助定性方法才能得到可靠的鉴定结果。

(3)裂解是一个复杂的化学过程,很多因素会影响实验结果,要获得良好的重复性就需要严格控制实验条件,就目前的情况而言,重复性尚能令人满意,但实验室间的重现性仍然存在一些问题。

3 裂解装置

与 GC 相比,Py - GC 的仪器系统只是在前者的基础上增加了裂解装置,这部分包括进样系统、裂解室、加热系统、载气气路和控制部件,统称为裂解器。Py - GC 中一般要求裂解器:

(1)能精确控制和测定平衡温度,且有较宽的调节范围,可方便、准确地控制和测量裂解温度,并有较好的重复性。

(2)样品达到平衡温度的速率要快或者温升时间(即从升开始升温到达到平衡温度所需时间)尽可能短。因为裂解过程中发生的化学反应非常快,所以,每次裂解必须能重复样品的加热过程,以保证每次分析过程中样品都在相同的温度范围内裂解。

(3)裂解器和接口的体积要尽量小,以利于减小整个 Py - GC 系统的死体积、抑制二次反应、提高分离效率。二次反应使得高分子一次裂解所得的特征产物减少,使分析结果复杂化,这是在控制裂解反应和解释实验结果时必须考虑的又一重要因素,因此裂解系统的死体积一定要小。

(4)裂解器和进样装置(丝、带、管或舟)对样品的裂解反应无催化作用。

（5）适应性强。既能适应于各种物理形态的样品（如液体、粉末、纤维、不溶固体等）又利于和色谱仪的连接。

（6）操作方便,维护容易。

在 Py-GC 发展的早期,各类裂解器大多是实验室自己搭建,不同实验室分析数据往往有较大偏差,缺乏实验室间的重复性,不能被广泛应用。经过几十年的发展,Py-GC 的重复性问题已经解决,商业化裂解器也已广为使用。常见的商业化裂解器见表 3-3-2-1。这些已经商业化的裂解器按照加热方式和加热机制可以分为电阻加热型、感应加热型、辐射加热型、连续式裂解器和间歇式裂解器等几类。这里着重介绍几种市场最常见、应用最为广泛使用的裂解器。

表 3-3-2-1　市场广泛应用的裂解器

裂解器	加热方式	加热机制
管炉裂解器	电阻加热	连续式
微炉裂解器	电阻加热	连续式
热丝(带)裂解器	电阻加热	间歇式
居里点裂解器	感应加热	间歇式
激光裂解器	辐射加热	间歇式

3.1　热丝裂解器

热丝裂解器的结构简单,可方便地连接在色谱气化室前。热丝裂解器通过改变加热装置大大提高了热丝的升温速率。平衡温度范围宽（一般为室温到 1000℃）且可以连续调节。热丝裂解器是脉冲加热,因此系统能保持在较低温度,死体积也很小。裂解参数控制精度高,重现性好。热丝裂解器的功能多,不仅有瞬时裂解功能,还具有"闪蒸"功能（在较低温度下驱除样品中的残留溶剂和小分子挥发物）和"清洗"功能（即将裂解探头加热至 1000℃,以除去残留的样品）。

热丝裂解器的缺点是精确测量热丝表面的温度较为困难,以及热丝老化会影响温度控制精度,还有热丝可能对某些样品的裂解有催化作用。此外,有些样品难以附着在热丝上（如轻质固体粉末等）。

热丝裂解器的适应性很强,它能连续调节裂解温度,在研究裂解机理、动力学及优化裂解条件中是很重要的。它还可在分析复杂混合物或者无机基体中的有机成分时进行多阶裂解。

以下以美国 CDS 热丝裂解仪 CDS 5200 为例,说明其技术参数：

——加热方式:脉冲式加热（加热白金灯丝）;

——传输管:管长 0.7m 左右;

——流路切换:电磁阀;

——兼容 GC:所有 GC（特殊型号除外）;

——脉冲裂解:灯丝温度:可编程的 1℃～1400℃,加热速率:0.01℃/ms～20.0℃/ms (10－20,000℃/s);

——程序裂解:加热速率:0.01℃/s～999.9℃/s;0.01℃/min～999.9℃/min

3.2　居里点裂解器

居里点裂解器是用电磁感应加热的,铁磁材料在高频磁场中,由于磁畴的运动,可使材料迅速加热并达到居里点温度。由于铁磁材料在居里点温度以上就会失去磁性,不再吸收磁场能量,因此无需温度控制器就可保持恒定温度。

居里点裂解器由加热元件中铁磁材料的组成决定其居里点温度,因此无需校正平衡温度;进样快速,实验周期短且死体积小,二次反应小。

居里点裂解器的缺点是裂解温度受铁磁材料种类的限制,不能连续调节;相较于热丝裂解器,居里点裂解器不能进行多阶裂解,因为改变裂解温度就必须改变加热元件,每次进样都需要更换加热元件,所以具有同一居里点温度的铁磁材料组成的微小差异及进样情况的不完全重复都可能会引起误差。因此使用居里点裂解器一定要保证进样的重复性,包括样品形状和样品量。

以下以日本 JAI 居里点热裂解仪 JHP－22 为例,说明其技术参数:

——加热方式:居里点式加热;

——样品管:石英管、内径 4.5mm(热裂解室);

——保温炉:室温至最高温 200℃;

——热裂解时间:1s～99s;

——传输管:室温至最高温 300℃,管长 0.7m;

——流路切换:电磁阀;

——兼容 GC:所有 GC(特殊型号除外);

——可选居里点热箔片裂解温度(℃):1040、920、764、740、670、650、590、500、485、445、423、386、358、333、315、280、255、235、220、170、160。

3.3　管式炉裂解器

管式炉裂解器是通过外部加热管状裂解室来获得裂解环境的一种裂解装置。这种裂解器属于连续加热式,故平衡温度连续可调,且易于控制和测定,适用于各种类型的样品。但是其死体积大,升温速率不可调,存在严重的二次反应,重现性较差。虽然有人设计出了一种能量脉冲加热的管式炉裂解器,可调节平衡温度和升温速率,但二次反应仍然很厉害。管式炉裂解器现在已很少用。

近年来,拓植新等报道了改进的直立式管式炉裂解器(也称为微型炉裂解器),裂解器由卧式改为立式,且裂解室为锥形内径的石英管。这样不但减少了死体积,还使载气的线速度在通过样品裂解位置后迅速加快,再加上自由落体式快速进样,使得二次反应大大减小。在高分辨 Py－GC 中,微型炉裂解器已成为一种高性能装置。

管式炉裂解器可用于研究挥发性样品的裂解。此外,静态裂解也是管式炉裂解器的长处,例如用静态裂解法分析石油馏分就比用热丝裂解器的动态法要有效。

以下以日本 Frontier 3030 系列热裂解仪 PY3030S,EGA/PY - 3030D 为例,说明其技术参数:

——重现性:RSD<3%(聚苯乙烯 SSS/S 比值,检测器 FID、MS);

——分析方法:单击热裂解方法(PY);

——双击热裂解方法(TD - PY);

——多击热裂解方法(Multi - PY);

——EGA 热分析方法(EGA);

——中心切割—释放气体分析模式(HC - EGA);

——裂解技术:立式垂直微型炉;

——裂解温度:室温以上 10℃~1050℃,±0.1℃;

——裂解温度程序:可多段编程连续升温(1℃/min~600℃/min);

——裂解炉冷却气体:氮气或压缩空气(气体压力>500kPa);

——裂解炉冷却速度:<10min(从 800℃冷却到 50℃,ITF auto mode);

——ITF 温度控制范围:40℃~450℃,±0.1℃。

相较于美国的 CDS 热丝裂解仪和日本 JAI 的居里点裂解仪,日本 Frontier 3030 系列热裂解仪有以下优势:

(1)可连续升温,温度在室温至 1050℃内任意调节,控温精度在 0.1℃;

(2)直接安装在气相进样口上,有效避免了死体积的产生。

4 裂解气相色谱与质谱联用

在裂解气相色谱分析中,复杂样品的裂解产物多达上百种,而不同的物质在同一色谱柱可能会有相同的保留值,且有些色谱峰往往分离不好或者完全重叠。使用裂解气相色谱质谱技术可以很好地解决大量裂解产物的鉴定问题。裂解气相色谱质谱是热裂解与气相色谱-质谱的结合。其应用初期主要集中在材料科学的高分子材料领域,用于表征高聚物的组成、结构、性能、降解机理及反应动力学。近年来被广泛应用到生命科学、医学、能源、环境科学和法庭科学等领域,已成为这些领域不可缺少的分析技术。

5 裂解气相色谱的应用

Py - GC 作为一种分析裂解方法在科研和工业生产中起着很重要的作用,它将气相色谱方法的应用扩展到非挥发性有机固体材料。它可以研究各种高分子和非挥发性有机化合物的组成、结构和性能,以及裂解机理和反应动力学。

5.1 聚合物的定性鉴定

聚合物的定性鉴定是 Py - GC 最早应用的领域也是其最重要的领域。聚合物在一定条件下发生裂解,裂解后的碎片各具特征,因此可用 Py - GC 对照已知聚合物的指纹谱图来鉴定未知的聚合物。Py－GC 在分析各种高聚物中的应用很广,例如用 Py－GC 鉴定橡胶已成为 ISO 标准。Py－GC 也可以用于复合材料组成和结构的鉴别。

5.2 共聚物和共混物的鉴别

共聚和共混是目前常用的高分子材料的改性方法,但是除了确定它们的组成以外,往往还需要进一步区分它是共聚物还是共混物。许多具有相同组成的共聚物与高分子共混物的裂解行为不同:共聚物中由于存在两种单体以化学键连接的单元,因此在其裂解色谱图上能发现这种键合特征的裂解碎片,而共混物的裂解谱图通常是两种均聚物裂解碎片峰的加和。由此可以将它们鉴别开来。

5.3 共聚物与共混物的组分定量分析

裂解色谱定量分析,一般都是选择与聚合物组分含量具有对应关系的各特征裂解碎片。在选择好的裂解条件下,通过裂解一系列已知组分含量的标准样品,测知其相应裂解特征产物的峰面积或峰高比值,作出聚合物含量与此比值的关系图,据此求得待测样品的组分含量。

5.4 聚合物微观结构分析

组成相同的高分子,由于链结构不同,其性能会有明显差别,因此仅仅测定其组成是不够的,进一步表征高分子链的结构是高分子材料剖析的重要方面和特殊课题。近年发表的高分子 Py－GC 工作,已越来越多地深入到链结构的表征方面。例如在烯类聚合物分子链中,单体大多数为"头－尾"相接,但也可能存在"头－头"(或"尾－尾")相接的链段。由于这两种相接方式的 C—C 键能不同,裂解产物也可能不同,这表现在许多低聚异构体裂解碎片的差别上。用高分辨裂解气相色谱技术可以很好地分离这些裂解碎片,因而可以观察到不同键接方式的特征。

5.5 聚合反应过程的研究

Py－GC 是研究聚合物反应的一种很好的手段,在聚合反应过程中不断取样分析,通过观察碎片峰相对生成率的变化情况,可以研究不同温度下的反应产物。

5.6 裂解气相色谱在其他领域中的应用

司法化学与法医物证鉴定;天然产物和中草药鉴定;微生物分析;环境化学分析;地矿与资源化学;食品分析;土壤分析;生命科学和医学中的分析;文物和考古鉴定。

6 裂解气相色谱在煤炭化学中的应用

裂解气相色谱在煤炭化学中也被广泛应用,可用于分析煤的组成,研究煤热解生烃的机理以及煤焦油的组成等。

6.1 裂解气相色谱技术在煤成烃评价中的应用

根据干酪根热降解成烃理论,运用裂解气相色谱质谱来预测煤成烃的类型,并提出煤成烃产率的计算方法。

6.2　用裂解气相色谱技术测定煤的煤岩类型

采用裂解气相色谱技术对宏观煤岩类型不同,显微组成不同的煤样进行研究,首先使煤样在 He 气流中进行瞬时裂解,再将裂解产物导入色谱柱分离,得到煤样的裂解色谱图,通过煤样的裂解色谱图的谱峰分布特征,可以推断煤的煤岩类型。

7　裂解气相色谱的应用进展

7.1　裂解加氢色谱技术

许多长碳链有机化合物及高分子在热分解过程中,由于很容易脱氢,能生成各种带有双键的化合物,谱图上出现的众多峰使结果复杂化。如果在裂解产物导入色谱柱前使不饱和双键加氢变成饱和化合物,则对简化裂解谱图和解释结构非常有效,有助于研究原物质的细微结构。裂解加氢色谱技术就是在裂解装置和 GC 本体之间加装一个催化加氢区,在裂解的同时加氢,作为载气的氢气在催化区进行加氢反应时,其实际功能变为反应气体。此种方法是对聚乙烯、聚丙烯和乙烯-丙烯共聚物等聚烯烃进行 Py-GC 研究的非常有效的辅助手段,仪器装置简单,分析成本较低。该技术如果与汽油单体烃的分析技术相结合,则可实现样品的全自动数据处理,在短时间内即可获得更加丰富的裂解产物信息,可以在大范围内获得推广。

7.2　裂解同时衍生化技术

用常规裂解色谱方法对含有极性裂解产物的样品,尤其是缩聚高分子和一些天然高分子进行分析时,因其极性强,稳定性高,很难有效分离,使裂解图谱缺乏特征性,解释较为困难。应用裂解同时衍生化方法,将样品与烷基化试剂(如 TMHA)在裂解器中共热,将裂解产物的极性部分转化为相应的弱极性衍生物(如醚、酯),这使得谱图大为简化,且产物与样品结构有着明确的对应关系。

由于有些裂解产物在常压下很难发生烷基化反应,且裂解-烷基化反应也难于定量控制,因此这一方法对某些样品具有一定的局限性。为了克服这种局限性,近年来发展了一种新的水热分解同时衍生化裂解技术(SHD 技术)。此种方法是将水解试剂和衍生化试剂置于密闭的毛细管中,放入居里点裂解器,使样品在接近介质的临界温度和临界压力下发生水解反应并同时衍生化,然后在裂解室内折断毛细管,在较高温度下进行裂解,裂解产物进入气相色谱/质谱中分析。此法扩大了衍生化法的应用范围,且具有快速、简便、样品用量少、谱图特征好的优点,可以定量测定组分的含量。这种技术在日本 Frontier 3030 系列热裂解仪平台上使用,可能会使信息的获得更加方便。

8　结论与展望

裂解气相色谱方法将气相色谱技术的应用扩展到了非挥发性有机固体材料,几十年的快速发展,已经成为色谱领域的一个重要分支,在聚合物、生物大分子、材料科学和能源、环境科学等许多领域都获得了广泛的应用。由于裂解器是裂解气相色谱发展的关键,随着自控技术和电子技术的发展,相信将来会有实验室重复性更好的裂解器问世。也会有更多的应用技术出现。

三、超高效合相色谱原理及应用

超高效合相色谱(Ultra Performance Convergence Chromatography, UPC²)是Waters(沃特世)公司于 2012 年 3 月推出的全新色谱分析仪器,是利用超临界流体色谱(Supercritical Fluid Chromatography, SFC)的技术原理,在 Waters 公司已成熟的UPLC 硬件/软件技术平台上,针对超临界流体的特性进行优化设计,突破了原有超临界流体色谱的技术瓶颈(如系统压力波动大、低比例助溶剂传输精度低、灵敏度低等),拓展了反相色谱(LC)技术和气相色谱(GC)技术的局限,能完全替代正相色谱技术,为分析实验室解决不同类型的分析难题——如疏水化合物、手性化合物、脂类、热不稳定样品以及聚合物等——提供了强有力的、不可缺少的分离工具。为此,Waters公司的超高效合相色谱—ACQUITY UPC² 系统(见图 3 - 3 - 3 - 1)获 Pittcon 2012撰稿人金奖。

图 3 - 3 - 3 - 1　Waters ACQUITY UPC² 系统

1　超高效合相色谱(UPC²)原理简介

UPC² 的流动相是以超临界 CO_2 流体和少量高效液相色谱使用的有机溶剂作为改性剂混合而成。该流动性一方面具有超临界 CO_2 流体的黏度低、传质效率高、溶剂化能力强、绿色环保等优点;另一方面,改性剂的种类选择广泛,从非极性的正己烷到极性的甲醇,都可以单独或混合后作为改性剂。UPC² 的固定相种类繁多,包含了正相 HPLC 和反相 HPLC 的固定相;结合不同极性的改性剂选择,可有效调节流动相的极性,这些都大大拓展了超高效合相色谱分离的选择性。UPC² 可以使用的流动相和固定相的种类如图 3-3-3-2 所示。

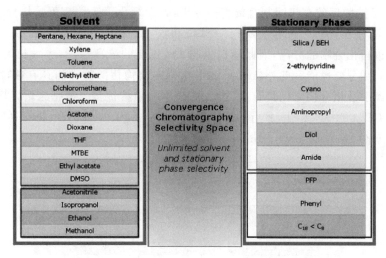

图 3-3-3-2　超高效合相色谱的改性剂和固定相选择范围

此外,UPC² 与 UPLC 一样,采用亚 $2\mu m$ 的色谱柱,大大提高了分析的效率和分辨率(有与 UPLC 一样的柱效)。如图 3-3-3-3 所示,是不同规格色谱柱填料对应 Van Demeter 曲线方程。

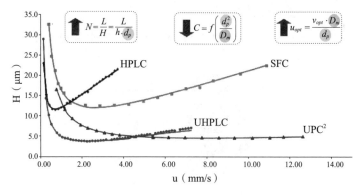

图 3-3-3-3　不同颗粒填料的范第母特曲线方程图

2　超高效合相色谱(UPC²)的性能特点

UPC² 系统与现有的色谱分析技术对比,具有自己独特的性能特点和优势。UPC² 基于 SFC 的技术原理,硬件/软件性能的提升以及亚 $2\mu m$ 颗粒色谱柱填料技术,使得 UPC² 系统的耐用性、重现性、灵敏度及效率有了质的飞跃。UPC² 技术可以方便地联用 PDA、ELS、MS 等检测器,大大拓展了该技术的应用领域。

与现有的 LC 或者 GC 技术相比,UPC^2 可以大大简化样品的前处理流程。如图 3-3-3-4 所示,是采用 GC、LC 和 UPC^2 进行样品分析的常用前处理流程,UPC^2 可以将 SPE 洗脱后的有机溶剂直接进样分析,大大简化了工作流程。从分离的选择性方面来讲,由于 UPC^2 兼容了反相 HPLC 和正相 HPLC 的固定相和流动相,以正相的机理进行化合物的分离,因此能提供与 LC 正交的分离性能,大大拓展了 UPC^2 的应用空间和分离性能。此外,UPC^2 技术在分离结构相似物方面具有独特的优势,尤其在分离手性化合物方面具有高效率、低成本的独特优势。概括来讲,UPC^2 技术与现有的 GC、LC 技术相比,具有如图 3-3-3-5 所示的简易性、正交性和相似性 (Simplicity、Orthonormality、Similarity,SOS)的特点。

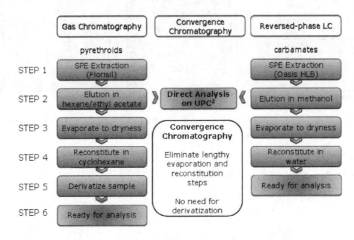

图 3-3-3-4 采用 LC 和 GC 的 SPE 工作流程示意图

图 3-3-3-5 UPC^2 技术的特点

2.1 单针分析涵盖更多的化合物种类

作为一项新的分离技术,UPC^2 系统能提供更加宽泛极性范围化合物的分析,同时为 GC、LC 难以解决的应用领域提供更好的分离选择。如图 3-3-3-6 所示,是在 UPC^2 系统上分离 18 化合物的图谱,化合物的种类宽泛,包括维生素异构体、抗生素、生物碱、甾体等;同时,6 针连续进样的叠加分析结果表明,保留时间 RSD 值小于

0.4%,重现性非常良好。

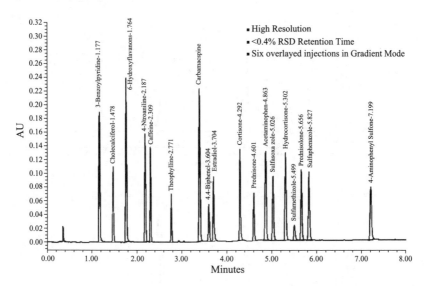

图 3-3-3-6　采用 UPC^2 系统分析 18 种化合物 6 针进样的叠加图谱

2.2　作为正相 HPLC 的取代技术

作为正相 HPLC 的取代技术,UPC^2 具有更加优良的分离性能,并能大大减少高毒性有机溶剂的使用,同时显著降低样品的分析成本。如图 3-3-3-7 所示,对美国药典(USP)规定的正相分析方法进行转换,所获得的 UPC^2 分析结果:无需折中分离度和灵敏度的情况下,分析效率提高 10 倍,分离成本由正相 HPLC 的 1.40 美元/针降低至 0.01 美元/针。此外,对于脂溶性维生素样品,如 VE、VD、VA、VK、类胡萝卜素等,有机发光材料、非离子表面活性剂、精细化工产品等,ACQUITY UPC^2 系统均能获得比传统 NPLC 分析结果更灵敏、分离度更高、分析速度更快的分析结果。

另一方面,传统采用正相 HPLC 分析的化合物体系,通常不兼容质谱的检测技术,因此大大限制了研究工作的深入开展。而采用 UPC^2 技术,可以便捷地同质谱联用,大大提升了分析技术的检测能力,为研究工作提供更多的高价值的数据信息。

2.3　作为反相 HPLC 正交技术

UPC^2 具有与正相 HPLC 类似的保留机理,因此可提供与反相 HPLC 正交保留特性,且具有与 RPLC 不同的分离选择性,从而发现更多未知的化合物并获得更加满意的分离结果。如图 3-3-3-8 所示,是分别采用反相 UPLC 和 UPC^2 系统对同一个样品混合物体系进行分析,获得的分离效果迥乎不同。此外,对于采用 LC 分析时,没有保留的极性组分,如多糖,或者强保留的非极性组分,UPC^2 技术均能提供更好的分离结果,而无需繁琐的样品衍生处理。因此,当遇到现有 RPLC 技术难以实现良好分离的化合物体系,或者需要不同选择性分离条件的应用,均可采用 ACQUITY

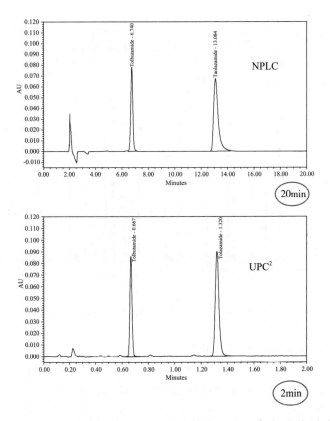

图 3 - 3 - 3 - 7　美国药典 NPLC 方法转换为 UPC^2 方法的对比图谱

UPC^2 系统进行分离条件的优化,以期达到理想的分离结果。

2.4　作为 GC 的互补分离技术

GC 作为一种非常高效率的分析技术,在色谱分析工作中广泛应用,尤其在挥发性化合物分析方面具有独特的优势。但是,由于 GC 的自身特点,在以下几个方面存在一定得不足:热敏性化合物的分析,研究体系中需要单一化合物的分离纯化,采用 GC - MS 技术研究未知化合物时,不能获得准分子离子峰信息,增添了解析未知化合物的难度。

超高效合相色谱技术采用较低温度的 CO_2 和少量助溶剂作为流动相,操作温度通常低于 50℃,对于热敏性的化合物可以采用更低的温度进行分析研究(UPC^2 的柱温箱可以控制低至 4℃ 的柱温),克服了热敏性化合物不稳定难点。另一方面,需要纯品的研究体系,可以将 UPC^2 的分析方法顺利放大到制备型的 SFC 设备,进行相关化合物的纯化分离工作,大大方便了研究工作的深入开展。此外,当采用 UPC^2 - MS 技术进行未知体系的研究工作时,质谱检测器采用软电离的技术,能获取准分子离子峰的信息,为未知体系的研究工作带来很大的便利。

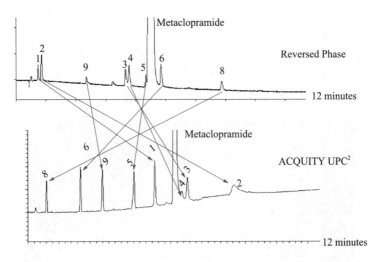

图 3－3－3－8　采用 UPC^2 和 RPLC 系统分析结果对比图谱

2.5　作为对映体/非对映体或者异构体的分离技术

作为对映体/非对映体或者异构体的首选分离技术[12]，UPC^2 系统分离更快、灵敏度更高、成本更加低廉。如图 3－3－3－9 所示，是采用 UPC^2 系统对苯甲酸苄酯对映异构体进行手性分析的结果，在 2min 的时间内，可达到 7.0 以上的分离度，并且在 S－构型异构体含量低至 0.02% 的情况下，能精确的测定其对映体过量值（E. E值）。此外，超高效合相色谱技术是一项绿色环保的快速分离技术，能方便地将分析方法放大到半制备、制备的纯化方法，从而能够低成本、高效率地获得高纯度的单一

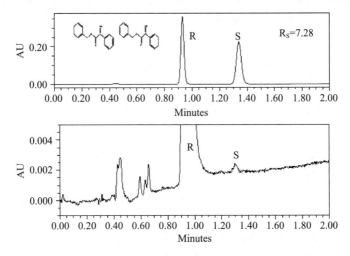

图 3－3－3－9　采用 UPC^2 系统分析苯甲酸苄酯对映体图谱

对映体化合物,快速开展相关的研究工作,大大提高研发工作的效率。

2.6 与 GC 和 HPLC 的比较

与 GC 和 HPLC 相比,UPC^2 可分析的样品种类更多,选择不同的色谱柱和在液态 CO_2 中添加不同的改性剂,就可以分析比 GC 和 HPLC 分析更多类型的化合物。图 3-3-3-10 给出了适用于 UPC^2 分析的样品种类。

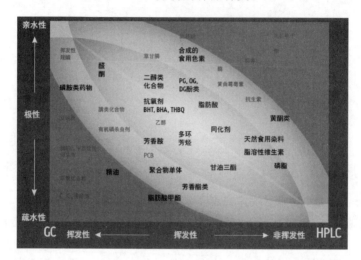

图 3-3-3-10 适用于 UPC^2 分析的样品种类

超高效合相色谱实质上是超临界流体色谱的改进和发展,其技术以独特的优势、绿色环保的特点,在上述应用领域获得了良好的分析结果。在面对制药(小分子合成药物及 TCM 等)、食品、环境、石油化工、精细化学品等不同领域所遇到的棘手分离难题以及日益严格的环境保护要求,采用超高效合相色谱技术,将获得更多全新的优异解决方案。在 Waters 公司推出超高效合相色谱——ACQUITY UPC^2 系统后,Agilent 公司很快推出了 Agilent 1260 Infinity SFC 控制模块,与改进的 1260 Infinity 二元 LC 相结合,也可以实现超高效合相色谱的各种功能。

3 沃特世 ACQUITY UPC^2 仪器结构特点及性能

沃特世 ACQUITY UPC^2 系统包括二元溶剂管理器(Binary Solvent Manager,BSM)、样品管理器(Sample Manager,SM)、柱温箱管理器(Column Manager,CM)、检测器(Detector,可选择 PDA、ELS 以及质谱检测器)以及合相色谱管理器(Convergence Chromatography Manager,CCM)。每个部件都是结合超临界流体的特性,经过整体的专门优化设计,具有以下显著特点:

3.1 二元溶剂管理器(Binary Solvent Manager,BSM)

BSM 是 UPC^2 的流动相输送系统,具有高精密度、高重现性的流体传输性能。CO_2 泵采用 DPC(Direct Pressure Control,直接压力控制)算法技术,以及泵头的两级制冷技术,因此,能够对 CO_2 的密度和传送进行精密、准确的控制,进而在运行等度或者梯度的分析方法时,系统压力波动更小,重现性更好,BSM 的流量范围在 $0.010\sim4.000\mathrm{mL/min}$、精度可至 $0.001\mathrm{mL/min}$。如图 $3-3-3-11$ 所示,是 UPC^2 系统运行阶梯型梯度的结果,在 $0\%\sim100\%$ 助溶剂的范围内,均获得良好的重现性结果。此外,UPC^2 系统的助溶剂泵有 4 路溶剂可以选择,对于方法开发和优化十分方便。

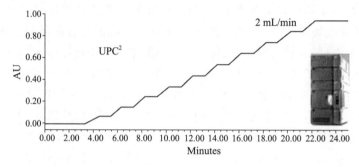

图 $3-3-3-11$ UPC^2 系统运行梯度性能图谱

3.2 样品管理器(Sample Manager,SM)

样品管理器采用专门优化设计的"定子-转子"技术,以及 Waters 先进的 nano 阀定量环技术,双六通阀技术,带针溢出的部分环进样模式(PLNO),可实现离线清洗以及提前加载样品的功能。因此,UPC^2 的样品管理器具有进样精准、线性优良、进样量灵活等特点,克服了传统 SFC 进样器的只有满环进样、样品用量大、进样不灵活等缺点。如图 $3-3-3-12$ 所示,是 UPC^2 系统从 $1.0\mu L\sim10.0\mu L$ 进样时的实验结果,

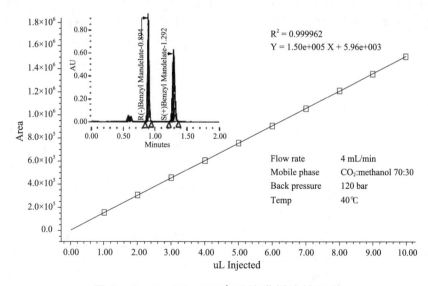

图 $3-3-3-12$ UPC^2 系统进样线性图谱

线性相关系数大于 0.9999。通过进样 Loop 环的选择，UPC^2 系统进样体积可在 0.1μL～50μL 内灵活调控，进样交叉污染小于 0.005％；同时，样品管理器的样品室可提供 4℃～40℃ 的冷藏功能，方便样品的保存。

3.3　色谱柱管理器(Column Manager,CM)

色谱柱管理器具有精准的温度控制(温度控制范围 4℃～90℃)，以及灵活自动柱切换功能。柱温箱管理器采用模块化的设计，每个色谱柱管理器可以容纳两根色谱柱，并带有独立的加热/冷却温度控制室，可配置多个柱温箱管理器并联使用，容纳多根色谱柱。色谱柱的加热/冷却，采用电子控制的主动预加热器(Active Pre－heater)技术，保证色谱柱内的温度分布均一，消除传统柱温箱被动加热模式所造成的柱入口至出口的温度梯度。因此，保证分析方法的重现性更好，方法转换更可靠、方便。多柱自动切换的技术结合多路助溶剂自动切换功能，十分方便开发方法或者多个检测项目在同一系统上运行，大大提高了方法开发的效率和仪器的使用率。

此外，UPC^2 的每根色谱柱带有专利的 eCord™ 功能，自动而详细地记录色谱柱的使用情况，方便色谱柱的管理与保养。

3.4　合相色谱管理器(Convergence Chromatography Manager,CCM)

合相色谱管理器是 UPC^2 仪器的核心部件之一，其主要作用是管理 CO_2 流体。一方面，在 CO_2 进入泵之前，采用电磁阀对 CO_2 流体进行控制，保证其安全开启/关闭，同时配备在线过滤装置，过滤杂质，加强对泵以及色谱柱的保护。另一方面，自动背压调节器(Auto Back Pressure Regulator,ABPR)，采用两级背压调节(静态和动态压力调节)，精密而准确的调控系统压力，在运行等度或者梯度分析方法时，系统的背压波动通常小于 5psi，进而保证分析方法的重现性良好，大大降低基线波动，并提高检测器灵敏度。此外，UPC^2 系统可通过 ABPR 实现压力梯度的分析方法，因此提供更多的分离选择。如图 3－3－3－13 所示，是采用不同的系统背压而得到的分析图谱，对压力的精准调控，使得 UPC^2 系统能在细微压力的差别下，获得不同的分离效果。

3.5　检测器(Detector)

UPC^2 系统可连接二极管阵列(PDA)、蒸发光散射(ELS)以及质谱等检测器，可满足不同化合物分析检测的需求。以常规的光学检测器 PDA(波长范围 190nm～800nm)为例，该检测器经过专门的优化设计，具有温度管控功能，可进一步降低基线噪音；同时，分析流通池采用高强度熔融石英材质，梯形狭缝的专利技术，因此具有更高的耐压性能、更高的检测灵敏度。同时，基于 UPC^2 二元高压泵系统稳定的流体输送性能，以及主动备压调节器对整个系统压力的精准调控，大大降低了基线噪音，因此，UPC^2 系统具有非常优越的检测灵敏度(如图 3－3－3－14 所示)，是对胃复安样品进行杂质分析的色谱图，相对于主峰 0.02％含量的杂质，都能得到精准的定量分析。

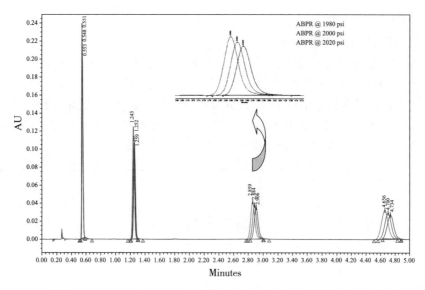

图 3－3－3－13　UPC² 系统采用不同背压条件分析图谱

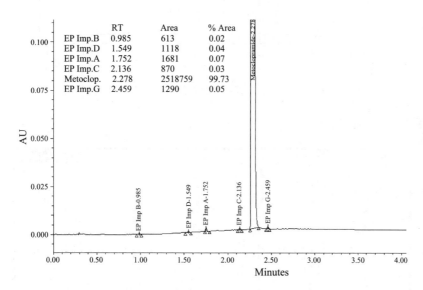

图 3－3－3－14　UPC² 系统对胃复安进行杂质检测的图谱

3.6　亚 2 微米颗粒填料

ACQUITY UPC² 系统,秉承质量源于设计(Quality by Design)的理念,是一套整体设计和经过流体力学工程优化的系统,系统体积小,使用亚 2 微米颗粒填料,具有更加明显的优势;结合 Waters 非常成熟和完善的色谱柱化学技术,将日益丰富超高效合相色谱的色谱柱化学品种类。

4　UPC² 应用举例

4.1　挥发油的分析和制备

挥发油通常采用气相色谱(GC)分析,气相分析方法存在样品通常需要衍生化、前处理繁琐,分析时间较长等问题,而且气相色谱不能对挥发油进行制备。采用 Waters 公司的超高效合相色谱(UPC²)分析八角中挥发油成分,并且能够将超高效合相色谱的分析方法放大到制备型的超临界流体色谱,对八角茴香油中的反式茴脑进行制备。ACQUITY UPC²™分析结果见图 3-3-3-15。

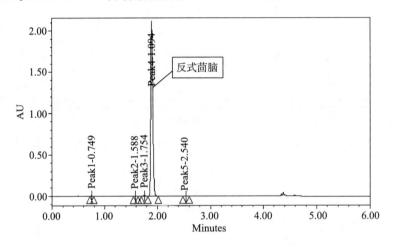

图 3-3-3-15　八角挥发油提取物 UPC² 分析结果

SFC 80 制备结果见图 3-3-3-16。

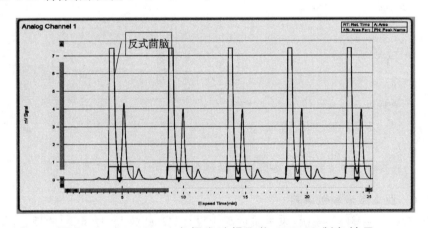

图 3-3-3-16　八角挥发油提取物 SFC 80 制备结果

开发的 UPC² 分析方法可在 6min 内对八角的挥发油提取成分进行分析,分离度和峰形良好。与传统的八角挥发油气相分析方法相比,分析时间缩短了 4 倍。并且可以将 UPC² 分析方法放大到制备型的超临界流体色谱,对八角挥发油中的反式茴脑进行制备,突破了气相色谱不能制备样品的局限。该方法主要采用 CO_2 做流动相,可以大幅度地降低实验成本和馏分溶剂后处理的时间,对实验室环境和人员都没有损害,绿色环保。

4.2　脂溶性维生素(VA)的质量控制

脂溶性维生素目前主要的分析方法是正相色谱,正相分析方法在对脂溶性维生素进行质量控制时,对某些结构相似的杂质分离困难,而且分析时间长,正相流动相成本高、毒性大。业界一直希望有一种既可以解决分离的问题,又具备成本效益、可持续的绿色环保技术来解决脂溶性维生素分析的难题。

正相色谱分析结果见图 3-3-3-17。

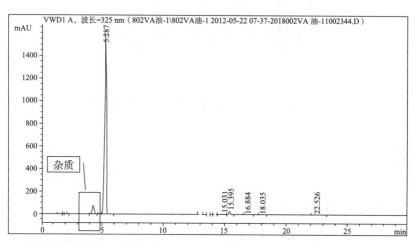

1.杂质不能基线分离　2.分析时间30min

图 3-3-3-17　正相色谱分析结果

ACQUITY UPC²™分析结果见图 3-3-3-18。

UPC² 可以成功将 VA 和结构相似杂质基线分离,峰形、分离度良好,分析时间从正相 LC 的 30min 缩短到 8min,可大幅度降低实验室成本,分析成本比正相 LC 一年可节省 1,185,415.00 元。

4.3　胃复安以及相关杂质分析

胃复安可抑制延脑的催吐化学感受器,具有较强的镇吐作用;促进胃蠕动,回忆胃内容物的排空,改善胃功能;主要用于多种原因引起的恶心、呕吐(对尼美尔氏综合征的呕吐无显著疗效)及食欲不振、消化不良,胃部胀满,暖气等消化功能障碍。各大制药企业主要采用 HPLC 分析,但 UPC² 可以作为很好的互补手段,并对分离度和灵敏度进行改善。

HPLC 分析结果如图 3-3-3-19 所示。

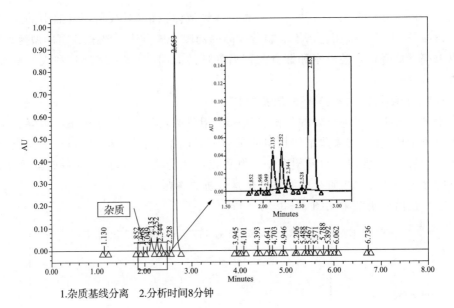

1.杂质基线分离　2.分析时间8分钟

图 3－3－3－18　ACQUITY UPC² 分析结果

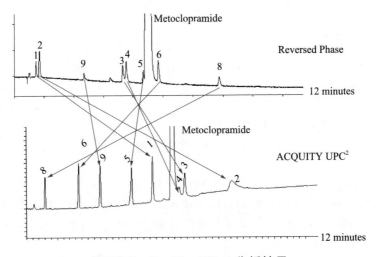

图 3－3－3－19　HPLC 分析结果

ACQUITY UPC²™相关杂质分析结果如图 3－3－3－20 所示。

UPC² 可以成功分析胃复安以及相关杂质,色谱峰的保留时间和反相 HPLC 和完全不同,可以作为反相色谱很好的正交互补手段,并且对于低于 0.05% 的杂质也能成功检测到。

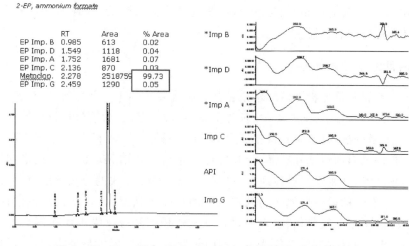

图 3－3－3－20　ACQUITY UPC² 相关杂质分析结果

4.4　手性农药残留的定量分析

现今使用的农药中有 25％的化合物具有手性中心，它们中大多数都以外消旋体的形式出售和使用，单一异构体只占 7％。因此残留在环境中的大量手性农药都是外消旋混合物的形式存在的。对于手性农残化合物客户多采用正相色谱分析，但此类方法有分析时间长、毒性大、质谱兼容性差等缺点。

使用 ACQUITY UPC²™ Xevo TQD 对其进行分析的结果如图 3－3－3－21 所示。

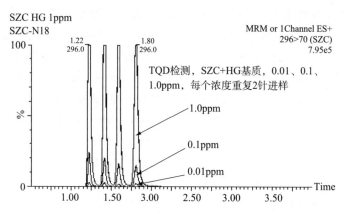

图 3－3－3－21　ACQUITY UPC²™ Xevo TQD 分析结果

采用 UPC²－Xevo TQD 系统对含复杂基质的农残样品进行分析，能有效地消除基质的干扰，进行目标化合物的定性和定量分析，且灵敏度高、重现性良好。采用 UPC² 系统进行实验，主要以 CO_2 为流动相，分析成本低廉，与传统的正相 HPLC 方法(主要以正己烷为流动相)相比,单针分析的成本大大降低,并且 UPC^2 系统与 MS 检测器具有良好的兼容性。

四、液相色谱柱技术进展

在第十五届北京分析测试学术报告会及展览会(BCEIA)上,安捷伦科技、大连伊利特、岛津、迪马科技、博纳艾杰尔、东曹生命科学、默克化工、纳微科技、日本分光、赛默飞世尔、通微分析、月旭材料科技、昭和电工、中科安泰等(拼音字母顺)近 40 家厂商展出了色谱填料和色谱柱产品,展现并凸显了目前色谱领域的主流技术和最新进展。这些新技术、新发展主要体现在:更高的分离效率、更快的分离速度、更好的选择性和更方便、经济的操作性能等。其代表性的产品包括:细粒径填料及色谱柱、核壳(或表面多孔)型填料及色谱柱,以及高性能常规色谱柱等。纵观此次展会上的相关展品可以感到,国际主流厂家依然主导和引领着色谱柱技术发展的方向,而国内厂家的迅速发展,也令人印象深刻。

(1)细粒径填料及色谱柱

自 2004 年沃特世公司推出超效液相色谱(UPLC)后,使用细粒径填料柱的超高效或超高压液相色谱(UHPLC)已成为业界的潮流。迄今为止,主流色谱仪制造商几乎均已推出本公司的 UHPLC 产品型号及配套色谱柱。与此相呼应,色谱填料和色谱柱生产厂家也先后推出相应的亚二微米填料和色谱柱产品。目前,安捷伦、赛默飞世尔、岛津、日本分光、沃特世(未参会)、Kromasil、Restek 等均有可与 UHPLC 仪器配套的亚 2μm 填料色谱柱供应。例如,安捷伦公司的 ZORBAX Eclipse Plus 柱填料采用超密键合和双封端工艺,可获得高分离度、出色的峰形和宽 pH 值范围(2~9),其疏水基包括 C_{18}、C_8、苯基己基等,填料粒径可自 1.8μm 到 5μm 选择,是一种通用型高效液相色谱柱。此外,细粒径填料的类型也从开始时的反相逐渐向其他的分离模式扩展,如安捷伦的 ZORBAX RRHP – HILIC 为粒径 1.8μm 填料的亲水作用色谱柱;赛默飞世尔的 GlycanPak AXH – 1 为粒径 1.9μm 填料的弱阴离子交换/亲水作用色谱柱。YMC America 公司的 Riart Phenyl/PFP 柱使用的修饰基为苯基和五氟苯基,由于在疏水作用之外,又增加了 $\pi-\pi$ 相互作用力,因而获得了对芳香基化合物分离有利的选择性。此外,这种填料是用为流控技术所生产的,因而具有优异的尺寸均一性。Kromasil 的 1.8μm 填料与其 2.5μm 和 5μm 填料具有相同的化学性质,因而可以方便地转移其分离条件。

(2)表面多孔(superficially porous particles:SPP)或"核壳"型(core – shell)填料及色谱柱

这种填料及以其填装的色谱柱的异军突起既在意料之外,又在意料之中。使用亚 2μm 填料柱,为获得高柱效就必须大幅度提高输液压力,这带来了仪器成本的提高和操作的不便。于是,分离效率相当、但所需输液压力近乎减半的表面多孔型填料柱引起了业界的高度关注。目前,安捷伦、Supelco、AMT、Phenomennex、Macherey - Nagel、Thermo、ChromaNik、Perkin - Elmer、Knauer、Waters 等公司均推出了自己的表面多孔(或"核壳")型填料及色谱柱产品。例如,安捷伦的 Poroshell 120 色谱柱填料,其实心内核为 $1.7\mu m$ 硅球,表面多孔层厚 $0.5\mu m$,整体粒径为 $2.7\mu m$。可在在常规高效液相色谱仪上使用比亚 2 μm 柱低 $40\%\sim50\%$ 的操作压力,获得与亚 $2\mu m$ 柱相似的高柱效。Poroshell 300SB - C18、C8、C3 和 300Extend 色谱柱是为快速分离蛋白质和多肽而设计的色谱柱系列。在实心硅胶球的表面,制备有一层孔径 300Å[①] 的硅胶微球,进一步在其大孔硅微球表面键合上所需的疏水链成为反相填料,适合于分子量 500 - 1000 ku 的多肽和蛋白质的高效、快速分离。赛默飞世尔公司研制了 $2.6\mu m$的 Accucore HPLC 核壳系列柱;Phenomennex 公司为进一步提高表面多孔型填料的性能,于 2013 年推出了粒径 $1.3\mu m$ 的表面多孔型填料。若在超效液相色谱仪上以相同的压力运行这款柱子,则可获得比 UHPLC 更高的柱效。沃特世公司的 CORTECS™ 1.6 μm 色谱柱是一种使用粒径 1.6 μm 核壳式填料的色谱柱,具有超高柱效、超快速分析能力,但操作压力远比 UPLC 柱为低。但是,业界的一种相反的趋向也值得关注,即一部分厂家没有继续做小粒径,反而推出了粒径更大的 $5\mu m$ 表面多孔填料和柱子。$5\mu m$APP 柱子可以给出与 $3\mu m$ 全多孔填料柱相当的柱效,其柱压却仅相当甚至略低于 $5\mu m$ 全多孔填料柱。也许,在分析检测领域里,表面多孔型柱子有可能会动摇全多孔型柱的"霸主"地位。

(3)整体柱(monolithic column)

与常规的色谱柱的制法不同,整体柱使用原位聚合或类似浇铸的方法制备出具有连续柱体的色谱柱。这种色谱柱不仅制备简单,其柱效也较高,约等于相同尺寸、以 $3\mu m$ 填料填装的柱子。此外,所制备的柱体具有双孔结构,因而其柱压很低、柱床的化学稳定性也很好。目前,市场上已有几种此类产品,如默克公司的 Chromolith® 系列整体柱。但此类柱子因其生产工艺的特点,柱子间性能的重现性较难以控制,故一时难以获得更广泛的应用。

(4)高性能常规色谱柱

常规色谱柱,包括硅胶基质柱、聚合物基质柱以及杂化柱、复合柱等。传统的以硅胶为基质的 HPLC 填料存在对极性溶质的非特异性吸附和化学稳定性较差的问题。近年来,这一问题已得到较好的解决。采用超纯硅胶基球、采用高空间位阻型配基,或新键合技术,可以获得高化学稳定性的填料。例如,安捷伦公司的 ZORBAX Eclipse Plus 柱(pH 值范围 2 - 9)和 ZORBAX Eclipse XDB 柱填料通过键合工艺的控制和双封端,拓宽了适用 pH 值范围(pH 值 $2\sim9$)。填料粒径从 $1.8\mu m$ 到 $7\mu m$,配基类型包括 C_{18}、C_8、苯基和氰基等,均是通用型高效液相色谱柱。ZORBAX Extend -

---

① 　1Å＝0.1mm。下同。

C18 色谱柱则是利用双配位硅烷键合和双封端处理,可耐受达 pH11.5 的碱性环境。而 ZORBAX StableBond 80Å 色谱柱则通过二异丁基或二异丙基侧基的位阻效应,使得其在 pH 值=1 时仍有很好的性能重现性。沃特斯公司利用有机-无机杂化颗粒技术,研制了 XTerra、XBridge 等系列高性能色谱柱。其 pH 值耐受范围宽达 pH1~12,即使碱性化合物也能得到窄而对称的峰形。这些填料具有多种粒径[2.5、3.5、5 和 10 μm]和规格,以满足不同样品分离之需。而粒径 1.7μm 的亚乙基桥杂化颗粒(BEH)填料,则可用于 UPLC®,实现超高效、超快速分离。同样,ACQUITY UPLC® HSS 系列的填料则是使用三键键合 C_{18} 基质,使其使用范围拓宽达 pH1~12。赛默飞世尔公司的 Thermo Scientific Synchronis C18 柱的填料以粒径 1.7μm 或 5μm 多孔性高纯硅球为基质、从提高键合率入手并经两次封端,将其化学稳定性扩展到 pH 值为 2~10。此填料的另一特点是有出色的性能重现性,保留时间和峰面积的柱间重现性偏差可低至 0.5% 以下。其另外两种柱子,即 Acclaim PA 和 Acclaim PA2 则在其填料的表面嵌入式地键合了磺胺基团,使柱子可同时分离极性和非极性物质,而且具有很好的化学稳定性(pH 值为 1.5~10)。昭和电工生产的粒径 5μm 的 RSpak ODP2 HP 柱的基质是聚羟甲基丙烯酸酯,故对蛋白质无保留,可用于蛋白质样品中小分子的分析。北京明尼克分析仪器设备有限公司代理 Restek 公司生产的硅胶基质填料及色谱柱,也经销 JORDI 公司生产的聚合物型填料及色谱柱。Restek 的 pHidelity™C18 柱使用了特制的 3um 填料,在 pH 值为 1-12 条件下依然具有良好的稳定性。Jordi 公司生产的高交联度二乙烯基苯基填料柱,有正相、反相、尺寸排阻、离子交换等各种分离模式,可在 56MPa 压力下运行,适用的 pH 值范围为 1-14。

纵观整个展会,国内的色谱柱厂家的迅速发展,也给人以深刻的印象。其中天津博纳艾杰尔科技公司、月旭材料科技(上海)有限公司、大连伊利特分析仪器有限公司、迪马科技、纳微科技、应诺生物、兰州中科凯迪等公司在色谱填料/色谱柱产品领域中逐渐形成了自己的特色,并开始走向了国际市场。艾杰尔公司、月旭、迪马等公司均已形成了比较完整的液相色谱柱产品的生产线,在国内市场上也都有很好的业绩,并逐渐开辟国外市场。伊利特生产、经营色谱柱历史悠久,可提供多种品牌和类型填料的分析柱和制备柱,其部分产品还向国外市场出口。纳微科技是专业研发、生产任意纳米、微米尺寸高性能球形材料的高新技术公司,其产品包括色谱填料、固相微萃取材料以及其他特种电、磁球形功能材料,是同时具备规模化生产硅胶和高聚物基质填料的极少数公司之一。纳微科技以专利技术生产的色谱填料具有精确的尺寸和高度尺寸均一性,可提供 1.7μm 至 1000μm 之间任意尺寸的无孔或有孔粒径单分散的高效色谱填料,包括正相、反相、离子交换、体积排阻、亲和等不同类型,适用于分析、制备乃至生产规模的分离之需。其产品牌号包括 Uni-Sil™(硅胶基质)、Uni-PS™(粒径单分散高聚物基质)、Uni-IEC(离子交换介质)、Uni-HIC(疏水介质)、Uni-Ni(螯合亲和介质)、UniGPC(凝胶渗透色谱介质)等。此外,该公司还生产多种规格的固相萃取介质。郑州应诺生物科技有限公司的产品中包括分离纯化材料和高效液相色谱柱。所生产的硅胶基质离子交换色谱填料经过有机包覆处理,具有优异的化学稳定性,可适用 pH 值范围可达 1~12。

五、食品安全检测中样品前处理技术进展

1　前言

样品前处理是食品安全检测过程中的核心部分,是衡量检测方法先进性和实用性的关键一环。食品安全检测的第一步就是最大限度地从样品中提取目标物,然后净化样品以降低其它杂质的干扰,最后浓缩富集目标物,为下一步的分析检测工作提供保障。然而食品基质复杂多样,因而其前处理过程充满复杂性和多样性。

样品前处理可以有效消除基质干扰,保护仪器,提高检测方法的准确度、精密度、选择性和灵敏度。食品安全检测分析的误差近 50% 来源于样品的准备和处理,而且大部分样品前处理的工作量超过整个分析过程的 70%。因此,提高前处理技术水平是提高食品安全检测水平的关键。近年来,样品前处理技术由传统的液液萃取、振荡提取、柱层析等技术,发展到现在的固相萃取、凝胶渗透色谱、微波辅助萃取等技术。

(1)固相萃取(Solid Phase Extraction,SPE)技术是 20 世纪 70 年代发展起来的一种样品前处理技术,也是目前最常用的一种前处理技术。它的发展原理基于液-固色谱理论,主要过程是利用固体吸附剂将液体样品中的目标化合物吸附,与样品的基体和干扰化合物分离,然后再利用洗脱液洗脱,也可吸附干扰杂质,让待测物流出,从而达到分离和富集的目的。固相萃取不需要大量互不相溶的溶剂,因而处理过程中不会产生乳化现象。它采用高效、高选择性的吸附剂,可以净化很小体积的样品(50~100 μL),能显著减少有机溶剂的用量,简化样品预处理过程。固相萃取能有效地将待测组分与干扰组分分离,避免了处理过程中杂质的引入,减轻了有机溶剂对操作人员和环境的影响。固相萃取既可用于复杂样品中微量或痕量目标化合物的提取,又可用于净化、浓缩或富集,是目前国内外样品前处理中的主要技术。不仅有多种类型和规格型号的固相萃取小柱商品化产品,而且有多种固相萃取的专用装置出售,使固相萃取技术的应用更加方便简单,实现样品净化过程的自动化。

(2)凝胶渗透色谱(Gel Permeation Chromatography,GPC)技术已逐渐取代柱层析技术,成为食品安全分析中常用的一种净化技术,特别适用于有机污染物的痕量分析。它利用被分离物质相对分子质量大小的不同进行分离,其作用类似一组分子筛,将样品溶液加到柱子上后,使用不同的有机溶剂淋洗,相对分子质量大于目标分析物的脂肪、色素和蛋白质等干扰物先被淋洗出来,然后目标分析物按相对分子质量大小相继被淋洗出来。凝胶渗透色谱技术最初主要用来分离蛋白质,但随着适用于非水溶剂分离的凝胶类型的增加,凝胶渗透技术逐渐应用于食品安全检测中。与吸附柱

色谱等净化技术相比,凝胶渗透色谱技术具有净化容量大、使用范围广、重现性好、柱子可以重复利用以及自动化程度高等优点,适用于各种食品样品提取液的净化,尤其对脂类和色素含量高的样品净化特别有效。

(3)微波辅助提取(Microwave Assisted Extraction,MAE)是 1986 年匈牙利学者 Ganzler 等人发现利用微波能萃取土壤、食品、饲料等固体物中的有机物,从而提出的一种新的少量溶剂样品前处理方法。它能将微波与萃取技术巧妙结合,对样品进行微波加热,利用极性分子可迅速吸收微波能量的特性来加热一些具有极性的溶剂,达到萃取样品中目标化合物,分离杂质的目的。与传统的振荡提取法相比,微波辅助萃取具有快速高效、安全节能和易于自动控制等优点,适用于易挥发物质如农药等的提取,并可同时进行多个样品的提取。微波技术开始主要是用于无机分析的样品预处理即微波消解,从 1986 年起微波能开始应用到有机分析中的样品预处理,现在已广泛应用于食品中多环芳烃、多氯联苯以及农药残留的分析中。实现微波萃取与分析检测仪器的在线联用、自动化,将是 MAE 技术在分析化学中的又一发展方向。

2　BECIA 展会上展出的样品前处理仪器

(1)北京普立泰科仪器有限公司推出的全自动固相萃取仪,已应用于食品安全检测的样品预处理中。可确保以全自动、24h 无人值守运行,从样品的加入,到样品的净化处理,直到待测物质的收集,都可以自动化的实现,解决了劳动力大量浪费的现象。全自动固相萃取仪的投入使用,使样品前处理过程趋向于高速度、高效率、高精度、低误差、省人工,为食品安全以及环境保护、疾病控制等各个领域的事故预警以及样品的检测都提供了有效的处理手段,也为样品最终检测结果的可靠性提供了有力保障。同时,全自动固相萃取仪作为样品处理过程中的重用手段之一,提高了样品检测的可靠性和政府部门检测单位对安全事故处理的效率,这也是关系到社会民生的大事。

在 BCEIA 展会展出的六通道固相萃取系统为北京普立泰科仪器有限公司自主研发生产的产品,于 2013 年 10 月 15 日正式上市。相比于旧版本的固相萃取,六通道固相萃取系统有着更好的优异性能。

六通道固相萃取系统是一个大容量三维立体式固相萃取系统,该系统无需人工干预能够完成固相萃取的全部步骤:SPE 柱的活化(可用多种溶剂活化)、样品的添加(可连续添加)、SPE 柱的洗涤(可用多种溶剂洗涤)、SPE 柱的干燥及样品的洗脱等。六通道固相萃取系统的主要特点:

1)六通道为目前市场上可见的最多通量,每次可以同时处理六个样品,并且带有自动进样器,可以序列进行样品的处理,可以完成 132、204、288 个样品的处理;

2)采用正向液压技术控制液体的流速,保证液体传送的准确性和重现性。通过精密的注射泵技术,控制整个过程流速、取样等步骤的精确性;

3)采用液位跟踪上样,内外壁清洗等技术降低交叉污染,可以实现常规样品 0.1mL～40mL 的上样量;如果添加了大体积进样辅助模块,可以实现大体积水样 1mL～无限制的上样量;

4)可选择 7 种完全不同的溶剂进行样品的活化、清洗及洗脱等步骤,并且可以扩展升级至 15 种;

5)采用 WIN8 操作系统控制,使用 surface 平板电脑全触摸屏控制,可以选择有线或者无线及远程控制;

6)可以全自动进行样品的稀释、浸泡、氮吹、定容、混合等特殊功能;

7)可以实行定制功能,根据应用需要进行辅助模块的定制,包括大体积进样模块、大体积收集模块、氮吹定容模块、柱串联模块等。

(2)展会上展出的 J2 Scientific 开发的全自动样品前处理平台,其中包括凝胶渗透色谱、固相萃取系统、定量浓缩仪等,尤其是固相萃取系统(PrepLinc SPE)应用范围更为广泛。

PrepLinc SPE 全自动固相萃取系统可以单独为一台仪器,也可以作为平台的一部分与其他部件联机使用。PrepLinc SPE 的主要特点有:

1)Preplinc 全自动高通量高速度低损耗的 XYZ 轴自动进样器,可以非常灵活地适合多种规格的收集架和收集瓶;可以程序设定任意一个进样及收集位置;流出物可以按照时间、体积多种方式收集并分配到不同收集瓶;自动进样器具有防止样品扩散功能,可以在样品前后夹真实气泡,确保仪器无交叉污染;

2)完全进样方式,系统具有直接进样模块,注射针移取样品或溶剂以后,移动到直接进样模块上进行注射针进样,非定量环设计方式,保证微升级样品也能全部进入系统;

3)萃取柱适用于实验室标准规格 1mL、3mL、6mL、12mL、15mL,也适用于 Glass、Plus 柱子,而且更换不同规格的柱子,无需更改仪器的任何硬件部分;

4)萃取柱为全密封方式,每根小柱上下两端全部密封,可以完全实现在线转移功能,小柱在使用前后上下两端都为密封;

5)标准 SPE 模块,可实现最多 5 根不同规格不同大小的 SPE 柱串联,并且每一根小柱的出口都可以自动选择去向;

6)可升级至大体积柱膜通用仪器,适合大体积进样,并且适用于膜盘式处理方式。

(3)GPC 凝胶净化色谱在线净化与气相色谱-质谱联用技术

GPC 凝胶净化色谱是根据体积排阻的原理将不同分子尺寸的物质进行分离,这一净化技术已被实际应用于蔬菜、水果、谷物等食品中农药残留检测的样品前处理过程中。其主要目的是去除样品基质中可能干扰目标化合物检测的大分子量的油脂、色素等组分。常规的离线 GPC 净化方法由于存在速度慢、大量使用有机溶剂、操作繁琐、无法实现自动连续分析等问题而限制了这一技术在农残检测中的使用。岛津公司展出的在线 GPC-GCMS 系统(图 3-3-5-1),实现了从样品的前处理到农药的分析完全自动化,可快速进行农残多成分定性定量分析。本系统由于实现了在线净化,大幅缩短了分析时间,并采用小型化 GPC 柱,大大减少了溶剂使用量,系统自动化使分析操作轻松自如并降低了操作偏差。但是,在某些化合物的单四极杆质谱分析中,基质复杂性导致对目标成分分析产生干扰,出现检测限高甚至无法检出的难题。岛津独有的在线 GPC-GCMSMS 系统,具有更强的抗干扰能力、更高的灵敏度和高通量离子传输效率,解决了单四极杆质谱对低含量组分检测的不确定性问题,可有效增加对复杂基质中待测目标物检测的选择性,大大提高了准确性和灵敏度。

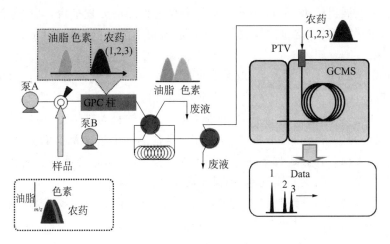

图 3-3-5-1 GPC-GCMS 系统流路图

(4)加速溶剂萃取技术

加速溶剂萃取仪(ASE)使用常见溶剂在加温加压下提取样品,大大提高萃取效率,减少溶剂消耗。与索氏萃取和微波萃取相比,ASE 只需极短的时间,使用较低的溶剂量来完成萃取。热电展出的 ASE 350 应用已被认可的 ASE 技术,属于世界溶剂萃取技术的领先地位。已开发的 ASE 方法广泛应用于环境、医药、食品、聚合物以及消费品工业。在高温高压下进行溶剂萃取的优势:提高分析物的溶解能力,降低溶剂粘度,使溶剂分子更易进入样品基质;提高分子运动的能力,使分析物更易挣脱基质的束缚;提高分散能力,使分析物更易扩散入溶剂中;增加压力使溶剂在萃取过程中一直保持液态。ASE350 萃取仪可处理 1g~100g 样品。ASE 350 集合了 ASE200 和 ASE300 的功能,与溶剂控制器集成在一起,减小了工作台的体积。ASE 150 和 350 都配置快速泵(70 mL/min),可提高工作效率。全新设计的 Dionium™ 流路,具有化学惰性,使新的 ASE 能直接萃取经过酸碱处理的样品,扩展了 ASE 的应用范围。

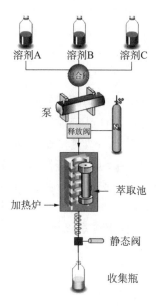

图 3-3-5-2　A350 流程图

（5）在线固相萃取-液相色谱仪

会上展出的赛默飞在线固相萃取- UltiMate 3000 双三元液相色谱仪,在线固相萃取技术的色谱柱切换法是分离和清除复杂多组分样品杂质的有效技术,可以除去强保留的、对色谱柱造成损坏的杂质,也可以除去干扰色谱分离的物质。液相色谱仪则采用独特的双泵设计,每个泵可作为一个单独的体系,有各自独立的比例阀和流动相体系,可同时单独控制三种不同的流动相,在 Chromeleon 变色龙软件的支持下,结合独特的阀切换技术,通过灵活的流路连接设计,一套系统即可以轻松实现 online SPE 以及 HPLC 分离过程。双三元体系几乎完全免除了手动前处理的繁琐步骤,能够对样品进行在线固相萃取、净化或预浓缩。在多环芳烃、复杂组分中维生素的测定等领域有优势。

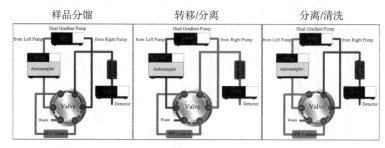

说明:第一维 SPE 小柱从基体中分离待测物;
将待测物转移至分析柱并在分析柱上分离、测定分析过程中,SPE 小柱同时进行清洗、再生

图 3-3-5-3　在线固相萃取-液相色谱仪流程图

3　结束语

随着人民生活水平提高和社会经济发展,国内外的食品安全标准日益严格,对食品安全检测也提出越来越高的要求。从这届 BCEIA 展会上可以看出样品前处理装置和技术正朝着自动化、环境友好、快速高效、耐用可靠的方向发展。食品种类繁多,基质复杂,为了获得准确的检测数据,就要求样品前处理技术不断融合和渗透其他技术(如微波、超声等)、改进现有技术,以满足不同种类食品和不同目标物质的检测要求。为了提高样品前处理效率,实现食品检测的全自动化处理,减少人为操作带来的误差,前处理与分析设备在线联用,甚至是全天无人伺服的智能设备引入都是将来样品前处理装置与技术的重要发展方向之一。多学科和技术的发展与融合必将给食品

安全检测行业带来更快、更准、更安全和更方便的样品前处理技术。

六、毛细管电泳与测序仪

1 毛细管电泳仪

近年来新推出的大多数毛细管电泳仪,在提高分析效率和结果的可靠性方面都进行了一些改进,如,更灵活的进样系统,可以放置各种规格的样品管或 96 孔板,并实现与 96 孔板样品处理单元的一体化(PrinCE Next 800 系列);改进了缓冲液更新系统,实现更长时间的无人值守操作(Agilent 7100);通过外接包括质谱在内的各种检测器扩展了应用范围等,但在工作模式和仪器原理方面尚无突破。新型仪器继续使用了过去的特色技术,如安捷伦公司的鼓泡毛细管和高灵敏度检测池,Prince 科技公司的动态压缩进样、贝克曼公司的毛细管液体制冷和半导体温控系统等。

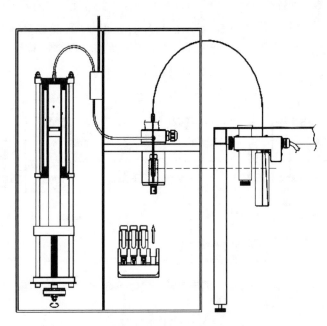

图 3－3－6－1　动态压缩进样原理图(荷兰 Prince Technologies)

图 3－3－6－2　高灵敏度检测池(安捷伦科技公司)

近年来推出的毛细管电泳仪,基本上都针对用户需求提供了检测模块、试剂盒,甚至完整的解决方案,也有厂家推出特殊应用领域的专用仪器,因此降低了操作人员的入门门槛,更能满足不同用户的需求。如,贝克曼公司推出的 ProteomeLab PA 800plus 生物制药分析系统,针对毛细管凝胶电泳蛋白质纯度分析、蛋白质等电点测定和电荷不均一性表征等应用,以及糖蛋白糖基微观不均一性表征和糖谱分析等应用,提供配套试剂盒和标准化方法。杜邦的 RiboPrinter® 全自动微生物基因指纹鉴定系统,集成 RFLP、凝胶电泳、Southern Blot、标准菌株基因指纹图谱数据库和自动化生物信息学分析等五大系统,构成了全自动、标准化微生物鉴定分型工作站,成为快速、准确、高分辨微生物菌株水平鉴定和分子分型的有力工具。另外,一些厂家还根据法规要求,提供了认证工作软件。安捷伦公司的 2100 生物分析仪、凯杰公司的 QIAxcel 系统、伯乐公司的 Experion 系统和台湾光鼎公司的 Qsep100 系统等几款以芯片毛细管电泳为原理的仪器,都配备了各种规格的核酸检测试剂盒,通过可抽取式电极部件设计(Experion 系统)、可使用 200 次的卡夹(Qsep100 系统),以及配合相应预制胶的一体化预设方法(QIAxcel 系统),完成对 15kbp～12kbp DNA 和 RNA 片段的分析检测,还可以进行蛋白质分析(2100 生物分析仪和 Experion 系统)。

市场上有多款国产毛细管电泳仪,但在分析通量、结果精密度、方法和试剂标准化等方面,与进口仪器还有相当差距。

2　新的毛细管电泳全柱成像检测技术及其应用

加拿大 Advanced Electrophoresis Solutions Ltd(AES)的全柱成像毛细管电泳仪(CEInfinite)是一款较为新颖的毛细管电泳仪,与市场上常见的单点检测毛细管电泳仪不同的是,CEInfinite 使用 CMOS 成像传感器检测 5cm 左右的整个分离柱,分析样品在分离柱上不同时间的浓度分布。这项技术的发明者认为,在传统仪器上进行的毛细管等点聚焦电泳,存在着分析时间长、重复性差、操作繁琐等问题,不适用于现代蛋白质基础研究和药物工业对高通量检测和高准确度的要求。而毛细管电泳-全柱检测成像技术(Whole Column Detection for Imaged Capillary Electrophoresis,CE - WCID)利用一个 CCD 照相机对整个微分离通道(长度通常为 3cm～8cm)内的分离进行成像检测,检测信号可以是紫外吸收、折射指数梯度或激光诱导荧光,图 3－3－6－3 为其工作流程示意图。全柱成像技术的使用,突破了传统 CIEF 的瓶颈:即聚焦谱带必须移动通过单点检测窗口,由此导致的低分辨率、低通量和不准确。

这种方法与传统的凝胶等电聚焦法和 CIEF 相比,在分析通量、分辨率和重复性等方面均具有明显的优势(见表 3－3－6－1)。CIEF - WCID 的主要特点是:

(1)信息量大,样品在整个微分离通道中的分离得到动态全程检测,能够表征生物大分子间的相互作用;

(2)动态信息,可以检测整个分离通道内各组分的动态变化(见图 3－3－6－4);

(3)简化条件优化,分析时间缩短,一旦样品得到满意的分离即可停止,不必等待

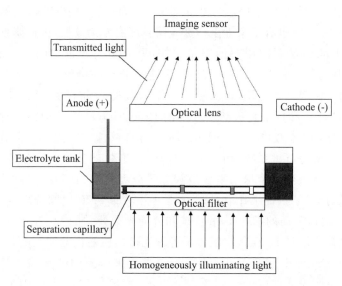

图 3－3－6－3　cIEF－WCID 技术的工作流程示意图

所有组分均流出分离通道；

（4）可以应用于微分离通道阵列，达到高通量；

（5）全柱成像检测应用于毛细管等电聚焦，可以取消样品聚焦区带的移动步骤，充分保持毛细管等电聚焦的高分离柱效和高分辨率。

表 3－3－6－1　Gel IEF、传统 cIEF 和 cIEF－WCID 的技术特点比较

	Gel IEF	Conv. cIEF	Imaged cIEF
Labor Intensity	High	Low√	Low√
Automation	No	Yes√	Yes√
pI Determ & Peak ID	Inaccurate	Accurate√	Accurate√
Quantitation	Unsuitable	Suitable√	Suitable√
Resolution	Poor	Better	Best√
Reproducibility	Poor	OK	Superior√
pI Range	Narrow	Wide	Very Wide√
Assay Runtime	Very Long	Long	Short√
Development Time	Very Long	Long	Short√

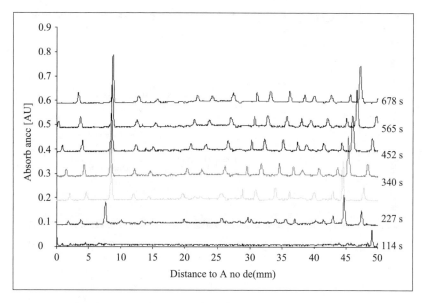

图 3-3-6-4 CIEF-WCID 分析中不同聚焦时间的分离动态监控

目前 CIEF-WCID 已在以下领域得到了应用：

（1）直接、准确、快速地进行蛋白质等电点点测定，分析时间小于 10min，还可以用于基于电荷的蛋白质分离、纯度检测和定量分析，对蛋白质药物和抗体药物进行质量控制和稳定性考察。

（2）由于 CIEF-WCID 能够动态检测蛋白质和抗体药物的聚焦过程，可将其用于直接和动态监控生物大分子、蛋白质-药物之间的相互作用，以研究蛋白质功能和活性机制。

（3）CIEF-WCID 技术在临床化学方面可用于疾病相关蛋白和多肽生物标记物的检测，如，血液病诊断中标志性的血红蛋白的表征（图 3-3-6-5），糖尿病诊断中糖化血红蛋白的检测等。

（4）蛋白质分子量和扩散系数的测定，由于 CIEF-WCID 本身具有高分辨分离功能，在扩散系数和分子量的测定过程中，不需要纯化的蛋白。CIEF-WCID 测定扩散系数有两个方法：直接观察聚好蛋白峰在无电压情况下的静态变宽和观察聚好的蛋白峰在控制流动下的泰勒分散。第一个方法相对简便，只需要在断开高压后控制毛细管没有内部流动；缺点是速度慢（对大分子需要 30min 以上）、准确性一般（文献报道在 5% 左右）。第二个方法需要控制聚好后断开高压，蛋白峰在毛细管内有一定的移动速度；优点是速度快（一次测定需要 15min 左右）、准确度高（文献报道 3% 左右）。

除生命科学领域外，CIEF-WCID 技术在食品安全、植物生理学和功能性蛋白的

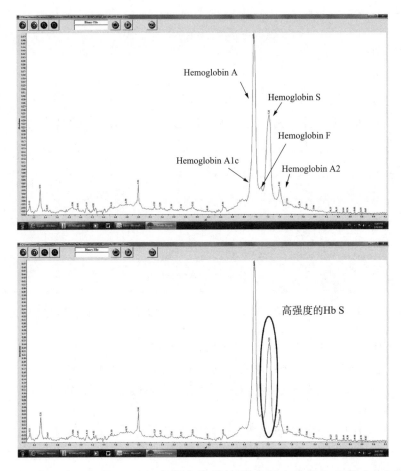

图 3 - 3 - 6 - 5　CIEF－WCID 表征血液病诊断中标志性的血红蛋白(上图)和
镰形细胞血红蛋白疑似病人全血中的高强度 Hb S 的表征

监测和控制方面也有应用。由于 CEInfinite 仪器推出不久,各种应用软件还有待配
套,如果能够与质谱仪和高灵敏度的激光诱导荧光检测器联用,将有望进一步拓宽其
应用范围。

3　核酸测序仪

(1)基于毛细管电泳的 DNA 测序仪

基于毛细管电泳的 DNA 测序仪采用的是经典的 Sanger 测序法,用毛细管电泳
技术取代了传统的聚丙烯酰胺平板电泳,提高了自动化水平和检测通量。使用四色
荧光染料标记的 ddNTP,进行单引物 PCR 测序反应,生成的 PCR 产物是相差 1 个碱
基的 3′末端为 4 种不同荧光染料的单链 DNA 混合物,基于其在毛细管电泳中的迁移
速率不同进行分离,用激光诱导荧光检测。市场上的测序仪都是能自动灌胶、自动进

样、自动数据收集分析的全自动仪器,可以由多通道毛细管组成阵列,测定 DNA 片段的碱基顺序或大小,并进行定量。除 DNA 测序以外,还可以进行杂合子分析、单链构象多态性分析(SSCP)、微卫星序列分析、长片段 PCR、RT－PCR 等分析。虽然近年来出现了第二代和第三代测序技术,但 Sanger 测序法还是被认为是测序领域的"金标准",依然拥有广泛的市场和应用空间,新近推出的仪器在分析速度、操作便利性、应用软件等方面有一些改进,在检测原理和仪器基本结构上变化不大。

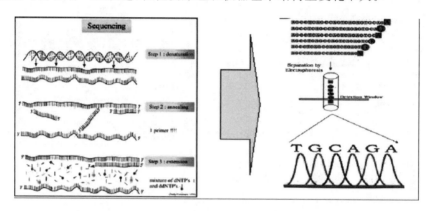

图 3－3－6－6　基于毛细管电泳的 DNA 测序仪原理示意图

值得关注的是 2013 年 3 月 Life Technologies Corporation 旗下 ABI 公司的 3500xL Dx 系列基因分析仪获得了中国国家食品药品监督管理局(SFDA)的批准,将在中国用于临床诊断,该公司与国内合资公司研究的 10 种检测试剂盒也进入了临床试验。3500xL Dx 系列产品是一种基于 24 道毛细管的自动化 Sanger 测序仪,如果配套试剂盒获得批准,将可以用于基因型耐药检测、癌症突变识别和产前染色体异常检测等临床应用。

(2)新型测序仪

以罗氏公司 454 测序仪、美国 Illumina 公司 Solexa 基因组分析平台和 ABI 公司 SOLiD 测序仪为代表的高通量测序平台,也称为第二代测序仪。采用的是大规模并行测序技术,一方面将引物合成技术引入测序领域,在可逆终止核苷酸上增加荧光标记,一边合成核酸链,一边测序;另一方面,引入芯片概念,将要测序模板固定在基质上(微珠或者玻璃面),从而达到了高通量的目标。例如,ABI 的 SOLiD 系统以四色荧光标记寡核苷酸进行连续连接合成为基础,取代了传统的聚合酶连接反应,可对单拷贝 DNA 片段进行大规模扩增和高通量并行测序(原理图见图 3－3－6－7)。这种替代能够明显减少因碱基错配而出现的错误,消除相位不同步的问题,获得更高的保真度。而 SOLiD 系统的另一秘密武器是采用末端配对分析和双碱基编码技术,在测序过程中对每个碱基判读两遍,从而减少原始数据错误,提供内在的校对功能。这样,双保险确保了 SOLiD 系统原始碱基数据的准确度大于 99.94%,而在 15X 覆盖率时的准确度可以达到 99.999%,大大提高了基因分析的准确度。不同的测序平台在一次实验中,可以读取 1G 到 14G 不等的碱基数,这样强大的测序能力是传统的毛细管电泳测序仪所不能比拟的。

高通量测序系统在全基因组表达谱研究、检测生物样品中表达的已知和未知 miRNA 及其它小分子 RNA 和 DNA 甲基化分析等方面已得到了很好的应用,但因为设备价格高、分析成本大、速度不够快等因素,限制了其推广和普及。

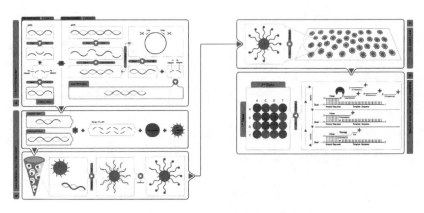

图 3 - 3 - 6 - 7   SOLiD 系统工作原理图

近年来新推出的 Ion Torrent 是一款全新概念的测序仪,有人称之为第三代测序技术。其核心是使用 IS - FET 半导体技术将生化反应与电流强度直接联系。在聚合酶反应中,每聚合一个碱基,释放出氢离子。氢离子的释放引起周围环境的 pH 变化,继而通过 IS - FET 场效应管感应引起电流变化,最终记录电流信号,读出 AGCT 的测序序列。

与传统毛细管电泳测序仪和后来的高通量测序仪相比,Ion Torrent 测序仪的主要优势在于:1)系统构成更简单,无激光光源,无光学系统,无照相系统;2)使用无标记的核苷酸及酶进行测序,安全环保,本底干扰低;3)分析速度快,标准测序时间仅为 3h,24h 之内可完成 6～8 轮实验;4)有各种规格芯片,可灵活选择通量,是一项经济、快速、简单、规模可扩展的测序技术,可以覆盖高通量测序平台的部分应用范围。

图 3 - 3 - 6 - 8 Ion Torrent 是测序芯片单个微孔横截面的示意图。孔内容纳的是含有模板 DNA 的离子微球颗粒。每合成一

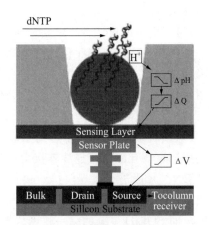

图 3 - 3 - 6 - 8   Ion Torrent 测序芯片单个微孔横截面的示意图

个核苷酸,就释放一个质子,微孔的 pH 值随之改变。离子传感层检测 pH 值的变化,并将化学信号转变为数字信号。

七、气相色谱检测器技术的创新

气相色谱(Gas Chromatography,GC)是 20 世纪 50 年代的一项重大科学技术成就,作为一类分离及分析检测技术,经过了半个多世纪的发展,气相色谱法在工业、农业、国防、建设、科学研究中都得到了广泛应用。虽然气相色谱法目前是相对成熟的分析技术,但随着电子技术和材料科学的发展,气相色谱仪的功能不断创新,应用气相色谱技术的新方法和标准不断出现,大大促进了气相色谱仪的制造水平的发展,如装备有 EPC 系统(电子程序压力流量控制系统)仪器的自动化程度进一步提升,专用型、快速及便携气相色谱仪不断出现,色谱工作站功能不断完善,全二维气相色谱技术日益成熟,仪器灵敏度及采样频率显著提高,以及新型检测技术趋于成熟并得到商业应用等。以下将主要介绍近年来出现的新型气相色谱检测技术。

一般来说,气相色谱仪是由气路系统、进样系统、分离系统、温控系统、检测系统所构成。待测组分能否分开,关键在于色谱柱,而分离后组分能否鉴定出来则在于检测器,所以分离系统和检测系统是仪器的核心。检测器能够将样品组分通过物理或化学方式转变为电信号,而电信号的大小与被测组分的量或浓度成正比。针对目标分析化合物,气相色谱检测器可分为通用型检测器,包括热导检测器(TCD),以及选择性检测器,如火焰离子化检测器(FID)、电子俘获检测器(ECD)、火焰光度检测器(FPD)、氮磷检测器(NPD)等。随着仪器联用接口技术的发展及成熟,气相色谱可与其他类型定性定量检测器实现联用,如质谱、红外光谱及 ICPMS 等,从而为解决更多的分析问题提供了方案。

在实际工作中,分析工作者经常需面临着诸多挑战,比如分析气体样品时,常常需要使用配置 FID 和 TCD 等多个检测器的系统气相,仪器结构复杂,分析灵敏度不高;分析液体样品时,又常常需要针对不同化合物更换不同的检测器的情况。这些都是影响分析效果和效率的重要因素。因此,在面对复杂样品时,简化分析过程和提高工作效率尤为重要,这也是色谱分析工作者长期追求的目标之一。日本岛津公司近来开发的气相色谱系统,融合了专为毛细管柱型气相色谱仪设计的 BID 检测器(介质阻挡放电等离子体检测器),可同时分析无机气体和有机气体,也可分析液体样品,且灵敏度高于 FID 和 TCD,对于以往需要同时使用 FID 和 TCD 的复杂分析而言,单独 BID 检测器就可以满足要求,其外观如下图所示:

图 3 - 3 - 7 - 1　BID 检测器
外观

1 BID 检测器

1.1 原理

BID 是英文"Barrier Discharge Ionization detector"的缩写,中文全称为"介质阻挡放电等离子体检测器"。BID 检测器主要通过介质阻挡放电产生的氦等离子体进行电离(离子化),是一种灵敏度极高的通用型检测器。

BID 检测器原理是通过在石英玻璃管(绝缘介质)上加高电压,氦气产生氦等离子体,色谱柱流出的组分在氦等离子体的能量轰击下离子化,收集极收集产生的离子,形成电流,输出色谱峰。

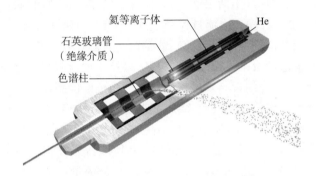

图 3-3-7-2 BID 检测器结构示意图

BID 检测器中所使用的亚稳态氦原子具有极高的光子能量(17.7eV),因此 BID 检测器可以对除氦气和氖气(氖气离子化能量高于氦气)之外的所有化合物进行高灵敏度分析。

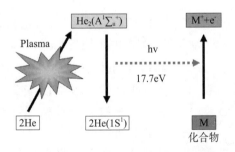

图 3-3-7-3 离子化原理

表 3-3-7-1

物质	离子化能量/eV
Ne	21.56
N_2	15.6

续表 3-3-7-1

物质	离子化能量/eV
O_2	12.1
丙酮	9.7
甲苯	8.8

1.2 BID 检测器特点

1.2.1 高灵敏度。其灵敏度高于 TCD 百倍以上,高于 FID 两倍以上,能够有效应对痕量杂质分析工作

BID 检测器对所有化合物(He 和 Ne 除外)均具有高灵敏度(高于 TCD 百倍以上,高于 FID 两倍以上)。可用于样品中痕量有机和无机杂质分析,这种类型的分析一般单用 TCD 检测器不能完成。

BID 和 TCD 皆可分析气体样品,对于有机化合物,BID 检测器的灵敏度是 TCD 的 200 倍以上;对于永久性气体,BID 检测器的灵敏度是 TCD 的几十倍以上。

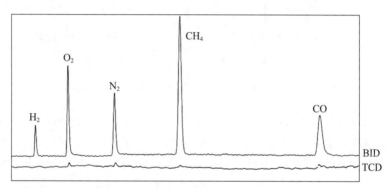

注:各组分在氦气中浓度10 ppm,分流比1:39,进样量500μL

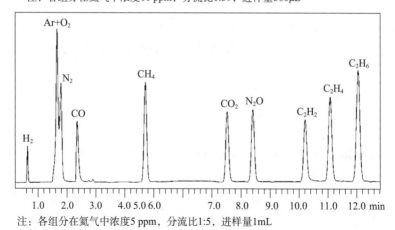

注:各组分在氦气中浓度5 ppm,分流比1:5,进样量1mL

图 3-3-7-4 BID 和 TCD 检验器灵敏度比较

＊甲烷转化炉是使用镍触媒将 CO、CO_2 还原为 CH_4 的装置。

对于永久性气体和轻烃类化合物的高灵敏度分析,常规分析方法需要配置多个检测器,系统复杂,在分析 ppm 级的 CO 和 CO_2 时,需要甲烷转化炉和 FID 检测器配合才能进行分析,分析永久性气体时需要使用 TCD 检测器。现在选择合适色谱柱后,单 BID 检测器即可实现无机气体和轻烃类混合物的高灵敏度同时分析。

1.2.2 高通用性

(1)BID 和 FID 检测器灵敏度比较

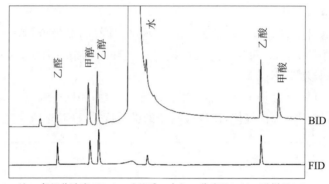

注:各组分浓度100 ppm(基质:水),分流比1:24,进样量0.5 μL

图 3-3-7-5 BID 和 FID 检测器灵敏度的比较

FID 检测器对 C—H 键化合物响应良好,是烃类化合物分析的理想选择。但 FID 检测器对羰基碳(C＝O)化合物无响应,因此不能分析甲酸和甲醛。另外,FID 对含有羟基(—OH)、醛基(—CHO)、卤素(F,Cl 等)等化合物响应不好。相比较而言,BID 检测器可以极大提高上述化合物的灵敏度,且灵敏度几乎无差异。

(2)灵敏度比较

下图所示为不同溶剂在 FID 和 BID 检测器上的响应差异。正己烷在 FID 上的响应值设定为1,所有化合物 BID 检测器的灵敏度均高于 FID,且相对响应值较为均一。

另外,BID 的设定温度可达 350℃,完全满足气体样品和高沸点液体样品的分析需求。

(3)分析高沸点化合物

BID 的设定温度可达 350℃ 。色谱柱柱温升至 340℃,完全满足 n-C44 以下石蜡混合物(沸点 545℃)的分析要求。BID 支持气体和高沸点液体样品分析。

1.2.3 高稳定性——介质阻挡放电等离子体生成技术保证仪器长期稳定性

BID 检测器的一个重要特点就是介质阻挡放电。使用低频电源从绝缘介质外部电极上放电,产生接近室温的低温氦等离子体,且和电极无任何接触,因此电极不用

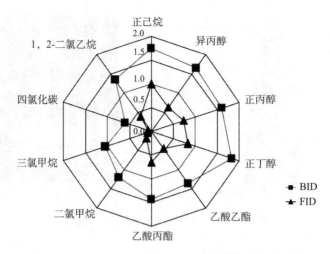

图 3－3－7－6　BID 与 FID 检测器灵敏度比较

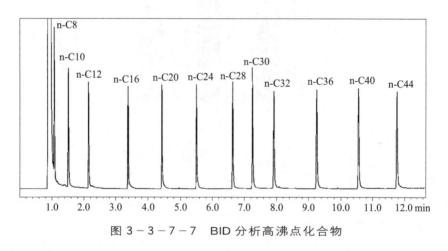

图 3－3－7－7　BID 分析高沸点化合物

处于高温环境中,避免了"溅射"损伤,不会发生电极老化现象。此耐用式结构设计使
BID 检测器可以长期保持稳定分析状态,完全不需要仪器维护或消耗品更换。

（1）长期分析稳定性实验

为评估长期分析稳定性,BID 检测器进行了灵敏度稳定性实验,分别在仪器连续
运行 96h、2688h、3240h 时读取峰强度值。96h 时响应值设定为 1,计算 2688h 和
3240h 的数值,如下图所示,其差异可以忽略。

（2）痕量气体分析重现性实验

样品中各组分浓度为 5ppm,采用定量环进样方式对样品进行一系列重现性实
验,峰面积的重现性良好,RSD 在 0.84%～1.80% 之间。

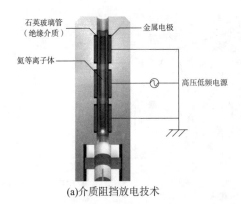

(a)介质阻挡放电技术　　　　　　(b) 低温等离子体

图 3－3－7－8　介质阻挡放电技术

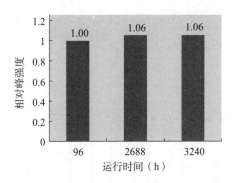

图 3－3－7－9　灵敏度稳定性实验

表 3－3－7－2　痕量气体分析重现性实验数据

	H_2	CO	CH_4	CO_2	N_2O	C_2H_2	C_2H_4	C_2H_6
1	2263	10988	24335	26144	22263	14507	32211	45399
2	2240	10936	23998	26184	22043	14466	32808	44402
3	2280	10932	24752	26537	22435	14781	32986	44883
4	2336	10462	24032	26413	22250	14705	32386	45049
5	2237	11009	23660	26413	22515	15210	32312	45202
6	2216	11058	24172	26348	22398	14915	32909	44878
7	2230	10949	23955	27004	22604	14941	32838	45059
8	2291	10956	24687	26642	22659	14992	32871	45295
9	2253	11011	24379	26550	22426	15246	33058	45515
10	2237	11189	24741	26679	22685	15075	32792	45751
平均值	2258	10949	24271	26491	22428	14884	32717	45143
RSD%	1.57	1.71	1.54	0.95	0.90	1.80	0.92	0.84

（3）安全、无火焰

相比于 FID 检测器,无需氢火焰的 BID 检测器只使用氦气,因此对于限用 FID 的实验室来说,BID 检测器可以放心应用、尽享安全。

1.3　BID 检测器应用

1.3.1　锂离子电池内部产生气体分析

评估锂离子电池的性能老化状况时,常常需要分析电池衰退过程中产生的气体。Tracera 是气体分析的理想选择。下图所示为锂离子电池产生气体分析:

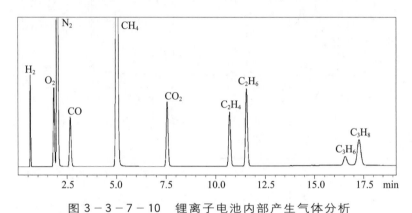

图 3－3－7－10　锂离子电池内部产生气体分析

锂离子电池的内部气体经提取、稀释后导入气相色谱仪进行分析。气相色谱仪仅使用一个检测器(BID)和一种气体(氦气)即可实现锂离子电池内部产气的高灵敏度同时分析。

1.3.2　乙烯的杂质分析

乙烯是一种重要的有机化工原料,高纯度乙烯通常用作生产聚乙烯和其他化工产品的原料,这些低分子量单体一般纯度很高(99.9％以上),然而,如果原料中含有烃类、硫化物等其他杂质,可引起诸如缩短催化剂寿命和改变产品质量等问题,也会严重影响产量。工业中需测定原料乙烯的纯度。图 3－3－7－11 所示为乙烯的杂质分析。

以 H_2(30 ppm)、CO(2 ppm)、CO_2(15ppm) 、CH_4(30 ppm)为痕量杂质进行分析。气相色谱仪仅使用一个检测器(BID)和一种气体(氦气)即可实现永久气体和轻烃类杂质成分的高灵敏度同时分析。

1.3.3　人工光合成研究中的反应产物分析

人工光合成是光催化领域的一个分支,通过模仿植物的光合作用,将水分解后产生的氢气贮存,以获得能源的技术。人工光合成是公认的有望成为继光伏发电、太阳能、生物能之后的第四大可再生能源。图 3－3－7－12 所示为光催化二氧化碳还原反应中生成 CO 和 H_2 的同时分析。

从图 3－3－7－13 中可以看出,CO 的生成量随着时间延长迅速增加,反应末期,

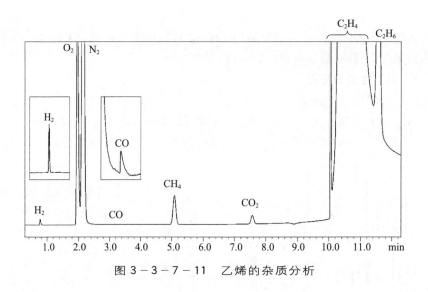

图 3－3－7－11　乙烯的杂质分析

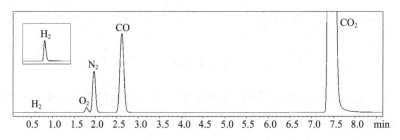

图 3－3－7－12　二氧化碳还原反应产物分析

增速逐渐放缓。气相色谱仪仅使用一个检测器（BID）和一种气体（氦气）即可实现 CO 和 H_2 的高灵敏度同时分析。

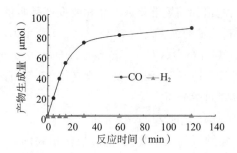

图 3－3－7－13　二氧化碳还原反应产物变化分析

　　综上所述，BID 检测器可同时分析有机气体和无机气体，也可分析液体样品，是应对痕量分析的利器，使我们原本需要复杂系统才能进行的分析工作，变得简单、快速、准确、安全。

2　PED 检测器

等离子发射检测器（Plasma Emission Detector,PED）,是一个灵敏度极高的通用型检测器。PED 利用 Ar 或 He 做为载气,和待测组分一起离子化后经分光过滤处理,光电二极管进行光电信号转换确定组分的浓度。其装置内部有一个设计独特的加载高频高压电场的石英腔体。当气体样品通过石英腔体时被高压发生器电离,产生一种叫做场致发光的荧光现象并发射出特征谱线,发射谱线随着载气中不同物质而发生变化,用这种光发射技术来对样品进行定量分析。检测器产生的光信号被光学系统检测到,光学系统包括滤光片和光电二极管,滤光片会根据波长选择性地滤出光信号,并通过光电二极管转化为电信号,经信号电压发大器将信号放大到分析所需的程度。由 PED 检测器与专用气相色谱系统可应用于超高纯气体的分析,平均检测限达 250ppt,可解决了高纯气体中 ppt 级、ppb 级和 ppm 级等不同含量等级的杂质分析。下图为加拿大 LDetek 公司生产的 PED 检测器的外观图。

图 3－3－7－14　PED 检测器外观

3　SID 检测器

表面电离检测器（Surface Ionization Detector,SID）,是近十余年迅速发展起来的高灵敏度、高选择性检测器。它的响应是基于发射体表面的正离子表面电离。当分子（或原子）与炽热的金属表面碰撞时,就会有一部分分子（或原子）被电离成正离子或负离子而被检测,SID 对某些化合物的灵敏度高于 FID 和 NPD。如在有机物中,胺类和肼类最容易发生表面电离生成正离子,因此 SID 特别适于含氮化合物的检测,其灵敏度可达到 fg 级。SID 能既灵敏又有选择性地测量血液、尿液等复杂基质中的含氮化合物,在其他化学和化学药物工业、生物医学等领域分析中有着广阔的前景。在汽油含氮化合物分析中,与 FID、NPD 相比,高灵敏度的 SID 能够从其中检出多种痕量高沸点含氮化合物。因此对于检测汽油样品中的含氮组分而言,我们研制的SID 具有优于商品 NPD 的灵敏度和选择性,为气相色谱提供了一种性能优异的选择性检测器。下图为 SID 结构示意图:

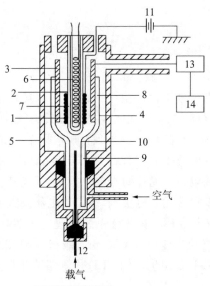

SID检测器结构图

1—Mo发射极；2—加热器；3—离子收集器；4—石英内衬；
5—不锈钢鞘管；6—镍丝；7—微型石英管；8—上内衬管；
9—下内衬管；10—连接点；11—极化电压；12—毛细管柱；
13—信号放大器；14—积分装置

图 3 − 3 − 7 − 15　SID 检测器结构图

第四节　波谱分析技术

一、专家评议

核磁共振波谱仪和其他分析仪器的一个很大不同之处是生产的厂家极少,这几年全世界生产超导核磁共振谱仪的只有三家公司。原因应该是谱仪的生产科技含量高,售价高导致使用群体以及生产厂家有限。目前能生产超导核磁共振谱仪的有美国的安捷伦公司(Agilent,早期为瓦里安 Varian,2009 年收购),德国的布鲁克公司(Bruker),日本的日本电子公司(JEOL),以及近几年兴起崭露头角的中国武汉中科波谱技术有限公司。

这四家公司在近几年的人事、销售、维修方面都发生了巨大的变动。本期的评议项目之一,便是介绍了解四大公司的情况,敦促发挥提供更好地服务工作。

各大公司在谱仪零配件与相关软件开发上各有许多特色,本次评议将一一做介绍。一方面了解该公司的研发实力,也作为他日考虑采购的参考。

除了超导磁体,近几年又流行起来回归使用永久磁体制造的小核磁共振谱仪,应用在化合物的结构辨识上。由于谱仪体积小且维护成本低廉,只要检测的灵敏度与分辨率能够接受,仪器的性价比合理,许多化工厂药厂或学校的学生实验教学课,都会认真考虑采购。我们将在此次评议中做进一步的介绍。

二、应用报告及仪器介绍

1　超导核磁共振谱仪厂商近二十年在中国的发展与服务概况评议

在化合物结构的检测上,较高磁场的谱仪能够获得较好的检测灵敏度与分辨率。目前 200 兆以上的谱仪都是超导核磁共振谱仪,国内现在拥有的 200MHz～950MHz 超导谱仪约 1300 台。德国的 Bruker 占市场份额超过 70%,美国的 Agilent(2009 年收购前为 Varian)约占 30%,日本电子(JEOL)则仅有 20 台左右,国产中科波谱公司进行的升级改造谱仪(使用或保留国外生产的磁体与探头)约 20 台。

1.1　安捷伦(Agilent)公司

1.1.1　核磁共振谱仪生产概况

美国安捷伦(Agilent)公司于 2009 年收购瓦里安公司(Varian)的核磁共振谱仪,是当年全球分析仪器十大事件之一。Agilent 在 2011 年底呼吁各界将 Varian 谱仪正式更名为 Agilent 谱仪。但由于年代未长以及描述习惯,在本文介绍中,早期 Varian 的生产销售历史仍多以 Varian 称呼。

Varian 公司是全世界最早推出商用核磁共振谱仪的公司,由美国人 Varian 兄弟创建于 1953 年。首台谱仪为 30MHz,永久磁铁制成,检测灵敏度只有 3:1。在 1964 年推出了世界首台超导核磁共振谱仪,200MHz,氢核检测灵敏度 55:1,可以检测氢碳氟磷四核。在 1971 年推出 300MHz 谱仪,检测灵敏度 65:1,分辨率 1.5Hz。目前 Varian 能够提供 900MHz 超导核磁共振谱仪;Varian 的固体核磁共振谱仪是业界较有名气的。

1.1.2　近年来在中国的服务情况

(1)早年 Varian 时期的培训与售后服务

培训方面:谱仪安装期间有现场培训,由安装工程师于谱仪安装完验收后现场演示,内容包括硬件介绍,简单氢谱与碳谱操作演示,探头调谐,梯度场与变温实验,简单故障处理等。安装后可以约定应用工程师前来进行 3～5 天的应用培训,内容有基础知识与原理介绍,参数意义与校准,操作软件介绍与使用,各种 2D 谱原理与检测等。另外不定期举办有"技术原理及应用培训班"以及"新技术讲习班",由国内核磁共振专家教学,可能在北京、上海或香港举行,每期 3～5 天,收取培训费约 2000 元;培训内容有傅立叶变换原理,参数介绍,同核与异核二维相关谱实验,选择性激发,扩散系数测定,复杂化学结构的综合解析等;新技术讲习班则多为免费培训,每年不定期举办,内容为介绍新探头或硬件新技术,最新软件,最新技术的应用工作等。

用户交流会:2008 年之前每年都会举办一次带有旅游性质的用户交流研讨会,

为期 5～7 天,收取会务费 1500 元左右(含旅游考察)。每次约有 100 用户参加。会议内容包括国内外 NMR 专家介绍应用技术,Varian 公司专家介绍新硬件软件或新技术,用户之间的应用经验交流。这些年举办的会议地点有甘肃兰州、云南丽江、上海、厦门等地。由于公司人事异动大,用户会议自 2009 年以后已经有多年未曾举办,在 2014 年 8 月重新恢复,在成都举办用户会,但是内容取消了集体旅游项目。

(2)Agilent 的在核磁共振谱仪的售后服务

安捷伦公司在各种分析仪器的售后服务共振一直是有口皆碑的,在售后服务客户满意度的调查中,经常是"全国售后服务十佳单位"的获得者。可能由于刚接手核磁共振谱仪,这些年在售后服务方面有些不尽如人意。

目前 Agilent 已经强化了核磁共振售后服务部门,在北京、上海、天津、长春、武汉、台北等地区都设立有服务站,有十名专业维修工程师,以及三名应用工程师,随时快速响应各地区用户的服务请求。

目前正推广设立"维修服务合同"。在签订的一年内,服务涵盖所涉及的各种维修费用。用户签订维修服务合同后,安捷伦更能为核磁共振客户提供贴身的优势服务选项,得到更优先的响应、24h 的电话支持、特快仪器/模块更换、用户现场预防性维护、远程顾问服务。

对于仪器故障的回应,提供有 800 免费客户服务呼叫中心(800－820－3278),第一时间通过维修工程师讨论分析故障的原因,尽可能进行电话指导排除故障。统计说明,60％的故障都经过电话负的得到解决。其他不能电话解决的维修问题,则通过资深工程师较为准确的判断,为到现场服务的维修工程师提供准确的信息,高效快捷的解决用户的仪器故障。

1.2　布鲁克(Bruker)公司

1.2.1　核磁共振谱仪生产概况

布鲁克(Bruker)公司的全名为布鲁克生物科技公司,成立于 1960 年,以核磁共振起家,目前还经营销售各种著名的分析仪器,员工超过 5000 人,年营业额超过 20 亿美元。创办人为德国人 Gunther Laukien,曾在二战中服役,退伍后组织研发了核磁共振谱仪,公司以太太家族比较易记的姓氏 Bruker 命名。核磁共振谱仪的主要生产基地在瑞士,由于公司主管多为德国人,因此 Bruker 公司产品有瑞士或德国生产两种说法。目前 600M 以下谱仪在瑞士生产,600M 以上谱仪在瑞士与德国两地都有设厂。

Bruker 公司在 1963 年推出核磁共振谱仪,之后在谱仪的研发生产方面,逐渐超越 Varian 公司,推出了世界首台脉冲型核磁共振谱仪,其他杰出的例子有:1971 年推出世界首台傅里叶变化核磁共振谱仪,1979 年推出了世界首台 500M 谱仪,1987 年推出了世界首台 600M 谱仪,1992 年推出世界首台 750M 谱仪,2009 年推出世界首台 1000M 谱仪。

1.2.2 近年来在中国的服务情况

虽然高层主管异动,但是应用部门稳定,每年的用户会议以及培训工作仍然如常进行。

Bruker 的培训:谱仪安装后的现场培训,针对新用户的谱仪操作培训班,以及不定时举办的比较高阶的技术原理及应用讲习班。其中现场培训内容有硬件介绍,探头的调谐演示,文件的备份与恢复,基本氢谱与碳谱操作,各种 2D 谱实验简介,简单故障处理等。举办的谱仪操作培训班,由应用工程师在北京 Bruker 公司应用实验室讲习,有一台 400M 谱仪做当场演示与练习用,新购谱仪者免除 2 人培训费,一般人员收费 3500 元,培训 4~5 天。培训内容有:NMR 原理简介、Topspin 软件介绍、1D 与各种 2D 原理与操作、90°脉冲测定、脉冲梯度场实验、选择性激发、压溶剂峰、扩散系数测定、弛豫时间测定与应用、综合谱图解析等。进阶的技术原理及应用讲习班,不定期在北京或上海举办,培训费 1500 元左右,为期 4 天。培训内容有:脉冲变换原理、谱图参数及应用、同核与异核相关谱、各种二维谱的检测解析与应用、耦合常数与二面角的关系、特殊有机分子结构确认的实验策略、复杂化学结构的综合解析等。

年度的用户交流会议:每年下半年举办,5~8 天,会务费约 1500 元(含几天的旅游考察),参加用户约 150 人。会议内容:Bruker 总部应用专家新技术介绍,国内核磁专家学术报告,用户交流。这些年举办的地点:海南省、四川九寨沟、热河承德、长江三峡、贵州贵阳、云南大理、西藏拉萨、云南昆明等。目前 Bruker 的用户交流会是所有谱仪公司办得最完整成熟的,值得其他公司仿效学习。

1.3 日本电子(JEOL)公司

1.3.1 核磁共振谱仪生产概况

JEOL 是 Japan Electron Optics Laboratory 的缩写,中文简称为"日本电子",是日本生产分析仪器著名的公司。JEOL 于 1956 年推出核磁共振波谱仪(JNM-1),是全球仅次于 Varian 的第二家生产核磁共振波谱仪的公司。目前,JEOL 可以制造300MHz~1000MHz 超导核磁共振波谱仪。JEOL 的第一台 920MHz 谱仪安装于2003 年,930 谱仪安装于 2004 年,研发技术优异。

1.3.2 近年来在中国的服务状况

维修方面:近 20 年来,JEOL 在中国的维修服务一直无法让用户满意。核磁共振维修部门的负责人杨经理,其主要业务其实是电镜方面。杨经理的服务态度亲善,但是核磁共振谱仪的维修技术有限。许多一定难度的故障经常需要请日本工程师过来检修,耗时久而且收费昂贵。谱仪移机的情况更是困扰,中国工程师没有移机能力与器材设备,几位日本工程师专程从日本带来升降场设备的费用转嫁的用户身上,是问题的所在。

培训方面:谱仪购买后有大约 5 天的现场培训,说明仪器技术原理,氢谱与碳谱基本操作,数据处理,仪器基本维护等。之后可以申请加强培训,大约 3 天,进一步加强各种检测操作,数据处理。另有高端应用培训,经双方协商,JEOL派遣原厂应用工程师来用户实验室进行指导,培训较尖端的检测例如2D – DOSY、3D – DOSY、NMR Metabolomics、No – D NMR等。

用户交流会方面:由于用户少以及缺乏经验,迄今未曾办理用户交流会。

1.4 中科波谱(武汉)公司

1.4.1 国产核磁共振谱仪生产与销售概况

中科院武汉物理与数学研究所于2006年承接了国家科学技术部提出的"国产300~500MHz核磁共振波谱仪研制"课题,完成了两台500MHz核磁共振谱仪的研发生产。在2011年继续承接后续项目,完成五台500MHz与一台600MHz谱仪的研制。此段期间,中科院武汉物数所也开始进行国产核磁共振谱仪的产业规划,成立了中科波谱技术有限公司(见图3 – 4 – 2 – 1)。2012年购买与迁入了占地200亩(注:1亩≈666.7m²)的武汉光谷产业园,全面进行谱仪相关部件设备的生产。厂房车间设备完善,流程规划良好。谱仪机柜出厂前都需经过详细的检测验收,并且经过烘干过程,增加对天候更好的稳定性。

图3 – 4 – 2 – 1 国产核磁共振谱仪的分析测试中心

中科波谱技术有限公司设董事会,由物数所刘所长兼任董事长,资深的邱院士兼任总经理,下设销售市场部、工程技术部、生产部、质量部等部门,目前公司专任职工40余人。

生产研发部门是公司的强项,有武汉物数所众多科研课题组做后盾,目前拥有多项专利发明付诸实施中。国产谱仪在磁铁以及探头的生产技术上有待突破。国家已经责成安排中科院电工所以及武汉大连探头厂进行国产磁铁与探头的生产研发。武汉物数所目前也组织了探头的维修与研发小组,与大连探头厂有紧密的合作关系。磁铁方面,在2014年初已经和国际知名生产大型磁体的牛津公司签署了合作协议,将到中国武汉来生产核磁谱仪用的大磁体,展望未来能逐渐掌握磁体生产的技能。

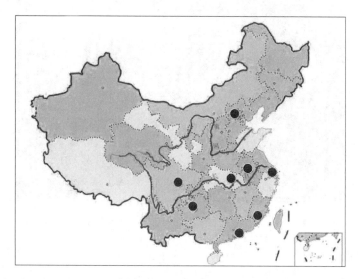

图 3-4-2-2　国产核磁共振谱仪用户地域分布图(2014 年)

1.4.2　目前服务状况

谱仪升级改造:目前已经和国内高校或科研单位,签订了 20 多个谱仪升级改造订单,涵盖了全国八个重要的省市区域(见图 3-4-2-2)。谱仪升级改造,即只保留原来的磁体与探头,其他部件都改成国产的仪器配件,包括机柜、操作软件界面、电脑等。2014 年 6 月刚完成北京大学化学学院原 Bruker 300 兆谱仪的改造,是北京地区的首台谱仪。

谱仪移机业务:目前 Bruker 与 Agilent 两公司在谱仪移机的收费近 20 万元,并且由于业务繁忙,移机时间的排定不好确定。中科波谱公司目前采取低费政策,可以协助各型谱仪的迁移,收费 5~8 万元,并且保障移机后谱仪的正常操作,目前占了不少市场的移机份额,也为这种垄断高收费的业务,带入了一些合理的竞争价格。

探头维修:中科波谱公司成立了探头维修部门,可以进行 Bruker 或 Agilent 谱仪的各种探头的维修,不必再送到国外原厂修理,价格也比送国外原厂便宜许多,算是另外一种新开启的服务业务。

培训方面:谱仪升级改造后,对用户提供 7 天左右的在场服务,介绍新的硬件与软件的使用。对外培训方面,以中科院武汉物化所的名义与背景,每年办理几次核磁共振方面的培训,报名收费每人 2500 元。培训内容偏向于核磁共振检测解谱方面,另有代谢组合在核磁共振的使用上。

用户会议:2014 年起,开始启动用户会议。此种前瞻性与组织能力,是 JEOL 公司应该仿效的。

图 3－4－2－3　国产核磁共振谱仪的机柜烘干测试过程

1.5　小结

评议四个厂家的售后服务：

（1）Bruker 与 Agilent 公司在培训与交流方面有较全面的提供。日本电子 JEOL 可能由于用户少，这些年趋向停滞状况。国产谱仪中科波谱公司，除了目前仪器升级改造时的操作培训外，平时的培训比较偏向解谱的课程，较少涉及自己谱仪进阶的操作演示。

（2）在安装与维修工程师方面，Bruker 的人员最整齐；Agilent 这几年重新招募，仍在调适中；JEOL 开始组织专业的维修工程师团队，由于仪器量少，人员显得不足；中科波谱公司目前有十多个维修工程师从事谱仪移机与维修（包括探头维修）工作，倾全力进入中国的核磁共振市场需求。

（3）应用工程师方面，四家公司都有应用部门；Bruker 的规模最大，每年办理多次 Bruker 谱仪的操作培训，并且在北京拥有一台演示用的谱仪，方面培训的实地操作演示；Agilent 的应用部门规模次之，由于没有演示的谱仪，培训方面不如 Bruker 详细；JEOL 的应用部门人员少，有问题通常需要用户自己找邻近的 JEOL 用户请教。中科波谱公司在办理培训方面特别勤，或许也当成一笔培训收入。可惜平时举办的培训内容偏向解谱知识，还没有涉及本身谱仪的详细操作。

（4）各公司的维修费用都十分昂贵。工程师的出场费是每小时 300 元以上。JE-OL 的维修，如果需要日本专家前来，更是巨额支出，应该设法避免这种现象，迅速培训好中国的工程师。目前中科波谱公司，在维修方面，也能处理其他三家公司的故障问题，包括谱仪移机或探头维修，收费比各公司便宜许多。

（5）在谱仪维修方面，Bruker 公司开设有"谱仪维护"培训专班，但收费偏高，建议在其他讲习班中也能附带维修教学。

（6）Agilent 目前实行签约维修协议业务,可望将维修事业化,并且强调未来采取电话咨询或网络远程登录查看故障原因的服务。如果效果良好,建议其他几家公司都能做出类似的服务。

（7）Bruker 公司在北京总部设有应用实验室,内有核磁共振谱仪随时现场操作演示,学员的培训效果比较好,值得推许。Varian 的上机实习都排定在最末天,应是公司缺少自己的核磁共振谱仪演示导致。建议该公司仿效 Bruker 公司,安置一台核磁共振谱仪,或增加几台电脑让学院培训时能实地操作演练。

（8）Varian 公司目前培训的主轴似乎侧重在 VnmrJ 操作界面,对于旧用户的 Vnmr6.1c 界面的培训力度不够。建议 Varian 公司能免费为数百名旧用户进行软件升级,安装 VnmrJ 界面,以便早日消除新旧用户间的交流障碍。

（9）对于用户交流方面,Bruker 与 Agilent 公司每年的下半期都举办有用户交流会议,选定在某省市风景区。每次参加的用户单位有 100～150 家。Agilent 公司这几年由交接缘故,已经多年没有举办用户会,在 2014 重新恢复。中科波谱公司的国产谱仪,升级改造已经有二十多个用户。

（10）普遍认为目前用户会存在的缺点为:大会报告不够通俗,多流于高深学术课题的报告,建议应着重在用户关系的操作技术心得以及维修经验交流。在认识朋友方面,希望用户会时主办单位能进一步加强提供相互介绍认识的机会,在费用方面,会务费有些偏高,希望能降低或对于多人参加的单位给予折扣。考察这些年参加用户会议的人员,大多数都固定为某些单位,谱仪公司可以积极鼓励平时较少出现的单位人员参加(例如一些财务较差的高校,或忙于工作的药物开发公司)。日本电子 JE-OL 方面,虽然用户少,希望该公司仍能定期安排国内 JEOL NMR 用户间的交流讨论会或成立培训讲习。

2　超导核磁共振谱仪新设备零配件与软件功能的介绍与性能评议

在各种波谱会议场合,包括两年一次的全国波谱学会议,以及地区性的江苏省或北京市核磁共振用户研讨年,或各谱仪公司自己举办的用户会议,都有机会听到各公司对核磁共振新款谱仪或新零配件或软件的介绍。这些信息对于刚买谱仪的单位人员意义可能不大。但是当未来遇到谱仪新性能的咨询时,或日后有机会购买新的谱仪,或想增加一些实用的零配件(例如自动进样品)或考虑软件升级时,就会感觉到需要这方面具体的信息。为此,在本评议中,我们将各谱仪厂商多年来介绍的零配件或软件进行整理与介绍,方便未来有需要者可以做参考比较。

2.1　安捷伦(Agilent)NMR

2.1.1　Agilent 新设备零配件

（1）ProPulse 谱仪与组件

2012 年～2013 年,Agilent 公司在核磁共振谱仪硬件组合上推出了 ProPulse 组件,使得整个系统设计更简单化,操作更快而有效率(见图 3－4－2－4)。谱仪拥有 Direct-

Drive 设计和 DirectDigital 接收机,具有智能化电缆布局,系统连接线少,谱仪的整体体积更小,并且无需特殊电源,更易于安置。模块化的设计和定位便于将来升级方便。

ProPulse 系统高度集成了 Agilent 公司近年来谱仪发展的成果,从仪器的安装、消耗、操作等方面优化了该系统,使其更易于适应各种安装场地,日常消耗更小,并使得各种技能水平的用户都能轻松利用其操作软件获得满意的图谱。

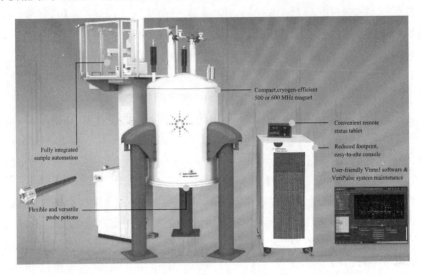

图 3 - 4 - 2 - 4   ProPulse 谱仪组件,系统化繁为简

(2)最新超高场磁体技术

新推出的 700M 与 800M 超高场核磁共振谱仪的磁体,采用了最新超导材料,磁体的体积相对应的缩小(见图 3 - 4 - 2 - 5),降低了实验室场地的要求,也使液氦与液氮的花费大幅度降低。目前国内成功安装的例子有中国科学院上海有机化学研究所、中国上海蛋白中心、香港科技大学的 800MHz 谱仪。

图 3 - 4 - 2 - 5   Premium Compact 磁体

（3）二合一探头（ONENMR PROBE）

20世纪末推出流行一阵的正相与反相探头，最后的评价不佳。虽然设计的用意良好—进行正相或反相实验时分别使用正相与反相探头，以最合适的探头获得最好的检测结果，但是由于更换探头麻烦，导致另一个探头常常沦为备用探头。21世纪初，Varian公司推出了二合一探头（ONENMR PROBE，见图3-4-2-6），对于正相与反相检测都具有很高的灵敏度。因此相当于两个探头的合集。二合一探头还具有抗盐性和抗溶剂性等特点，对氢谱碳谱的测试无需调谐。

图 3-4-2-6　二合一探头

（4）超低温探头技术

未来提高检测灵敏度，各个厂家都研发与提供有超低温探头技术。Agilent公司2001年首次在中国安装了Cold Probe系列的超低温探头。目前拥有许多用户，备受好评。最新推出的$^1H/^{13}C/^{15}N$三共振超低温探头，可以同时对^1H，^{13}C优化并且同时提高两者的灵敏度。由于^{13}C和^1H的灵敏度都提高了4倍，超低温探头在天然产物的结构分析中发挥着越来越大的作用。

针对体液样品和生物分子样品，安捷伦推出的耐盐超低温探头克服了溶液中缓冲剂或者盐分对检测灵敏度的影响。耐盐超低温探头加上3x6 S型样品管的配置使得尿样质子谱的灵敏度提高了45%。高质量的谱图和高灵敏度无疑对生物类样品的自动化分析提供了更强的保障。安捷伦谱仪的低温单元配置与谱仪的组合如图3-4-2-7所示。

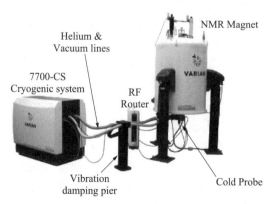

图 3-4-2-7　低温单元的谱仪组合

2.1.2　Agilent 新特色软件

VeriPulse 高效系统界面能够简单直观地优化 NMR 系统,不必有经验的谱学专家或工程师来使系统保持高效运行。匀场、射频脉冲校准、灵敏度测试等困难和耗时的任务,只需勾选 VeriPulse 界面上的选项即可完成校准和测定(例见图 3 − 4 − 2 − 8)。

VeriPulse 以最省事的方式实现最好的效果,工作流程从界面左上角启动,在右下角结束。仅需选择校正测定实验类型等信息,结果可以选择打印或 email 方式提交,并保存于电脑中备查。任何用户均可使用该程序包来全面校准和优化系统而不会相互影响,该程序包能够确保谱仪始终提供高质量的数据。

VeriPulse 的雏形在低版本软件中已经集成。VeriPulse 集成了更多的功能,界面更简单明了,操作更方便容易。可以使得各个级别的用户都能让谱仪运行在最好的状态。

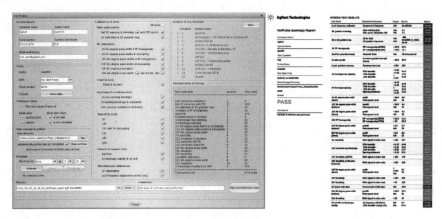

图 3 − 4 − 2 − 8　VeriPulse 界面及报告页

(1)VnmrJ 4.2 操作界面(图 3 − 4 − 2 − 9)

Varian 谱仪于本世纪初推出 VnmrJ 操作界面,更替了使用多年的 Vnmr6 系列。在 2014 年初,发布了 VnmrJ 4.2 版,进一步为用户提供了一个全面、直观的平台,能以更快和更高的效率获得更准确的数据。VnmrJ 4.0 为科学研究和工业应用提供了一整套核磁共振解决方案,既能分析小分子化合物,又能分析大分子化合物。

在 VnmrJ 4.2 中,更改较多或全新推出的工具及其优势中,Adaptive NMR 可根据样品浓度自动调整测量时间,使每个实验只需最少的测量时间,便可获得所需信息并确保结果的可用性;非均匀采样技术全自动设置及图谱变换,能在最短的测量时间内产生尖锐的谱峰,最大程度地提高了检测的工作效率;BioPack Express 对常用的生物核磁共振实验提供一键式设置方式,避免了繁杂的针对不同样品的多参数设置及校正,为以 NMR 为科研工具的生物学家提供了理想的分析环境。

VnmrJ 4.2 的组件中,有一些以不同的名称在低版本的 VnmrJ 软件中已有集成,但 4.0 版本提供了更友好的用户界面,改善了 Biopack、非线性采样及图谱处理等的用户体验,并对其他一些组件进行了细致的完善与优化。这些升级及更新使得谱仪不仅可以更好的适用于不同技术能力的用户,而且同时保证了在共享使用过程中仪器能始终保持最佳的性能。

全球普遍采用的 NMR 数据处理软件 NMRPipe 的整合,图谱处理更专业化,图谱更好、更方便的用于第三方软件。

VnmrJ 4.2 具有很好的功能,但是国内目前多数的安捷伦用户(估计超过 70%)仍然沿用着老旧的 Vnmr6.1c 操作界面。如何导引安装使用 VnmrJ 新界面,有利于用户之间的操作交流,是公司应该考虑设计的课题。

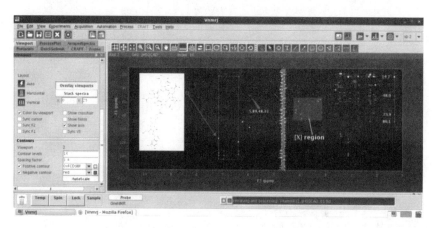

图 3－4－2－9　VnmrJ 4.2 软件操作包界面

(2)CRAFT 软件包

CRAFT 是核磁共振谱图分析工具,可全自动、有效地将采集到的信号还原成一个含有所有共振峰化学位移、振幅和线宽的表格。这一表格可以进一步用于具体的数据挖掘,例如利用特征化学位移表格鉴定混合物内是否含有感兴趣的化合物并获得其定量信息;在代谢组学研究中直接或者对特定化合物的定量信息进行化学计量学分析等。

不同于其它积分或者定量技术,CRAFT 直接应用于核磁共振时域信号(FID),因此避免了由于常见手动步骤(如相位校正和基线校正错误)带来的定量误差。CRAFT 不仅可用于分析液体核磁信号,也可用于分析固体核磁共振信号。其表格可以 MPP(Mass Profiler Professional)兼容的格式输出,并利用 MPP 进行后续的分析。MPP 是安捷伦提供的覆盖化学计量学分析、潜在生物标记物鉴定及代谢通路分析的代谢组学软件平台。

CRAFT 完全集成于安捷伦核磁共振软件 VnmrJ 4.2,可通过相关的弹出界面访问和使用。工作流程在界面内按逻辑顺序排列且所有操作可通过鼠标点击的方式轻松完成。

CRAFT 在复杂图谱的分析,数据挖掘等中有很好的应用,例如用于重叠峰方面的分析(见图 3 - 4 - 2 - 10)。CRAFT(完整还原振幅频率表)"谱图到电子表格"解决方案能最快、最有效地自动量化所有信号;Persona Manager 可以为每一名操作者定制权限、应用类型、用户界面及可操作实验种类等,彻底实现多用户多选择,按需定制的实验界面环境,为不同等级及技术能力的用户选择不同的界面提供了方便。

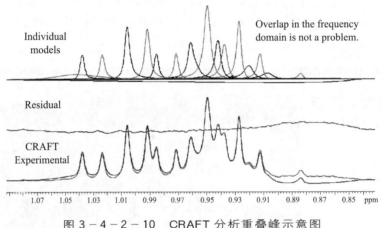

图 3 - 4 - 2 - 10　CRAFT 分析重叠峰示意图

(3)Hadamard 快速多维实验

核磁共振二维谱的检测耗时久。一般对于氢氢进程相关(cosy),氢碳近程相关(hsqc)的检测时间,一般需要 0.5h~1h。氢碳远程相关(hmbc)则需要几个小时,氢氢空间相关的二位 noe 则经常需要 5h 以上。如果样品的量少,检测时间更得加长。以上这些时间的花费,是使用一般的二维傅里叶变化得到的谱图。

安捷伦推出的 Hadamard 变换(取代以前的傅里叶变换),则使二维谱检测的时间,惊人的缩短(见图 3 - 4 - 2 - 11)。

Hadamard 实验是在二维及多维核磁共振实验基础上开发出的一种高级实验。在样品信噪比允许的前提下,Hadamard 实验可以在几分钟内完成。确保了需要很长时间的多维实验能够在几分钟之内完成,现在已经作为一种标准方法提供给相关用户。

Hadamard 快速 NMR 实验对系统硬件的要求很高,必须要有直接驱动的平行架构谱仪、30M 的整型脉冲存储单元,无需正交检测的直接数字检测器等。目前这样的硬件技术已经完备。配合全自动化设备,2500 个二维实验仅需 24h,可以成倍甚至成数量级的缩短普通 2 维实验的时间。

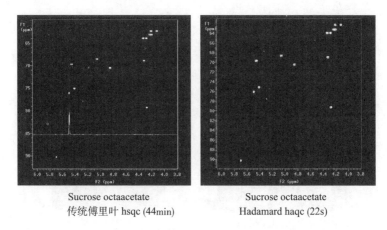

Sucrose octaacetate
传统傅里叶 hsqc (44min)

Sucrose octaacetate
Hadamard haqc (22s)

图 3－4－2－11 传统傅里叶与 Hadamard haqc 对比

2.2 Bruker NMR

2.2.1 Bruker 新设备零配件与软件

（1）US 超导屏蔽技术

Bruker 公司研发了 UltraShield，UltraShield plus，Ascend 和 AscendAeon 等几代超屏蔽磁体。在超高场磁体方面，最新的超屏蔽－超稳定（UltraShield－UltraStabilized）US 磁体提供了最高 1000MHz 的磁体谱仪。传统 900 兆的磁体需要占用两层实验室，凭借在超导材料、连接技术和磁体设计方面的进步，新的紧凑型 Ascend Aeon 900 磁体可以放置在单层实验室。新磁体高度的降低以及最小的漏磁场提供了最大限度的选址灵活性，并降低核磁共振（NMR）实验室准备方面的成本。本项研发结果，获得 2014 年度中国分析仪器年会波谱仪器方面的最佳创新奖。

（2）液氮节省技术

Bruker 的 Ascend 磁体，通过把最新的主动屏蔽技术和集成低振动低温冷头先进冷却设计结合，液氦消耗量比前一代机体降低了 20％～40％，对于 400MHz 和 500MHz 磁体，液氦保持时间可长达一年半。对于 600MHz 以上磁体，可以长达 6～8 年。

（3）液氮回收单元

一般超导核磁共振谱仪需要每隔 7～28 天补加液氮，增加了仪器维护方面的工作负担。Bruker 提供有磁体液氮回收单元，可以将磁体挥发出的氮气收集、压缩液化后重新加注回磁体，避免了重复添加液氮的麻烦。CryoProbes 超低温探头配备了压缩机平台，即 BSNL（Bruker Smart Nitrogen Liquefier）单元，使 Bruker 超低温探头压缩机平台上实现了液氮回收功能，如图 3－4－2－12 所示。没有配备超低温探头的仪器，可以使用近期推出的 BNL（Bruker Nitrogen Liquefier）单元，解决靠近磁体的压缩机带来的振动和影响磁场等问题，使得没有昂贵的超低温探头的情形下也能实现磁体液氮的回收，无需增加很大的成本即可极大简化磁体的维护工作。BNL 适用于 Ascend400 - 700 标准腔磁体。

液氮回收BSNL单元   BNL单元

图 3 - 4 - 2 - 12   液氮回收 BSNL 单元与 BNL 单元

（4）机柜的改良

Bruker 的控制机柜从早期的 D * X 系列过渡到 Avance，Avance Ⅱ，Avance Ⅱ⁺，Avance Ⅲ 和 Avance Ⅲ HD 等系列。早期的 D * X 系列采用分立元件构建方式，Avance 系列则着重于集成化，并且数字控制水平逐渐提高，保证纯净而快速的 NMR 频率输出。机柜体积却逐渐减小。新型的 NanoBay 高集成度设计，将技术性能融入超紧凑外壳中，配备布鲁克的 Ascend300 和 400MHz 磁体，可方便的安置在实验室任何位置。

（5）自动进样器

自动进样器或称为自动换样器（Auto Sample Changer），已成为现代核磁共振波谱仪的一个重要部件。Bruker 在自动进样器的研发方面有着悠久的历史。目前 Bruker 提供有一系列适用不同需求的自动进样器，如下表所示，简述如下：

①SampleXpress Lite（见图 3 - 4 - 2 - 13）：提供 16 个带转子的样品位，取代了较老的 24 位 NMR Case 自动进样器，减少了活动机械部件，使用安全性更高。主要由一个可旋转的圆形样品架组成，置于磁体中心管之上。样品架可轻松取下以更方便地放置样品。

②SampleCase（见图 3 - 4 - 2 - 14）：提供 24 个带转子的样品位。样品架为桌面高度，对于高场谱仪的进样特别方便，无需攀登梯子进样。另外有 Cooled Sample-Case，通过与低温附件配合，可使样品架上的样品处于低温状态，如保存生物样品常用的 6℃，特别适合生物样品的测试。

③SampleXpress（见图 3 - 4 - 2 - 15）：提供 60 个带转子的样品位，取代了 B - ACS 自动进样器，减少了活动机械部件，使用安全性更高。SampleXpress 设计非常紧凑，极大提高了其与各类型磁体的适配度；配备有触摸屏式控制面板；样品架可轻

图 3 - 4 - 2 - 13 SampleXpress Lite 自动进样器

图 3 - 4 - 2 - 14 SampleCase 自动进样器

松取下,方便放置样品。SampleXpress 还可安装条码扫描设备,可实现更加自动化的进样。样品架取下后可直接在中心管中插入固体转子导管或 CryoFit,轻松支持固体探头和超低温探头-液相-固相萃取-核磁联用的切换。

图 3 - 4 - 2 - 15 SampleXpress 自动进样器

④SampleJet(见图 3 - 4 - 2 - 16):是一种方便快捷地实现高通量核磁实验的自

动进样器。有 5 个可放置 96 根核磁管的样品架,另可在外圈放置 96 根样品。机械手自动完成将样品管插入转子并换样的动作。此外还有若干带转子的样品位,总共可放置 6×96 个样品。SampleJet 也可安装条码扫描设备,可实现低温功能,使样品架上的样品处于低温状态。

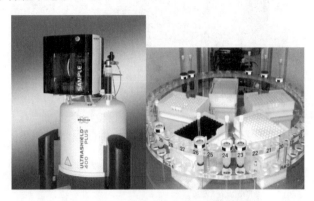

图 3－4－2－16　SampleJet 自动进样器

⑤SampleMail(见图 3－4－2－17):由于高场仪器的磁体都较高,人工进样时需要仪器操作人员爬上很高的梯子才能操作。SampleMail 是一种专为高场仪器设计的液体样品换样辅助设备,它使用了 SampleCase 的样品传送系统,使操作人员在桌面高度就可以完成高场仪器的单次换样。

⑥SamplePro(见图 3－4－2－18):是新式的固体样品自动进样器,有 7mm 20 位样品移机 4mm 40 位样品两种。对半固体样品可以提供自动进样器 SamplePro,可放置 96 个 HR－MAS 半固体样品转子,SamplePro 还可以提供低温选件(48 位样品),最低温度可到−16℃。

图 3－4－2－17　SampleMail
换样辅助设备

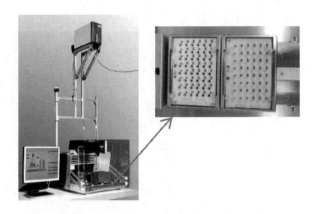

图 3－4－2－18　HR－MAS 半固体
样品转子自动进样器 SamplePro

（6）NMR Thermometer 技术

本技术使得 NMR 实验过程中测量样品的准确温度成为可能。NMR Thermometer 技术通过检测两种氘共振的化学位移差值来实现完全自动化温度控制。与传统的热电偶检测法相比，NMR Thermometer 直接测量样品的实际温度，不依赖热电偶，可以避免在去偶实验或控温气流变化时外部热电偶测温导致温度偏差。如果搭配 Bruker 提供的其他高温或低温附件，将可以实现更宽的样品温度控制范围。Bruker 最新型核磁共振波谱仪 Avance Ⅲ HD 系列谱仪中集成了 BSVT（Bruker Smart multichannel Temperature Control System）温控单元，其与 Bruker BBFO SMART 探头搭配，在不增加其他附件的情况下实现对样品温度从室温到 150℃ 的变温控制，控温精度达 +/−0.1℃。BSVTB 3500 加热功率增强单元可以使得加热温度的上限提高到 400℃，适用于 10mm 液体探头（该探头温度上限为 200℃），WVT 固体探头及 MASCAT 固体探头的高温实验。在低温方面，Bruker 提供了更多样的选择，主要分为两大类：非液氮制冷单元和液氮制冷单元。非液氮制冷单元采用压缩机制冷剂方式制冷，可进行长时间工作，其中 BCU Ⅰ 制冷单元可将 5mm 液体样品温度冷却至 0℃ 左右，而 BCU Ⅱ 制冷单元可将 5mm 液体样品温度冷却至 −40℃ 左右。变温核磁共振实验在物质结构分析和化学反应跟踪等应用中有着重要的作用，因此，样品变温单元是现代核磁共振波谱仪中必不可少的一部分，例如液氮制冷单元则是通过液氮杜瓦中的液氮制冷，又可分为两种类型：其一是热交换式，来自压缩机的气体经过浸泡在液氮中的螺旋管而获得低温，进而冷却样品；其二是挥发式，它不需要气体供应，而是通过浸泡在液氮中的小型加热器的加热使液氮挥发为低温氮气来冷却样品。两类液氮制冷单元的分别搭配不同类型的探头。两类液氮制冷单元的气体传输管可采用不同材质制造，采用 PUR 材料气体传输管的液氮制冷单元可将样品温度冷却至 −80℃ 左右，而采用不锈钢材料气体传输管的液氮制冷单元可将样品温度冷却至 −120℃ 左右。

（7）高灵敏度探头

Bruker 研发出宽带 BBI 和 BBO & BBFO 探头以及三共振 QXI 探头等，具有很高的检测灵敏度。还有最小直径达 1mm 用于生物核磁应用的微量 MicroProbe 探头。灵敏度比普通 5mm 探头灵敏度高 4 倍。20 世纪流行的正相与反相探头，由于更换探头困扰，目前已多鼓励客户采购新研发的正相反相合并的 SmartProbe 探头。单一探头进行氢或碳核相关的实验都具有非常高的检测灵敏度。目前 SmartProbe 的缺点是价格昂贵，少有用户能承担采购第二个做为备用探头。另外，其单独某相的检测灵敏度其实不如以前个别的正相或反相探头。

（8）低温探头技术

Bruker 提供有以下两种低温探头：一个基于闭环循环的氦冷却器（CryoProbe），另一个为开环的液氮冷却系统（CryoProbe Prodigy）。第一种闭环检测线圈的温度更低，与常规室温探头相比，CryoProbe 探头信噪比增加了 5 倍。后者则采用了低温氮气冷却电子线路,降低电子热噪音,仪器的检测灵敏度提高 2～3 倍。而它的市场销售价格约为超低温探头的一半三分之二。使用价格低廉的液氮制冷,运行维护成本相对较低。灵敏度的跃升使得科学家几年前认为样品量太少无法观测的样品进行测试成为可能。

(9)固体检测技术

应用于固体样品测试的固体探头也经过多年发展,已经形成从经典的交叉极化 H/X CP－MAS 探头到宽线 Wideline 探头以及多功能三共振固态双宽带[1] H/X/Y MAS 探头。三叉脉 Trigamma 探头在 MQ－MAS 和 CP/MAS 等技术的应用领域表现出色,它还可提供异核 X/Y 相关技术的能力。可实现各种核组合的 REDOR、TEDOR 和 MQ－MAS 及 HETCOR 等 NMR 实验。揭示不同核之间的空间临近性,进行距离量测,从而提供材料的结构信息。从 20 世纪 90 年代中期的高速旋转(35kHz)MAS 探头发展到 10 年后的直径只有 1.3mm 的超高速旋转(70kHz)MAS 探头,可实现自旋调控新的局面。为了减小潮湿或者含盐生物样品对高功率脉冲的发热效应,还开发了用于静止和旋转固体的 Efree 探头。对于不溶不熔半固体样品和一些生物组织样品测试,提供了高分辨魔角旋转 HR－MAS 探头。通过魔角旋转,可以消除偶极相互作用引起的谱线增宽效应以及样品内的易感性差异,从而得到高分辨质量的谱图。

2.2.2 Bruker 新特色软件

操作软件:Bruker 目前谱仪配置的操作软件为 TopSpin 3。与前一版 XwinNMR 相比,除了早些的 GradShim 模块外,TopSpin 2 以后的系统提供了新型的匀场模块 TopShim。此模块能够对所有的匀场值进行优化,直到获得满意的线性。用户无需仪器公司工程师到现场来帮助匀场,自己就能够利用这个软件,完成线性和分辨率测试。TopSpin 提供有学生版本,让学术研究所和教育机构也能丰富学生的课程。这个软件现行存在的缺点为经常报错,有时甚至无法自动完成匀场。Bruker 公司需要进行努力改进,使其能够达到 GradShim 模块长期稳定可靠的标准。

2.3 日本电子(JEOL)NMR

2.3.1 JEOL 新设备零配件

JEOL 是全世界第二家推出商用核磁共振谱仪的公司。在超高场超导核磁共振的研发与推出上屡有创新之举,于 21 世纪初推出的如 930MHz 谱仪(见图 3－4－2－19)。这些年来,其研发出的特殊零配件如下:

(1)升温实验不需氮气保护的探头:一般探头进行高温实验,温度大于 80℃ 就需要改用氮气,防止探头氧化老化。JEOL 提供的探头则没有这种限制,升温实验时不需要氮气保护,也不需要特殊转子,因为 JEOL 探头的独特设计可以让加热后的空气从磁体下方排出,不会接触到转子和对温度敏感的室温匀场线圈部件。

(2)高灵敏度的低温探头:SupperCOOL 液氮低温探头,灵敏度可达室温探头的 3 倍以上,性价比极高;UltraCOOL 液氮低温探头,灵敏度更可达室温探头的 10 倍以上。

图 3－4－2－19　JEOL 于 21 世纪初推出的 930MHz 谱仪

（3）全自动 No－D 技术：JEOL 在液体核磁上有全球独有的全自动 No－D 技术，即检测时不需使用氘代试剂。这种技术特别适合有机合成专业，通过减少萃取干燥等步骤，不仅可以快速的鉴定目标化合物，还可以节省氘代试剂的消耗。

（4）固体液体探头之间的快速更换：许多单位购买有核磁共振固体与液体联用谱仪，但是一直都困扰于探头之间的互换，多年后终于都另外购买谱仪，将原来的联用仪转成固定固体或液态单一检测之用。JEOL 设计了一套系统，配置了液体和固体应用模块，使得固体探头和液体探头之间的更换，变得非常的简便。

（5）极具特色的固体核磁 0.75mm 和 8mm 探头：在核磁共振探头种类上，JEOL 在窄腔磁体上，可运用 0.75mm、1mm、2.5mm、3.2mm、4mm、6mm、8mm 等探头，其中最有特色的是 0.75mm 和 8mm 探头。0.75mm 探头的最高转速可达 110kHz，可以获得固体样品的高分辨 ^{1}H 谱。8mm 探头可以装 616μL 的样品，是窄腔固体核磁上最大装样量的探头，除了可在更短的时间内收到满意的 ^{13}C 谱之外，在测定 ^{29}Si、^{15}N、^{43}Ca 等核种时，在灵敏度或采谱时间上有无法替代的优势。

（6）魔角梯度自动匀场技术：JEOL 固体核磁的另一个重要技术亮点是。传统上认为，在运用固体核磁时，无法使用液体核磁的梯度匀场技术，只能用手动匀场。这比较费事费时，而且对操作者经验有一定要求。通常，我们认为固体核磁对谱线线形要求不高，兼之考虑到手动匀场的麻烦，很少在测样前去匀场。但如果我们要获得高分辨的谱图，要获得漂亮的线形，又或者更换了探头，匀场步骤实际上不可或缺。JEOL 的"魔角梯度自动匀场"就类似液体核磁中的"自动梯度匀场"，可以让用户在每次样品分析前，花上 2min 左右的时间，让谱仪完成自动匀场过程。在同样的场强、转速条件下，经过匀场后采到的谱图在分辨率、线形上自然要更胜一筹。另外，"魔角梯度自动匀场"技术的运用，解决了另一个麻烦——探头的更换。

2.3.2　JEOL 新特色软件

（1）Delta 软件：可切换英、日、中、俄语言。JEOL 软件的特点为容易操作，目前软件的指令可以全部用鼠标完成,不需要命令输入。除了一些常用的傻瓜式测定外,用户也可以根据自己的喜好进行任意的修改和保存。Delta 软件还含有 90 度脉冲自动测定,T1 弛豫的自动测定,自动匀场(包括 X,Y 轴),定时控温,定量分析等功能。Delta 的数据处理软件可以打开所有其它厂家的数据。

(2)DOSY 分离实验:JEOL 的 DOSY 扩散实验非常有特点,可以说是业界最好。DOSY 实验是看两个完全一样的梯度场脉冲中间的扩散现象,只有当梯度场的线性和稳定性非常好时才能得到效果很好的谱图。JEOL 探头的梯度场线性非常完美,一直受到同行的推许。

2.4　国产中科波谱–NMR

武汉中科波谱科技有限公司是中国科学院武汉物理与数学研究所的所办企业,在国家"十一五"支撑计划"300MHz～500MHz 核磁共振谱仪的研制"课题以及"十二五"国家重大科学仪器设备开发专项"500MHz 超导核磁共振波谱仪的工程化开发"等重大科技项目的支持下,在大型超导核磁共振谱仪的生产上有很大的突破。

2.4.1　新设备零配件

这些年来在谱仪生产上,器件的研制获得以下成就:

(1)自主研制的 500MHz 核磁共振波谱仪(见图 3 – 4 – 2 – 20)和 Bruker 公司成熟的 500MHz 谱仪进行了对照实验室研究,获得技术的肯定与自信,并且具有许多自己的特点。目前国产谱仪的相关硬软件发明已经成功的用于以下单位:国家强磁场中心利用国产谱仪控制台成功的采集获得国内最高稳态强磁场(磁场强度为 29.89T)下的核磁共振信号;成都爱斯特制药有限公司每天采样 50 支以上,持续性良好;湖北大学的 400MHz 谱仪向学生全面开放使用,适用于多种课题组的检测;成功地开发出了纸张固体表面施胶剂新配方产品,已投入工厂生产;中科院贵州省天然产物化学重点实验室使用国产 500MHz 谱仪系统有效的建立西南地区特有的天然产物基础数据;武汉中科麦特技术有限公司使用 500MHz 谱仪开始建立代谢组学科的小分子代谢物数据库。另外,这几年生产或升级改造的谱仪,使用的单位如下:自主研制的谱仪现已在中国科学院武汉物理与数学研究所、武汉大学、湖北大学、北京大学、中科院贵州省天然产物化学重点实验室、成都爱斯特制药有限公司、厦门大学、中国科学院北京电工所等十余家单位运行,并在武汉光谷建立了开放核磁测试中心,已正式开始向社会提供测试服务。

(2)研发出分布式核磁共振仪器控制方法,突破了全数字化谱仪关键技术,研制了具有自主知识产权的高场核磁共振仪器控制台及相关软件。控制台系统的研制不仅成功打破了国外高场核磁共振仪器技术的长期垄断,而且项目组发明的"基于网络的分布式控制台技术"、"谱峰–基线临界点自动相位校正技术"、"准基线点迭代自动基线校正技术"等技术,可更有效地满足各种代谢组学等新兴学科对磁共振实验的新需求,相关成果已发表在 Journal of Magnetic Resonance 等核磁共振顶尖杂志上。

图 3 - 4 - 2 - 20　武汉光谷测试中心 500MHz 谱仪

（3）在核磁共振谱仪生产的相关研发上，项目组已发表了 20 余篇文章并且申请多项专利；目前获得授权专利 6 项，审议中的发明专利 9 项，软件著作权 9 项，并于 2013 年度获得"湖北省技术发明一等奖"。

（4）生产组装的超导核磁共振谱仪具有以下特点：①采用网络的分布式架构设计，各模块可独立工作，通道数量可任意扩展，并可根据用户需求定制；②数字化接收机采用直接中频采样和数字滤波技术，有效地消除了传统仪器固有的镜像干扰信号；③基于 CAN 总线的控制器设计，系统高度集成，结构简洁。工艺流程见图 3 - 4 - 2 - 21。

（5）控制台广泛应用：自主研制的控制台已应用于多项国家重大工程和科研项目，包括国家强磁场重大科技基础设施项目（国家大科学工程）"稳态强磁场实验装置"、国家重大科研谱仪设备研制专项"9.4T 超高场人体代谢成像仪"项目、国家重大科研谱仪设备研制专项"用于人体肺部重大疾病研究的磁共振成像谱仪系统研制"等。

2.4.2　新特色软件

（1）操作平台：自行研发的 SpinStudior 操作平台（见图 3 - 4 - 2 - 22），控制及数据处理软件上采用跨平台设计方案，可运行于 Windows Linux 等环境，集成了图形和命令行两种控制方式，并支持各种仪器数据 Varian，Bruker，Mestnova 之间的转换；提供高效的自动匀场功能和优秀的自动数据处理算法，可为用户节约大量宝贵的机时。

（2）脉冲序列：由我国自行编写集成，程序成熟实用，提供图形化的脉冲序列编辑器（见图 3 - 4 - 2 - 23），实现无编程基础的核磁用户也可方便灵活地编写定制脉冲序列；实验参数可自动优化，无需繁杂实验参数设置。

（3）代谢组学的实验分析：完全满足代谢组学相关实验分析，采集的核磁谱图多变量分析结果如图 3 - 4 - 2 - 24 所示。

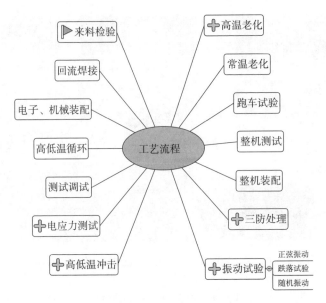

图 3-4-2-21　国产谱仪的工艺流程

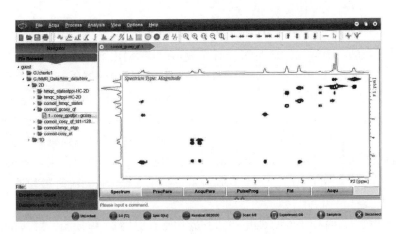

图 3-4-2-22　SpinStudio 操作平台

3　鉴定化合物结构的新型小核磁共振谱仪的介绍评议

为了求取检测的灵敏度与分辨率,核磁共振谱仪厂商一直致力于更高场谱仪的研发与生产。在 2009 年推出了 1000MHz 谱仪。但是近几年发生一些罕见的现象,许多小型谱仪(小于 200MHz)盛大宣传其用了检测化合物结构的能力,并且在市场也逐渐具有一席之地。这种奇特的现象,值得令人关切,了解具体情况。

本期评议,我们将介绍目前活跃在市场上的两个小型核磁共振谱仪的情况。一个是著名的牛津公司推出的 60MHz 谱仪,一是新推出的超小型 picospin 谱仪。这种小型

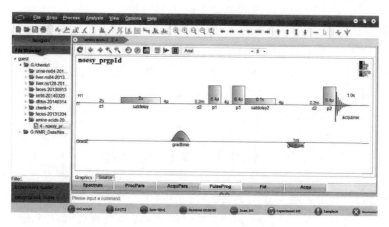

图 3 - 4 - 2 - 23　脉冲序列编辑器

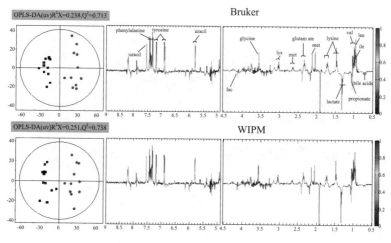

图 3 - 4 - 2 - 24　代谢组学谱图分析

谱仪的共同特色是使用永磁体制作,因此生产成本便宜,连带谱仪的运行维护费用也相对便宜,免除了液氮与液氦的耗费。虽然谱仪兆数小,检测的灵敏度与分辨率远不如高场谱仪,但是在新价格的考虑上,如果能够到达一些化工厂或药厂在检测上的需求,仍然存在有购买使用的价值性。本次评议,将就这两种谱仪进行介绍评议。

3.1　牛津 60M Pulsar 小谱仪

牛津仪器公司 1959 年创建于英国牛津,生产多种分析仪器、半导体设备、超导磁体、低温设备等高技术产品。牛津仪器是科学仪器领域的跨国集团公司,拥有分布于英国、美国、芬兰、德国和中国的十几个工厂,数十个分公司和办事处,业务遍及一百多个国家和地区。产品于 1970 年进入中国市场,在北京、上海,广州和成都都有分公司或办事处。在上海有生产研发和全国售后服务中心。

在 1970 年,牛津仪器就已经是小型台式磁共振仪器开发的先驱,在全球推出了上千台第一代连续波(CW)技术的磁共振仪,许多这些早期的仪器仍然应用在巧克力中脂肪测量,油籽中的含油量检测,以及航空燃油中的含氢检测。随着脉冲磁共振技术替代连续波磁共振技术,牛津仪器也相应地推出一系列台式磁共振分析器,引领台式磁共振的市场与技术上的进步。

近期比较知名的台式磁共振分析仪为 MQC 系列,由永磁磁体构成,氢共振频率为 23MHz,具有直径 10mm、18mm 和 26mm 等多个不同的规格的探头。探头的盲区时间小,减少了样品中快速衰减的固体信号的丢失。对氟含量的检测则有直径 26mm 的氟探头。MCQ 磁共振分析仪主要用于农业和食品和化工产品中的成分含量检测。

2013 年,牛津仪器推出了能够检测吸收频率,或判断吸收峰化学位移的核磁共振波谱仪 Pulsar(见图 3-4-2-25),属于新一代中分辨率的台式磁共振分析仪,能够由信号峰化学位移的信息对化合物的结构进行辨识。这是牛津公司开始跨入化合物结构鉴定的尝试。

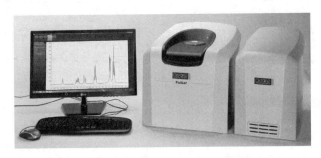

图 3-4-2-25 Pulsar 磁共振波谱仪全貌

Pulsar 磁共振波谱仪推出以来,在欧洲获得一定的认可。Puslar 在检测化合物结构,只相当于 60M 谱仪,检测的灵敏度与分辨率有限,无法和目前一般高校使用的 400M 以上的谱仪相比较,用于未知物的鉴定,存在一定的局限性。但是由于谱仪是永磁体制作,价格便宜,维护费用也低廉,没有液氮与液氦的花费;谱仪小,占用实验室空间有限。在一些实验教学方面,或化工厂药厂生产一些结构简单或确定的中间体化合物时,能够进行反应的追踪,具有简便检测的效果。

Pulsar 的指标与其他部件简单介绍如下:

(1)检测指标:氢共振频率为 60MHz,磁场强度为 1.4Tesla,为稀土参与的永磁体,具有极高的磁场均匀度。对于标样乙基苯的检测分辨率小于 1Hz,灵敏度大于 20:1(1%乙苯,单次扫描)。

(2)样品制备:使用标准 5mm 内径的核磁共振样品管,样品溶液量约 $200\mu L$ 样品。核磁管和大型谱仪使用的一样,有利于对样品制备与检测操作的熟悉程度。也可以使用实验室现有的核磁管进行检测,节省一些资源。算是合理的设计。

(3)样品检测:测量简便快速,在几秒的短时间内获得常规波谱,使 Pulsar 成为可用于监视和了解反应过程的一个完美工具(对化学反应的研究者来说这是非常理想的功能)。

(4)安装环境:占用的空间非常小,适用于几乎任何实验室,实验室任何位置,在化学实反应器皿边上或工业生产线附近,无需设置一个对健康和安全有特别要求的独立房间。

(5)运行成本:运行成本低是本仪器的最大特色。只要求一个标准的电源供应电力,不需要其他外部服务。

(6)操作界面:Pulsar 的软件可在基于 Windows 7 或 Windows 8 操作系统下的标准 PC 机上运行。软件包含 Pulsar SpinFlow™ 仪器控制软件,用于仪器的参数设置和数据采集。SpinFlow™ 软件的图形界面可让用户快速、简易地进行常规波谱采集、弛豫测量或高端数据采集等常规实验。仪器通过一个直观的无缝的工作流程包进行控制。

(7)谱图处理软件:进一步的数据处理采用来自 Mestrelab 强大且具有工业领先的 Mnova 软件。这是很聪明的方法,厂商不必自己研发自己的操作界面,节省许多成本,得到的 fid 通过知名的 MestreNova 处理处谱图讯号。

(8)仪器参数设定和数据采集通过直观的工作流程完成,无论是 NMR 的初级用户还是经验丰富的磁共振波谱专家使用起来都极其容易。从任务设置到对样品测试时进行仪器的性能优化,仪器为这些常规自动化的操作提供了快速简单的路径指引。

(9)应用领域:化学合成中间体检测,高校有机实验的产品结构验证,药品及化工行业生产过程的反应监控,实时收集数据生成特定官能团在反应混合物中的反应特征图,从而使各反应阶段的波谱可视对比更容易。

3.2 picoSpin - 45 与 picoSpin - 80 介绍评议

美国 PicoSpin 公司在 2010 年推出全球首台微型核磁共振波谱仪 picoSpin - 45(见图 3 - 4 - 2 - 26),可以用来检测化合物的结构。谱仪只有鞋盒大小,比一般核磁共振谱仪的体积缩小了 100 倍左右,检测分辨率可达 0.1ppm,可以应用在多种简单化工产品检测以及化学教育等方面。该产品具有低成本、安置方便等优点。2011 年本发明获得了自然科学和医学领域的爱迪生最佳新产品奖;2012 年获得 R&D Magazine 颁发的 R&D 100 大奖。

2013 年 2 月,赛默飞世尔科技公司收购了 picoSpin,将该产品整合到分析技术部门中的化学分析业务,增强补全了该公司整个仪器分析产品系列。picoSpin 的研发队伍于 2013 年年底,进一步推出了检测灵敏度更好的 picoSpin - 80(见图 3 - 4 - 2 - 27)。

核磁共振谱仪的基本原理是原子核在强磁场下吸收无线电波,因此仪器的主要关键器件为强磁体部件。1953 年全球首台商用核磁共振谱仪其实只有 30MHz,因此

图 3－4－2－26　picoSpin－45 谱仪

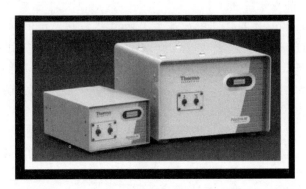

图 3－4－2－27　赛默飞世尔的 picoSpin 微型核磁共振波谱仪

picoSpin 的 45MHz 已经超越了当时的磁场需求;加上这几十年发展的匀场调试以及傅里叶信号累积技术,谱图处理的窗函数调整技术,检测的效果比早期的情况好上多倍。磁体方面,近几年在人工永久磁体的生产技术研制上,能获得强度大体积小的永磁体。使超小型 picoSpin 核磁共振仪成为可能。

超小型谱仪衍生出来的好处,明显的有体积小,安置方便,甚至可以随身携带。由于器件小巧,价格相对便宜。维护费用方面,不必像大型超导谱仪需要液氦以及液氮每年近 3 万元的耗费。

需要考虑的是:谱图检测效果是否可以达到用户需求。此涉及性价比的分析评估。45MHz 或 80MHz 得到的谱图,自然不如大型谱仪的检测效果。但是,如果分子结构不是特别复杂,检测能够达到某种辨识与应用的地步,则此种小型谱仪将具有一定的存在意义与空间。例如可以应用在有机实验课学生教学上,让学生在实验后可以检测合成产物的谱图获得实验成功的真实感体验。在某些化学工厂上,生产的化合物中间体,可以利用监视某个特别信号峰的生成或消失情况,判断生产过程的结果。这些涉及反应追踪或反应动力学,则更不拘束于每个信号峰的完美情况。

两种谱仪的一些数据,比较如表 3－4－2－1 所示。

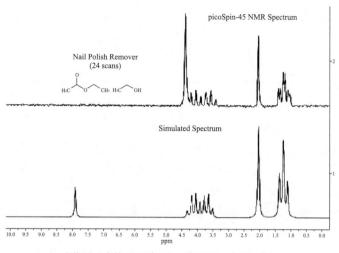

去指甲油水核磁图谱（含乙酸乙酯，乙醇，水）

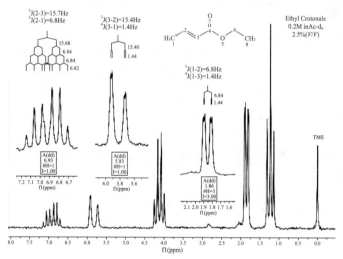

图 3 - 4 - 2 - 28 picoSpin 的谱图检测效果

表 3 - 4 - 2 - 1 picoSpin - 45 与 picoSpin - 80 的比较

项目	picoSpin - 45	picoSpin - 80
共振频率	45MHz	82MHz
磁场强度	1.4T	22T
尺寸(cm³)	17.8×14.6×29.2	43.2×35.6×25.4
重量	47kg	19kg
检测信噪比	300∶1a	500∶1a
检测分辨率	0.1ppm	0.05ppm

续表 3-4-2-1

项目	picoSpin-45	picoSpin-80
样品注射量	20μL	40μL
市场推出时间	2010 年	2013 年

其它共同相关数据：

——使用电源：可以是 115 或 230V(AC)，50/60Hz；

——仪器的零配件组合：包括永磁体、发射器、接收器、数据采集器、可编程脉冲序列发生器、以太网接口和直观的基于 Web 的控制软件；

——进样：毛细管进样。通过微量注射器，将 20μL～40μL 的样品溶液注射入样品进样口内的毛细管内，毛细管为四氟乙烯材质；

——检测核素：氢谱或氟谱，二者不可自行转换，近期氢谱将加入 T1 检测；

——恒温检测：为了维持磁场强度的稳定性，谱仪温度恒定设置在 36℃；

——例行匀场：建议每天早上，对标准样品(例如水样)进行匀场 50 次。仪器将把最佳匀场(信号峰最高)的数值记录下，作为之后检测的匀场数值；

——进样管道清洗：可以用水或有机溶剂清洗管路。粗检没有上个样品的残余峰存在；

——谱图处理软件：MestreNova。

第五节　微观结构分析技术

一、微观结构组仪器综述

微观结构组主要涉及扫描电子显微镜、透射电子显微镜、X 射线衍射仪、电子能谱仪等大型分析仪器，BCEIA'2013 上多以展板和样本的形式展示。BCEIA'2013 的微观结构组各类仪器综述如下：

1　透射电子显微镜发展概况综述

相对于常规钨灯丝枪透射电子显微镜，场发射枪透射电子显微镜由于能够提供高亮度、高相干性的电子光源，因而能在原子 1nm 尺度上对材料的原子排列和种类进行综合分析。初步估计，目前我国大约有数百台场发射枪透射电子显微镜。与此同时，场发射枪透射电子显微镜正大力开发新一代单色器、球差校正器等先进技术，以进一步提高场发射枪电子显微镜的分辨率。

一般情况下，常规的钨灯丝透射电镜的球差系数 Cs 大约为毫米级；现在的场发射透射电镜的球差系数已降低到 Cs<0.05mm，甚至更小。常规的钨灯丝透射电镜

的色差系数约为 0.7mm;现在的场发射透射电镜的色差系数已减小到 0.1mm,甚至更小。其中物镜球差校正器将场发射透射电镜分辨率提高到信息分辨率。即从0.19nm,提高到 0.12nm,甚于小于 0.1nm,或更高的信息分辨率。

2008 年,清华大学购置我国第一台 300kV 带球差校正器的场发射透射电镜 Titan80kV~300kV,这是当年世界上功能最强大的商用透射电子显微镜。场发射枪透射电子显微镜,结合目前的 STEM 技术、能量过滤电镜等,已经成为材料科学研究、生物医学必不可少的重要分析手段和工具。

近几年,在 120kV 常规钨灯丝枪(或 LaB6 灯丝)透射电子显微镜的系列产品中,无荧光屏、全数字化、大集成线路设计的 120kV 透射电镜,受到电镜工作者尤其是生物医学领域的电镜工作者的重视。目前,日本日立公司的透射电镜 HT7700 有此功能。最新推出的 120kV 透射电镜 HT7700 Exalens 机型,继承了标准版 HT7700 免荧光屏设计、全数字化、大集成等优点和创新点,仍然保留双隙物镜的设计,设计使用高分辨物镜,标配 LaB_6 灯丝,性能实现突破性提升。此机型分辨率可保证 0.144nm(晶格像),成为目前国际市场上唯一一款 120kV 透射电镜中分辨率最高的机型。

近期,在国内外的透射电子显微镜产品研究中,出现了光发射透射电子显微镜。这里的光可以是:紫外光、X 射线光、激光,或某波段的可见光等。光发射透射电子显微镜利用某种光来激发固体表面,然后采用电子光学系统记录表面发射的光电子,并进行成像,从而实现在实时、原位、表面、动态过程中的成像。这在催化、磁学、薄膜生长、材料、甚至生物医学等领域有非常重要的应用前景。

这种光发射透射电子显微镜,被简称为 4D 透射电子显微镜,即 4DTEM。国际上,美国的 FEI 公司已经推出这款产品;国内一些国家级科研单位和大学在积极研讨或引进这款产品。几年前,中国科学院中科科仪公司和大连化物所合作进行了光发射电子显微镜(PEEM)的研发,并已经有两台样机生产出来并投入使用与研究。

2 扫描电子显微镜发展概况综述

扫描电子显微镜的最主要组合分析功能有:X 射线显微分析系统(即能谱仪EDS),主要用于元素的定性和定量分析,并可分析样品微区的化学成分等信息;电子背散射系统(即结晶学分析系统 EBSD),主要用于晶体和矿物的研究。

随着现代技术的发展,扫描电子显微镜组合的新的分析功能相继出现,例如显微热台和冷台系统,主要用于观察和分析材料在加热和冷冻过程中微观结构上的变化;拉伸台系统,主要用于观察和分析材料在受力过程中所发生的微观结构变化。扫描电子显微镜与其他设备组合而具有的新型分析功能为新材料、新工艺的探索和研究起到重要作用。

近几年,在扫描电镜领域,除发展大型的高分辨场放射 SEM 外,一个方向是为了更广泛的普及这种仪器。许多仪器生产厂家,专业研发并生产了多款台式扫描电镜。相对于传统大型 SEM,台式扫描电镜体积小巧、操作简便、价格便宜,最大放大倍数在100000倍左右、可快速抽真空,不用喷金就可测量不导电样品。此类新型仪器的出现填补了光学显微镜与传统大型扫描电子显微镜之间的空当。台式扫描电镜是一种全新的设计,其结合了光学显微镜与传统扫描电镜的优点,保留了扫描电镜较高的放大倍数和大景深,价格为传统电镜的几分之一,可广泛应用于材料科学、纳米材料、生物医学、食品药品、纺织纤维、地质科学等诸多领域的观察分析。配置能谱仪,也同样能进行样品的成分分析。另一个动向是发展使被分析样品更接近实际使用状态的环境扫描电子显微镜,在自然状态下观察样品表面的图像和进行微区元素分析。

环境扫描电镜的特点:普通扫描电镜的样品室和镜筒内均为高真空(约为10^{-6}个大气压),只能检验导电导热或经导电处理的干燥固体样品;低真空扫描电镜可直接检验非导电导热样品,无需进行处理,但是低真空状态下只能获得背散射电子像。此外,环境扫描电镜还具有以下主要特点:样品室内的气压可大于水在常温下的饱和蒸汽压;环境状态下可用二次电子成像,成像效果更佳;可观察样品(-20℃~$+20$℃温度范围)的溶解、凝固、结晶等相变动态过程。

环境扫描电镜的应用:环境扫描电镜可以对各种固体和液体样品进行形态观察和元素(C-U)定性定量分析,对部分溶液进行相变过程观察。对于生物样品、含水样品、含油样品,可在自然状态下直接观察二次电子图像并分析元素成分,获得的信息更真实可靠,大大扩展了扫描电镜的应用范围。

3 X射线衍射仪发展概况综述

近年来,在我国销售X射线衍射仪的主要厂商,依旧是布鲁克、理学和帕纳科三家公司,其中布鲁克的销售量略占优势。尽管水泥、钢铁等产业的产能过剩导致相关企业的购买量下降,但国家在教育科研方面的投入增加使得相关的进口量至2013年无明显下降。相关仪器公司反映:2014年起,多晶衍射仪的订货量开始下降;单晶衍射仪(主要是小分子)的订货量快速增长。后者可能反映了我国制药等行业的发展态势。

来自国产衍射仪厂家的消息,国产衍射仪的年销售量约60~70台,但销往影响力大的实验室数量极少。近年来,进口仪器在技术方面,除自动化程度进一步完善和提高(免调试、自动附件识别等)外,值得关注的重要进展有两点:

其一,探测器的能量分辨率不高,以致衍射谱的本底较高而影响灵敏度。如今,布鲁克公司推出了具有高能量分辨率的LYNXEYE XE探测器,具有快速测量的特点;新的这种LYNXEYE XE探测器对铜靶K-alpha射线的能量分辨率可达约650电子伏特,可与传统的石墨单色器媲美,甚至略有胜出。因此被认为完全可以取代石墨单色器和镍滤片,在技术上完善了衍射仪探测器的更新过程。好像此项技术并无专利,估计其它公司会快速跟进。

其二,物相鉴定(定性分析)数据库的更新。ICDD的PDF数据库,有版权问题,且需年年交费以更新,价格过高且十分麻烦,致使我国绝大部分衍射仪实验室不能做到年年更新。近年来,有了开放的COD单晶数据库,且可以由此库计算出多晶衍射仪物相检索用数据库。此 COD 数据库是开放使用的,使用者可以自行下载,使用时只需引用指定的相关文献即可。因此上述三家衍射仪厂商均已使用了源自 COD 的多晶衍射检索库,大约其销售使用率已达约 90%。

国内的另一个重要进展是科技部设立了国家重大仪器专项,这是发展我国科学仪器事业的划时代的举措。我国丹东的两个仪器厂家分别于 2012 年和 2013 年获得了多晶衍射仪和单晶衍射仪的立项;如能高质量地完成,国产衍射仪的水平将能大幅度提高,但尚需艰苦努力。在数据库方面,我国已有单位基本完成了源自 COD 的多晶衍射检索库和自行开发的相应检索程序,估计 2014 年内即可全部达到商用水平。

4　电子能谱仪发展概况综述

生产光电子能谱仪的主要厂家有:赛默飞世尔公司;岛津公司;日本真空技术株式会社－PHI;日本电子公司;北京汇德信 Omicon 公司;瑞典 VG Scienta 仪器公司等。随着我国材料科学、化学化工、半导体及薄膜、能源、微电子、信息产业及环境领域等高新技术的迅猛发展,表面分析技术在过去的几十年中有了长足进步,在科学研究领域作用日益增长,各行业对光电子能谱仪的需求大大增加。以前,我国一年仅引进几台光电子能谱仪,近年来每年需要引进十几台不同型号的光电子能谱仪,甚至更多。目前,各电子能谱仪厂商在进一步提高仪器检测灵敏度、改善荷电效应、分析功能化及智能化等方面有较大发展。

光电子能谱仪上的 X 射线源多选用单色化的微聚焦 X 射线源或扫描 X 射线探针与传统的双阳极($MaK\alpha/AlK\alpha$)比较,其排除了卫星峰干扰,分辨率大大提高,样品磁透镜和电子传输透镜结合使灵敏度大大提高。当然,如果需要的话,也可以增加双阳极的配置。

微通道板检测器更多地应用于光电子能谱仪上。微通道板(简称 MCP)是由 $10^6 \sim 10^7$ 根规则排列的毛细玻璃管阵列熔合而成的电真空器件,此毛细玻璃管由特种玻璃制成,经过氢还原处理后,在其通道的内表面和一定深度内,获得了连续的二次电子发射层和半导体层,在其两端加上电压,即可实现二次电子的倍增。其具有体积小、重量轻、空间和时间分辨力好、增益高、噪声低、抗电磁场干扰等优点。主要用作 XPS 成像系统的检测器,也可用作 XPS 谱的检测器。由于传统的通道电子倍增器具有体积小,结构简单,增益高、噪声低、响应速度快、耗电小和使用寿命长等优点,仍广泛用作 XPS 谱的检测器。

荷电中和系统是 XPS 谱仪重要部件之一,该技术主要包括:双束电荷中和系统(电子束和离子束);依靠磁浸透镜的电子云中和技术等。用于深度剖析的离子枪也是 XPS 谱仪的重要部件之一,其类型主要有:PAH(六苯并苯)的新型离子枪、C60 离子枪、单原子和气体团簇离子枪。大多数电子能谱仪上配备有 Ar 离子枪,用于样品表面清洁和进行深度剖析。但是,在深度分析中常常会遇到择优溅射、还原效应、表面粗糙、表面损伤等问题。近几年来,离子刻蚀技术有了长足进展,新型离子枪极大地减小了表面损伤,可以更真实地反映深度分析信息,尤其可以实现有机物深度分析。有几款离子枪分别来自 PHI 公司、岛津公司和赛默飞世尔公司,将有专题论述。

此外,还有适用于薄膜无损深度剖析的光电子能谱仪,可以实现对不同角度出射的光电子同时获谱,实现真正的角分辨 XPS,主要是样品表面几个纳米厚度内的元素及其化合态的定性定量分析。光电子能谱仪在表面工程中涉及的镀膜成分、缺陷、腐蚀及失效方面,以及研究超薄薄膜、大尺寸半导体晶片和微电子器件等领域有着广泛的实际应用。

还有一个发展动向值得关注,就是分析样品更接近实际使用状态的近常压光电子能谱仪。一些生物样品、含水样品、含油样品、不易抽真空样品,均可以进行 XPS 分析。这将在医学生物等领域有较广泛应用。目前该仪器在国内屈指可数。

二、仪器评议专题

1 无荧光屏、全数字化、大集成线路设计的 120kV 透射电镜最新发展情况

国际市场上,有 120kV 透射电镜产品的公司有三家:美国的 FEI 公司、日本的电子公司和日立公司;在我国市场上,销售无荧光屏、全数字化、大集成线路设计的 120kV 透射电镜的公司,只有日本日立公司。以下对日立透射电镜 HT7700 产品进行介绍:

1.1 机型特点

日立最新推出 120kV 透射电镜 HT7700 Exalens 机型,该机型继承了标准版 HT7700 免荧光屏设计、全数字化、大集成等优点和创新点,保留了双隙物镜的设计,使用高分辨物镜,标配 LaB6 灯丝,性能实现突破性提升。此机型分辨率可保证 0.144nm(晶格像),为目前市场上 120kV 透射电镜中分辨率最高的机型。

1.2 市场应用范围

日立透射电镜 HT7700 广泛应用于纳米材料、软材料、生物医学研究领域中。高分子聚合物系列软材料,其样品组成元素多为轻元素,在高的加速电压下很难得到高衬度图像,在低的加速电压(120kV)下可得到较为理想的图像。高分辨物镜可保证 0.144nm 的分辨率,能够满足用户对高分辨图像的要求。

1.3 主要技术参数指标

1.3.1 分辨率:0.144nm(晶格像)@120kV。

1.3.2 放大倍率:

(HC Zoom)×200~×300000(31 步)

(HR Zoom)×2000~×800000(26 步)

(×2000~×100000 HR Zoom;SA)

(低倍模式)×50~×1000

1.3.3 相机长度:

(HC Diff)0.2~8.0m

(HR Diff)0.2～4.0m

1.3.4 束斑尺寸:

(HC Zoom)0.4～1.5μmφ(5 步)

Fine Probe(选配)20～80nmφ(5 步)

(HR Zoom)0.3～1.0μmφ(5 步)

Fine Probe(选配)20～80nmφ(5 步)

1.3.5 样品上的视野:

(HC Zoom)倍率为×1000 时约 110μmφ

(不使用物镜光阑、在荧光屏 CCD 上)

1.3.6 样品台:

最大倾斜角度±30°

(样品台移动±0.2mm,标准样品杆)

1.3.7 其它:

物镜光阑片:光阑尺寸 50－100－150－200μφ

选区光阑片:光阑尺寸 20－50－100－200μφ

2 电子能谱仪配备离子枪的现状和新进展

电子能谱仪是 19 世纪 70 年代末开始商品化的大型表面分析仪器。该类仪器需要一个超高真空体系;配有发射源(如:X 射线源、电子源、离子源等)、透镜系统、电子能量分析器、电子探测器等。通常,该仪器用于分析深度小于 10nm 的样品。结合离子刻蚀技术,可以分析更深层。目前大多数电子能谱仪上配备有 Ar 离子枪,用于样品表面清洁和进行深度剖析。但是,在深度分析中经常遇到择优溅射、还原效应、表面粗糙、表面损伤等问题。近几年来,离子刻蚀技术有了长足进展,新型离子枪极大地减小了表面损伤,能够更真实地反映深度分析信息,特别是可以实现有机物深度分析。有代表性的几款离子枪分别来自 PHI 公司、岛津公司和赛默飞世尔公司,简介如下:

2.1 带差分泵的 C60 离子枪包

2.1.1 概述

06－C60 型离子枪是针对低损伤表面清洗和许多有机高分子材料离子溅射深度剖析而独特设计的离子枪。离子枪产生一束经过一个整体构成的维恩过滤器过滤的 C60 离子束。当撞击时,C60 离子初始动能被分给包含在每个 C60 离子中的 60 个碳原子。由此产生的能量级联在样品表面产生一种高效溅射过程,对于余下的材料导致最小的化学损伤。这是一个戏剧性的变化,因为氩离子束溅射对于有机物和聚合物表面产生广泛的化学损伤。PHI 公司目前的 Quantera SXM 和 VersaProbe 仪器,06－C60 离子枪被设计为一个可选配件。它也可以被改造成针对大多数 Quantera 和 φ5000 系列 XPS 仪器的配件。这个离子枪包括一个离子枪电源和由电脑控制的扫描控制单元(见图 3－5－2－1)。

图 3－5－2－1　带差分泵的 C60 溅射离子枪

2.1.2　实例

两块带有一层薄薄的硅氧烷污染的 PET 膜样品,分别用一个 500V Ar 离子束和一个 10kV C60 离子束溅射清洁。用氩离子束溅射除去大约 1nm 时,硅氧烷被清除,但 PET 的 C1s 谱显示化学损伤的迹象。用氩离子束溅射除去大约 20nm 时,PET 的 C1s 谱显示严重的化学损伤。相比之下,用 C60 离子束溅射除去大约 20nm 时,PET 的 C1s 谱几乎与未溅射的表面是相同的。如图 3－5－2－2 所示。

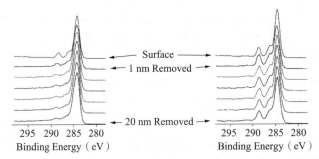

(a) 500 V Ar Ion Beam Cleaning of PET　　　(b) 10 kV C60 Ion Beam Cleaning of PET

图 3－5－2－2　分别用 Ar 离子和 C60 离子清洁 PET 样品 C1s 谱的比较

2.2　可使用 PAH(六苯并苯)的新型离子枪

2.2.1　离子枪构成

如图 3－5－2－3 所示。

2.2.2　技术指标

——离子源能量:最高 20keV;

——束斑大小:$100\mu m$;

——样品电流:100nA;

——离子类型:

a)单原子气体:Ar,He 等;

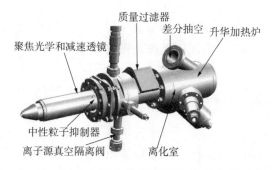

图 3－5－2－3　PAH(六苯并苯)的新型离子枪结构图

b)多原子:Fullerene(福勒烯),PAH(六苯并苯)等。

2.2.3　使用岛津公司 PAH(六苯并苯)的应用实例

PAH(六苯并苯)的分子式为 $C_{24}H_{12}$,其分子结构为

对于高分子材料,高能量的单原子离子不具备良好的溅射效果,在大多数情况下仅仅是穿透到高分子材料中。PAH 分子具备较大的体积,因而可以对高分子材料进行高效率的刻蚀。

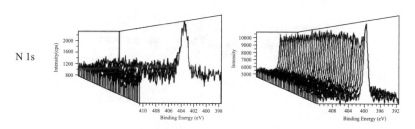

图 3－5－2－4　分别用 Ar 离子和 PAH(六苯并苯)
离子刻蚀高分子材料 N1s 谱图比较

图 3－5－2－4 中,左图是 300V 的 Ar 离子刻蚀的结果,其对 N1s 的分析严重影响明显可见,即在表面 Si 去除后,Ar 离子对 N 有择优溅射,且因为 Ar 离子体积小,所以造成了 N 仅存在于表面的假象。由于 PAH 分子较大,对高分子材料的溅射是整体的,所以没有 N 的择优溅射,真实地反映了 N 在材料中的存在状态。

2.3　单原子和气体团簇离子源——MAGCIS

2.3.1　概述

XPS 是非常表面敏感的,通常信号从样品表面<10nm 处观察到。许多有趣的特征依赖于样品的深层,一般到几微米的厚度层,有可能掩埋层或这些层之间的界面往

往更有兴趣。一些层结构的样品，或在层与层之间的界面的化学可能对装置的性能是至关重要的。如：触摸屏的层结构和屏幕涂层；生物医疗设备和生物兼容性问题；有机发光二极管的层结构；太阳能电池吸收层和联结层；等离子处理涂层；玻璃涂料的低发射率和自清洁。

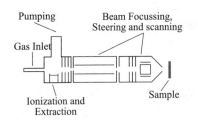

图 3 - 5 - 2 - 5　标准的 Ar 离子源

深度剖析使 XPS 分析从材料的表面扩展到材料的体分析（如层结构、界面化学）。单原子的氩离子源可用于无机材料。气体团簇离子源适用于聚合物基的材料的剖析，可以不损坏其表面化学形态。

标准离子源（或枪）包括：氩气源、气体电离的电子源（通常是热灯丝）、聚焦和控制离子束的一系列的透镜和电极（见图 3 - 5 - 2 - 5）。

Thermo Fisher 公司的新型单原子和团簇离子束的一体离子源，可配置于 K - Alpha、Theta Probe 和 E250Xi 谱仪，如图 3 - 5 - 2 - 6 所示。通过 Avantage 软件即可对上述仪器进行完全控制。团簇离子束模式的特点是可变的簇大小（大于 2000 个原子），其能量/原子在 1eV 以上，单原子模式的能量在 200eV～4keV。

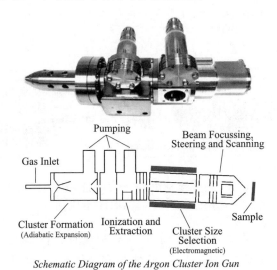

Schematic Diagram of the Argon Cluster Ion Gun

图 3 - 5 - 2 - 6　新型单原子和气体团簇离子源—MAGCIS

2.3.2　实例

清洗钽氧化膜表面，即使使用低能量的单原子 Ar^+ 离子溅射清洗也会导致一定量的 Ta_2O_5 还原。用氩气体团簇离子源清洗，可以使氧化还原没有明显的迹象。溅射清洗前和清洗后氧化态和还原态的 Ta 4f 相对强度见表 3 - 5 - 2 - 1。

表 3 - 5 - 2 - 1　不同清洁方法 Ta 的化学态

Cleaning method	Ta 4f oxide	Ta 4f reduced
None	100	—
Clusterions	100	—
200eV monatomic	70.4	29.6

　　单原子的 Ar^+ 和氩气体团簇离子清洗 Ta_2O_5，Ta4f 谱的比较见图 3 - 5 - 2 - 7。很显然，氩气体团簇离子清洗 Ta_2O_5 使得 Ta 含量不变，且 Ta4f 谱峰无变化；而用 Ar 离子清洗 Ta_2O_5 后，大约 30％ Ta 被还原，Ta4f 出现肩峰。在钽氧化膜表面清洁中，用氩气体团簇离子枪溅射可以使分析不失真。

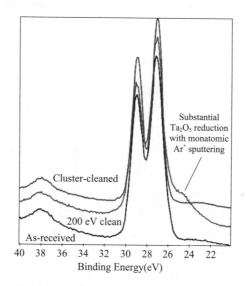

图 3 - 5 - 2 - 7　分别用 Ar 离子和 Ar 气体团簇离子刻蚀 Ta4f 谱的比较

　　许多聚合物不能用单原子 Ar 离子溅射，因为在溅射过程中其化学信息被破坏、组成被改变。单原子 Ar 离子和氩气体团簇离子刻蚀聚酰亚胺薄膜材料 C1s 谱的比较见图 3 - 5 - 2 - 8：用单原子的 Ar 离子刻蚀聚酰亚胺薄膜材料后，N—C＝O、C—N 和 C—O 结构的 C1s 峰明显被还原成 C—C 结构；而用氩气体团簇离子刻蚀后并未出现还原。新型单原子和团簇离子束的一体离子源实现了聚合物材料等的深度分析。

3　XPS 深度剖析功能应用于有机材料分析的进展

3.1　背景说明

　　XPS 广泛应用于分析有机及无机材料表面的化学信息。当需要研究材料表面以下的部分或者薄膜结构，通常需要用离子溅射枪逐层去除表面部分。初期常用的离

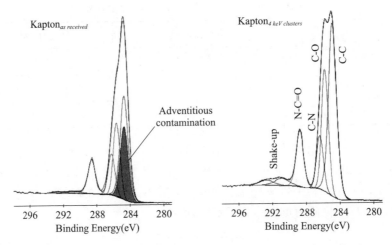

图 3－5－2－8　分别用 Ar 离子和 Ar 气体团簇离子分别
刻蚀聚酰亚胺薄膜材料 C1s 谱的比较

子溅射枪为 Ar 离子溅射枪,其在无机表面及薄膜研究中取得了很好的效果;对于有
机材料,其化学态信息会在 Ar 离子枪溅射过程中遭到破坏,因此有机及高分子材料
的研究被局限在样品表面。团簇式离子源可以产生大团簇式离子,目前正研究被用
于有机及高分子材料研究中,其中 C60 离子溅射枪被证实可以有效去除有机及高分
子材料并且能够保留材料化学状态,C60 离子溅射枪从 2004 年推出至今,有大量文
献证明 C60 在有机及高分子材料、器件深度剖析研究中,既能有效去除材料,又能保
证材料的化学信息不遭破坏。之后,PHI 又在研究团簇式离子枪上取得新的进展,开
发出 GCIB(Gas Cluster Ion Beam)离子溅射枪,中文称气体团簇式离子枪。目前
PHI 开发的 Ar 团簇式离子枪可产生 2500～4000 个原子的 Ar 团簇离子,此设计也
被其它 XPS 厂商所关注,相关应用正在进一步积累和完善。总之,PHI－XPS 对 C60
及 GCIB 的引进,保证有机及高分子材料在深度剖析过程中保留了化学态信息,开创
了 XPS 用于有机分析的新前景。目前常用的几种离子枪的离子源示意图见
图3－5－2－9。

3.2　碳 60 离子枪

简单地说,C60 离子在溅射有机材料的时候,得到的化学结构完整度要比用 Ar
离子溅射时更好,其最主要的因素就是本身离子的大小与能量强度的关系。

举例,一个 2000eV 的氩离子,基本能量就是 2000eV 那么大。而一个 10000eV
的 C60 离子,在打击在样品上的时候,60 个 C 会因撞击而散开。每一个 C 得到的能
量约为(10000/60)、即 166.67eV。对比一个 2000V 的氩离子,其差距有十几倍。加
上本身 C60 的体积比 Ar 原子大得多,所以能量密度也相对甚低。结果导致 C60 离
子枪可以在溅射样品的同时,还可以大比例的保留样品本身的化学结构。

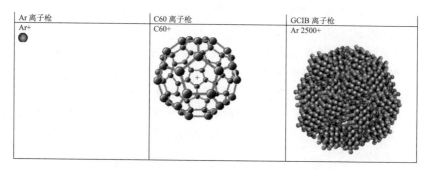

图 3-5-2-9 几种离子枪不同的离子源

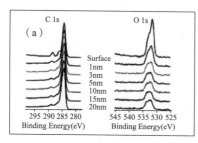

(a) 与C60离子枪

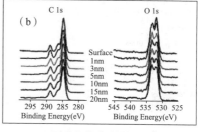

(b) 对有机薄膜溅射结果对比

图 3-5-2-10 Ar 离子枪

图 3-5-2-10(a)为 PET 样品上的碳氧讯号,在经过 Ar 离子束溅射后一层一层的讯号变化。氧讯号明显被破坏。图 3-5-2-10(b)为 PET 样品上的碳氧讯号,在经过 C60 离子束溅射后一层一层的讯号变化。碳氧讯号的化学结构比例没有被破坏,这样可得到更准确的化学态信息,对元素及化学态的定量分析更加准确。

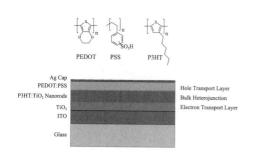

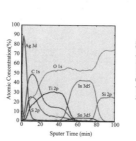

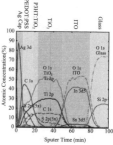

图 3-5-2-11 C60 对有机太阳能电池的深度剖析

C60 离子枪经过近 10 年的应用研究,已经有许多相关文献发表于世界知名期刊上。以有机太阳能电池的多层膜分析为例,使用 C60 离子枪可以有效地分析有机太阳能电池器件的多层膜结构。图 3-5-2-11 说明,C60 离子枪可以用于金属膜层、有机膜层、有机/无机复合、金属氧化物膜层、无机底材的化学成分分析。

3.3 气体团簇(GCIB)离子枪

GCIB 离子溅射枪的设计的初衷也是增大溅射离子源而降低单个原子所携带的能量,达到对有机或高分子材料低损溅射的目的。目前 PHI 设计的 GCIB 原子团可由 2500 个调节至 4000 个。部分研究证明:GCIB 在部分有机薄膜溅射中,可以得到更精细的界面信息。

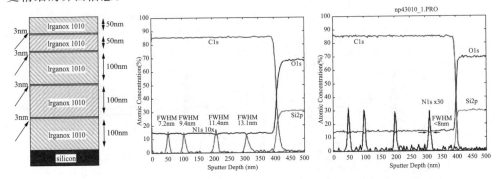

图 3-5-2-12　GCIB 离子溅射枪对多层膜的溅射结果

由图 3-5-2-12 可以看到,GCIB 离子溅射枪在一些材料应用中可以更好的得到界面处的讯息。用 C60 溅射时得到 11nm 半高宽的界面信息,而 GCIB 可以得到小于 8nm 半高宽的结果。

然而,GCIB 推出到市场时间还很短,适合那些材料的深度剖析还需更多的数据积累。从已有的文献中得知,GCIB 不适合对陶瓷材料及交联长链式分子材料进行溅射。

4　国内外 200kV 场发射透射式电子显微镜的专题调研(见表 3-5-2-2)

表 3-5-2-2　国内外 200kV 场发射透射式电子显微镜的专题调研对比

公司国别	近年主流产品型号	点分辨本领(nm)	信息分辨极限(nm)	样品台倾转角(°)	球差系数(mm)	色差系数(mm)	国内拥有台数估计	市场发展前景分析
FEI	Tecnai G^2F20S—TWIN TWP	0.24	<0.14	±40	1.2	1.2	约 56 台	看好
JEOL	JEM—2100F	0.19	0.1	±35	0.5	1.1	约 20 台	看好
中国	仅有实验样机	优于 0.25	～0.20	≥±15	～1.5	～1.8	仅有实验样机	离产品化有困难

4.1 FEI 公司－Tecnai G²F20 S－TWIN TMP 透射电子显微镜的技术特点

(1)如果用户选择一体化能谱仪,电镜配置一体化 STEM 后,可进行有漂移校正的线扫描和面扫描定性/定量分析。而且,STEM 和 EDX 探头可同时采集信号并实时显示,信号收集结束后能逐点进行事后分析。

(2)CCD 相机可以和 STEM 同时、连续采集数据,所得 TEM 像、衍射花样等图像,可以动态显示(可以直接拍衍射)。CCD 相机的设计是伸缩性的,能完全配合 Gatan 能量过滤系统。

(3)电镜操作采用 100% 数字化操作系统。所有电镜控制和操作按钮都可于 Windows XP 的计算机控制系统,用两个控制垫和一个鼠标控制,并且操作指令执行过程中无延时。对电镜附件可提供一体化方案,用一个计算机完成数据采集和处理。

(4)允许在不同的操作模式和数据采集技术之间快速切换,切换过程中系统自动调回所有相关的操作设置。

(5)能比较方便地实现常用功能,包括样品移动、光束移动、改变放大倍数、模式切换、聚焦、合轴操作等。

(6)电镜操作者可以根据需要拥有一套或多套电镜状态参数,每套状态参数相互独立,可在使用过程中迅速切换调用,无任何时间延迟。可设置多个用户,每个用户之间的参数设置相对独立,同时还可以相互调用。每个操作者在完成自己的工作退出操作系统后,可以保留所有的状态。当下一次用自己的账户进入时,电镜将会自动完全回到上次用户离开时的状态,且其间可以允许其他人多次操作,相隔时间不限。

(7)控制软件具有多种探测器(附件)同时采集数据功能和频谱分析功能,可进行在线或后续的离线分析,可在几秒钟内完成所需模式(如常用的透射模式与扫描透射模式)之间的切换,实现对同一点的多种模式或手段的综合分析。

4.2 日本电子 JEM－2100F 场发射电子显微镜的技术特点

(1)JEM－2100F 电镜搭载的场发射电子枪(FEG),能获得高亮度(高于 LaB6 灯丝的 100 倍)、高相干性、高稳定性的电子束,适于观察和分析 nm 尺度的高分辨率图像。

(2)与主机集于一体的高灵敏度的扫描透射图像观察装置(STEM)和能量色散型 X 射线分析装置(EDS)等多种具有附加功能的装置,可以高效率地获取各种数据。主机的信息显示及控制,可以与个人电脑联机,可操作性强。

(3)EDS 系统使用新开发的检测器,将低能区的 X 射线灵敏度提高了 3 倍以上。与此公司以往的产品相比,其分析更加迅速,可信赖度更高。

(4)样品台标配了新开发的伺服电机和压电陶瓷,从最低倍到最高倍,视场移动平稳,样品稳定,在图像观察、评价分析中发挥着重要作用。

总之,200kV 场发射透射电子显微镜,主要是这两家公司提供成熟的产品。如上所述,两家都各有特点,FEI 公司的产品市场占有率高于日本电子。国内在"十一五"

科技支撑项目中,200kV 场发射 TEM 于 2013 年初通过验收,但没有产业化产品出现在市场上。

第六节 无损检测及质量控制仪器分析技术

一、前言

钢棒(钢丝)材是钢铁工业的主要产品,是国民经济各个领域都要用到的基础原材料。随着我国各个领域现代化科学技术的发展,不仅对材料的品种、规格提出了大量新的要求,而且很多钢材将被应用于较以前更为苛刻的工作环境条件中,长期承受高的负荷以及复杂外力影响,用户对这些钢材的质量可靠性不断地提出更高的要求,因为人们愈来愈认识到原材料是决定着其制成品质量可靠性的重要基础保障。超声无损检测技术是提高原材料的质量可靠性的一种重要有效途径,高可靠性要求的产品则规定必须 100% 进行无损检测才能出厂。涉及钢棒(钢丝)类的主要是:军工、桥梁结构、轴承钢、弹簧钢、汽车工业用阀门钢等。由于我国上述各类产品构成的无损检测工作量每年约为几百万吨,产品种类多、数量很大,故自动检测势在必行,钢棒材自动超声探伤系统得到广泛应用。

通常自动超声探伤系统是由超声波探伤仪和较为精密的机械传动装置组成。系统的综合性能是指机电成套配合后,实施动态检测时的工作性能。良好的系统综合性能及合理的工作参数设定,才能保证可靠的检测结果。市场上以及生产企业所应用的各种型号的钢棒(钢丝)材自动超声探伤系统在性能上存在许多差异,除操作人员的技术因素外,仅就设备性能上的差异,往往容易造成漏检或误判,由此产生很多检测误差和质量异议,对涉及国防、国计民生的重要工程结构、机械产品容易形成质量事故或潜在的隐患。无损检测专业组针对目前应用较为典型的钢棒(钢丝)材自动超声探伤系统进了尝试性的性能测试,探讨钢棒材自动超声探伤系统主要性能指标的表征及其检测能力评价的测试方法,为今后建立统一的评价方法奠定了基础。

二、设计方案

1. 测试目的:以金属材料(钢棒)能达到正确依据 ISO 标准、ASME 标准、ASTM标准、EN 标准、BS 标准、中国国家标准和行业标准为依据,形成实施所要求检测方法的无损检测设备系统的综合性能表征及技术评价方法。

2. 样本范围:国产和外国引进的主要机型(均要在国内有用户)。

3. 样本类型:冶金生产企业在用多通道系统为本次测试的样本。

4. 主要测试参数如下:

(1)周向灵敏度差(周向灵敏度波动);

（2）信噪比；

（3）漏报率、误报率；

（4）端部探测盲区；

（5）系统稳定性。

5.测试条件：企业的生产现场，在动态条件下进行设备系统的综合性能测试。

三、探伤设备系统的组成

该套探伤设备为离线检测系统（见图3-6-3-1）。该套探伤设备的轴向长度约28m，宽度约3.5m。

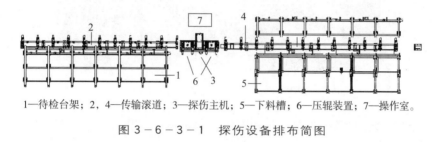

1—待检台架；2，4—传输滚道；3—探伤主机；5—下料槽；6—压辊装置；7—操作室。

图3-6-3-1　探伤设备排布简图

（1）待检台架：待检台架用来存放被检钢棒。挡料机构用以保证各种规格钢棒均能每次只上拨一根钢棒。全线各挡料机构的角度通过连杆统一调整。翻料机构由两部汽缸驱动，将待检台架上的钢棒轻轻放入传输滚道上。

（2）传输滚道：传输滚道用于驱动和输送钢棒。前传输滚道和后传输滚道分别由一部减速电机带动，采用皮带（或链条）传动。减速电机采用变频调速器调速。

（3）压辊驱动装置：压辊驱动装置用来驱动和稳定被检钢棒，使之平稳、匀速地通过检测主机进行探伤。压辊驱动装置为单体结构，其下部有V型辊轮，上部为压轮装置。每套压辊驱动装置有两套压轮，由汽缸驱动。每套压轮的下压动作由接近开关控制，自动识别棒端和执行压下和抬起动作。在更换被检钢棒规格时，以手控电动方式将压轮高度升降到位。本套探伤设备共有二套压辊驱动装置，分别安装在检测主机的两侧（即入口端和出口端）。

（4）下料槽：正品槽用来存放已检合格钢棒。若钢棒检出表面伤则由汽缸带动的翻料机构实现将传输滚道上的钢棒翻离传输滚道，并通过内伤废品槽上的"桥架"滚入表面废品槽中。若钢棒检出内部伤时，废品槽上部的"桥架"由汽缸带动抬起，翻料机构将传输滚道上的钢棒直接翻入内伤废品槽中。

（5）探伤主机：探伤主机结构包括升降台、三辊定心装置、旋转水腔（俗称旋转头）和超声波探头等，如图3-6-3-2所示。升降台用于安放旋转头。升降台的升降调节采用手控电机和手工摇柄两种方式。旋转头置于升降台上。旋转头的入口端和出口端各安装一套三辊定心装置。旋转头中安装超声波探头，当更换被检钢棒规格时无需更换探头而只进行距离和入射角调整。

图 3－6－3－2　超声探伤主机

（6）电控系统：设备的主要电气控制组成包括电控操作台和电控柜。除此之外，整套设备有多套接近开关，分别用于钢棒的自动上料、自动下料、压辊的自动压下和抬起、钢棒端部信号的切除以及探伤开始和终止的触发等。

四、钢棒超声波自动探伤设备综合性能评价的测试方法

测试按超声波探伤设备所能检测钢棒直径的上限和下限规格进行动态测试。测试用对比样棒上的人工缺陷类型为横孔和/或平底孔；样管上人工缺陷分布是：样棒两端各有一个中心横孔和/或平底孔（距钢棒端部的尺寸即为检测盲区长度）；样棒中部有一个中心横孔以及一个皮下 2mm 处的横孔和/或平底孔，如图 3－6－4－1 所示。样棒上人工缺陷等级以采用的国际国内标准或客户订货的产品探伤等级要求为准。

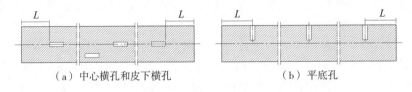

（a）中心横孔和皮下横孔　　　　　（b）平底孔

图 3－6－4－1　超声样棒上人工缺陷

对于在同一样棒上同时采用横孔和平底孔时，横孔和平底孔的等级应相一致。

对于多通道超声波探伤系统，周向灵敏度差、信噪比和稳定性应逐个通道进行测试，每个通道的测试结果如不相同，取最劣值。对于多通道可以统一校准灵敏度的探

伤系统,周向灵敏度差、信噪比和稳定性也可进行整体测试,在整体测试前需利用对比样棒上人工缺陷将各通道的灵敏度校准至基准波高。

(1)周向灵敏度差/周向灵敏度波动

①对于探头旋转、钢棒直线前进的探伤设备,用对比样棒使中部的皮下横孔(或平底孔)重复通过探伤系统,先将样棒任意设定 0°位置,调节仪器各通道灵敏度,记下人工缺陷刚刚报警时增益或衰减器的 dB 值。旋转样棒以同样方法测试并记录 120°、240°位置皮下横孔(或平底孔)刚刚报警时的 dB 值。其中两个差别最大的 dB 值相减,即为周向灵敏度差。此差值的绝对值不得大于 4dB。连续测试 3 次,3 次结果如不相同,取最劣值。

②对于探头固定、钢棒螺旋前进的探伤设备,以及探头沿钢棒轴向扫查、钢棒原地旋转的探伤设备,测试周向灵敏度波动,使对比样棒中部的皮下横孔(或平底孔)重复通过探伤设备,记录 3 次人工缺陷刚刚报警时的 dB 值,3 次读数的最大差值即为周向灵敏度波动,此差值的绝对值不得大于 4dB。

(2)信噪比

用对比样棒重复通过探伤设备。调整到所有中心横孔(或平底孔)刚刚报警的灵敏度,此灵敏度为规定灵敏度。在各通道灵敏度为基准波高的基础上,将各通道灵敏度均提高 8dB,连续测试 3 次,若 3 次均未出现噪声报警,则视为信噪比大于 8dB。若出现 1 次或 1 次以上噪声报警,则应将各通道灵敏度均降低 1dB,再连续测试 3 次,若 3 次均未出现噪声报警,则视为信噪比等于 8dB。若仍然出现 1 次或 1 次以上噪声报警,则视为信噪比小于 8dB。信噪比不得小于 8dB。

(3)漏、误报率

在各通道灵敏度为基准波高的基础上,可再提高 2dB～3dB 的增益,以正常使用的探伤速度连续测试对比样棒 10 次,考察所有中心横孔(或平底孔)的报警情况,分别记下它们的漏、误报次数。在中心横孔(或平底孔)处不报警称为漏报,每漏报 1 个人工缺陷记 1 次;在无中心横孔(或平底孔)处报警称为误报,每次测试中,若出现 N 个误报记为 N 次。设备的漏报率应为零,误报率不得大于 3%。误报率以下式计算:

$$误报率 = \frac{误报次数}{测试次数 \times 人工缺陷个数} \times 100\%$$

(4)棒端不可探区

在漏、误报率测试基础上测试棒端不可探区,测试 3 次,对比样棒两端的中心横孔(或平底孔)均应可靠报警。棒端不可探区长度应以采用的国际国内标准或生产厂探伤程序文件为准。

(5)稳定性

整套设备连续工作 2h 后重新测试周向灵敏度差(或周向灵敏度波动)和信噪比,其波动不得超过 2dB,且仍能满足上述(1)和(2)要求。稳定性测试只测试上限一种规格。

五、测试结果

(1)进口设备:对某公司棒材厂精整车间的 $\phi35\sim150mm$ 钢棒相控阵超声探伤设备的综合性能进行了测试,测试情况和结果如表 3-6-5-1 所示。

表 3-6-5-1　$\phi35\sim150mm$ 钢棒相控阵超声探伤设备测试情况和结果

测试项目(进口设备)		上限(ϕ150)指标		下限(ϕ35)指标	
		测试值	判定	测试值	判定
周向灵敏度差/dB		1.0		2.5	
信噪比/dB		11.3		11.3	
漏报率/%		0		0	
误报率/%		0		0	
端部盲区/mm		95		95	
稳定性	周向灵敏度差/dB	1.0		—	—
	信噪比/dB	13.2		—	—
	起始灵敏度波动/dB	0		—	—

(2)国产设备:对某公司棒材厂的 $\phi16\sim40mm$ 钢棒超声探伤设备的综合性能进行了测试,测试情况和结果如表 3-6-5-2 所示。

表 3-6-5-2　$\phi16\sim40mm$ 钢棒超声探伤设备测试情况和结果

测试项目(国产设备)		上限(ϕ40)指标		下限(ϕ16)指标	
		测试值	判定	测试值	判定
周向灵敏度差/dB		1		1	
信噪比/dB		13		13	
漏报率/%		0		0	
误报率/%		0		0	
端部盲区/mm		≤200		≤100	
稳定性	周向灵敏度差/dB	1.0		1.0	—
	信噪比/dB	12		12	
	起始灵敏度波动/dB	0		—	—

六、初步体会

（1）以设备能可靠的检测出标准规范范围内的缺陷为主要目标，采用周向灵敏度差、信噪比、漏报率、误报率、端部盲区、稳定性等参数表征钢棒材自动超声探伤系统的综合性能是较为合理全面的，可基本保证无损检测结果的可靠性。

（2）在本次探索测试实验中，经过分析得出可认为：随着我国制造业的进步，国产设备和进口设备在保证声耦合良好的条件下，采用纵波及横波对棒材内部缺陷和表面及近表面进行探伤，均可有较好的检测效果。它们各自可达到的的主要技术指标在满足标准要求方面没有很大的原则性差异。

（3）无损检测专业组的本项目进行了尝试性的性能测试，所探讨的钢棒材自动超声探伤系统主要性能指标的表征及其检测能力评价的测试方法，可作为今后建立统一规范的评价方法的基础，是一件有实际意义的工作。

第七节　仪器化压入力学测试技术的发展

仪器化压入试验（instrumented indentation test，IIT）是一种新兴的重要微/纳米力学测试技术。其定义为：驱动压头压入试样，自动测量施加的载荷和压入试样的深度，基于压入力学模型识别出材料的硬度和力学参数的过程。所采用的仪器本文称之为压入仪。

压入仪不同于传统的硬度计和材料试验机。首先，传统硬度计的测量是一种检测材料软硬程度的功能性指标的技术，主要关注压入卸载后残留压痕的尺寸，只能测定硬度，应归属为压痕的测量技术；仪器化压入测试主要关注压入动作的过程，类似拉伸、压缩、弯曲、扭转等测试，不但可以测定硬度，还能测定弹性模量等力学参数。再者，传统材料试验机属于试样的整体、破坏型测试；而压入仪属于试样表面、微区和微损型测试，应归属为探针式微区材料试验机的测试技术。

20世纪80年代，纳米压入力学测试技术开始受到重视。1992年，Oliver和Pharr完善了识别硬度和弹性模量的分析方法，标志着这种分析方法的日趋成熟。2002年，随着国际标准ISO 14577的颁布实施，标志着仪器化压入测试技术的日趋规范。该技术主要用于测定硬度和力学参数，主要包含测量、分析、应用和标准化四大部分：

（1）压入测量部分，包括测量原理、测试仪器、检验校准、测量操作、影响因素等方面。

（2）方法分析部分，包括多种参数识别（硬度、弹性、塑性、脆性、粘弹性等）的分析方法，主要是建立用于识别材料参数的力学模型和相关算法。

（3）典型应用部分，重点介绍压入测试的多种功能。

(4)标准化部分,简要介绍国内外在文本标准和标准样品方面的研究进展。

如果将仪器化压入测试技术类比成数学应用题的话,方法分析就是列方程及其确定求解算法,压入测量就是确定方程中的系数,典型应用就是举一反三地求解应用题,标准化就是结果的一致性。下面,分别对这四部分内容进行简要介绍。

一、压入测量

1　测量仪器

ISO 14577 按压入载荷 F 和深度 h 大小,将测试分为:宏观范围(macro range),$2N \leqslant F \leqslant 30kN$;显微范围(micro range),$F < 2N$,$h > 0.2\mu m$;纳米范围(nano range),$h \leqslant 0.2\mu m$。实际上,此范围的划分实用性不强。GB/T 22458—2008《仪器化纳米压入试验方法通则》在兼顾国内使用的习惯和国际标准的规定,将压入深度通常在纳米量级至几微米的试验称之为仪器化纳米压入试验(instrumented nanoindentation test),对应的仪器简称之为纳米压入仪,其测量范围覆盖纳米范围和低的显微范围。近年来,测量范围覆盖高的显微范围和宏观范围的仪器,开始受到重视,为叙述方便,暂称之为宏观压入仪。

1.1　纳米压入仪

纳米压入仪是目前最常用的一类压入仪。制造商及其仪器主要为美国 Agilent 公司的 Nano Indenter®(原属于 MTS 公司)、美国 Hysitron 公司的 Tribo Indenter®、瑞士 CSM Instruments 公司的 Nano Hardness Tester® 和英国 MML 公司的 NanoTest®等。

Agilent 公司的 Nano Indenter G200 是国际上最具代表性的纳米压入测试系统之一。以此为例,介绍其压入测量的原理、配置及其技术指标。有三种压入选件:

(1)标准模块:加载模式,电磁力驱动;载荷量程 500mN,分辨力 50nN,最小接触力 $1.0\mu N$;电容位移传感器,位移量程 1.5mm,位移分辨力 0.02nm;仪器机架刚度 $\geqslant 5 \times 10^6 N/m$。

(2)高分辨模块:加载模式,电磁力驱动;载荷量程 30mN,分辨力 3nN,噪声水平 30nN;电容位移传感器,位移分辨力 0.0002nm,噪声水平 0.2nm;仪器机架刚度 $\geqslant 3 \times 10^5 N/m$,空载共振频率 $\geqslant 120Hz$。

(3)高载荷模块:加载模式,马达驱动;载荷量程 10N,分辨力 50nN;位移量程 1.5mm,分辨力 0.02nm。另外,还配备动态压入、纳米划入、原位扫描成像和高温(最高 350℃)测试等拓展功能的选件。

纳米压入仪通常采用驱动与载荷测量结合的电磁或静电加载方式,载荷分辨力高,但量程有限,典型值为 10mN 或 30mN、300mN 或 500mN。采用非接触式的差动电容传感器测量位移,分辨力高。采用双膜片弹簧支撑结构,确保压杆按压入方向运动而严格限制横向位移。由于电磁或静电激励所需的电流不大,电流热效应对热漂移的影响微弱,因此仪器的稳定性理想。由于压头和压杆等活动部件的质量小,因此仪器的动态特性理想,测量频率可达 300Hz。目前,商品化的纳米压入仪器发展迅速,主要表现为以下七个方面:

(1)实现压头原位扫描成像。Hysitron 和 Agilent 等公司分别发展各自的压头原位扫描成像选件。使用各种形式的金刚石压头,直接在试样上扫描,实现快速的原位成像,可视为一种接触式的原子力显微镜。对于传统的光学显微镜、扫描电镜和原子力显微镜等独立观察仪器,寻找微米乃至纳米量级的压痕位置非常繁琐,而该技术能够快速原位成像,可以显著提高压痕等观察成像的效率。

(2)实现和高分辨显微观察设备集成。为了利用原子力显微镜高分辨地观察压痕形貌,Hysitron 等公司开发能够与其相集成的压入配件,显著提高寻找压痕等的工作效率。为了利用透射电镜高分辨实时观察微区在加载过程中变化行为,Hysitron 和 Agilent 等公司分别开发能够与其相集成的压入配件。上述配件技术的开发,有利于高分辨、实时观察材料微结构在加载条件下的变化行为。

(3)研发多种测试模式。Agilent 和 CSM 等公司研发划入测量配件,用于研究摩擦磨损性能。MML 公司研发纳米冲击测量仪器,用于研究纳米接触疲劳、冲击磨损、薄膜粘附失效等。这些工作模式为模拟材料在各种服役工况下的微/纳米尺度失效提供有效手段,产品向着功能多样化方向发展。

(4)发展动态测试技术。通过发展连续刚度测量技术和提高仪器自振频率,可以直接获得随压入深度变化的接触刚度、压入硬度和弹性模量,以便研究薄膜材料力学性能随压入深度的梯度分布,也可以测量粘弹性材料的存储模量和损耗模量等。

(5)发展压入监测技术。CSM 等公司开发声发射监测技术,以便研究试样破裂或薄膜与基体剥离的发生机制。有时,仅有材料参数的测试和残余形貌的观察是不够的,还需要实时监测压入或划入过程中的声发射信息,研究损伤和破坏的发生。

(6)发展环境控制技术。Hysitron 和 Agilent 公司等开发试样加热台,调节测试温度,努力降低温度漂移对测试的影响,以便研究温度对材料微/纳米尺度表面性质产生的影响。

(7)提高分辨能力和扩大载荷量程。仪器制造商们,一方面努力提高纳米压入仪的测量分辨能力,以便满足精确测量载荷、位移及其接触零点的需要,如 Agilent 和 Hysitron 公司部分产品的载荷分辨力已经达到 1nN;另一方面,不断扩大仪器的载荷量程,用于研究裂纹扩展等,如 Agilent、Hysitron、MML、CSM 公司分别将载荷量程扩大到 10^1 N 量级,仪器向着系列化方向发展。

1.2　宏观压入仪

2004 年,德国 Zwick 公司基于传统的材料试验机技术,推出商业化的压入仪

ZHU2.5。该仪器有 2N～200N 和 5N～2500N 两种测量配件可供替换,其位移分辨力可达到 0.2μm。张泰华基于材料试验机,开发了其载荷量程为 100N 的仪器化压入功能;基于电磁驱动原理,开发了载荷量程为 10N 的台式和便携式压仪。

为适应不同的测试工况,需要研发多种压入工作模式。纳米压入仪的压入深度一般在几微米以下,因此仪器对地表振动、温度波动等试验条件和试样表面状态要求严格,仅适于在实验室中使用。宏观压入仪的压入载荷大,压入深度一般在几微米以上,降低了对试样表面状态和测试环境的要求,但是如果载荷高达数千牛顿,仪器的机架变形难以从位移测量中消除,无法获得准确的压入深度,因此研制载荷量程在 $10^1N～10^2N$ 的压入仪比较适中。目前,便携式仪器也需要发展,以便满足野外或现场测试的需要。

2 影响因素

压入仪测量的尺度小、环节多,测试过程易受诸多因素的影响,主要来自:测量仪器(压头缺陷、接触零点、测量分辨力、电噪声、机架柔度等)、试样表面状态(粗糙度、自然吸湿、抛光引起的加工硬化、残余应力等)和材料性质(蠕变、压入凹陷和凸起等),测量环境(温度波动、振动噪声等),参数设定(压痕之间的距离、离试样边界的距离等)。实际上,这些影响因素会带来不同程度的测量误差,尤其在压入深度测量中引起偏移量。对于纳米压入仪,压头的钝化及其面积函数的校准通常为主要的影响因素。对于宏观压入仪,机架柔度的校准及其压入深度的测量通常为主要的影响因素。

压入仪测量装置引起的误差,往往以系统误差的形式出现。这类误差持续影响测试结果,不易觉察,有时可能误判成新的实验现象或规律。发展和加强仪器的校准和检验技术,可有效降低测试数据的系统误差,是获得可靠测试数据的必要条件之一。因此,需要研究和发展主要功能的直接校准和检验方法、评价仪器整体性能的间接检验方法、确定仪器运行状态的常规检查方法、校准和检验常用的参考样品,加强压入仪的常规校准和日常检验。

二、方法分析

1 测量参量和识别参量

压入测试过程主要包括压入参量的测量和测量数据的分析。压入测量参量主要包括压入载荷 F、压入深度 h、压入总功 W_t、卸载功 W_u、接触刚度 S 和加载曲率 C 等。而测量数据的分析是指采用事先建立的分析方法即力学模型及其相关算法去确定力学参数的过程。

分析方法是压入测试技术研究中的重点内容之一。其建立需要如下环节:

(1)选取分析参量和材料本构关系。用于建模的分析参量选自于测量参量,选取时应满足易测、敏感和独立的原则。材料本构关系的选择尽量具有代表性,以便在较大范围内接近待测材料。

(2)建立力学模型。建立分析参量即测量参量和识别参量即力学参量之间的函数关系,这是力学的正分析过程。

(3)选取求解算法。选取精确求解方法,确定相关力学参数。

(4)验证分析方法的唯一性、敏感性和测试结果的可靠性。

分析方法向识别多元力学参数的方面发展。识别压入硬度和弹性模量的分析方法日趋成熟,下面以此为例进行详细介绍。目前,热点转向研究压入识别塑性(屈服应变和幂硬化指数)、脆性(断裂韧度)、粘弹性(蠕变柔量)等力学参数方面。由于这些分析方法源于连续介质力学的理论,因此分析数据时与压入尺度无关。

2 压入硬度和弹性模量

随着仪器化压入技术的广泛使用,识别压入硬度和弹性模量的分析方法日趋成熟。GB/T 22458—2008,推荐三种识别压入硬度和弹性模量的分析方法:接触刚度-接触深度方法、压入能量-接触刚度方法和纯压入能量方法。1992 年,Oliver 和 Pharr 完善基于接触刚度和接触深度识别压入硬度和弹性模量的分析方法,此后该方法逐渐成为通用的识别方法,下面重点介绍该分析方法。

从弹性接触理论出发,给定基本假设:试样为各向同性均匀材料,忽略微结构方向和尺寸的影响;试样几何尺寸远大于压入深度,忽略边界效应的影响;试样表面为几何平面,忽略粗糙度和摩擦的影响;接触深度总是小于压入深度,仅适用于压入凹陷的变形模式;试样无蠕变和松弛,忽略时间因素的影响。

接触刚度和接触深度为关键分析参量。目前,常用两种形式的幂函数关系拟合卸载阶段的载荷-深度数据。

第一种形式

$$F = B(h - h_f)^m \qquad (3 - 7 - 1)$$

式中:

B、m 和 h_f 为采用最小二乘法拟合得到的参数。

拟合范围通常选为卸载曲线上部的 $25\% \sim 50\%$,观察拟合曲线和卸载曲线的逼近效果,调整拟合范围,直到确定出最佳的拟合参数。

第二种形式

$$F = B(h - h_p)^m \qquad (3 - 7 - 2)$$

式中:

B、m 为拟合参数;

h_p 为完全卸载后的残余深度。

式(3 - 7 - 2)适用于宏观压入仪,因为位移控制型仪器易于精确测量 h_p;式(3 - 7

-1)适用于纳米压入仪,因为载荷控制型仪器不易精确测量 h_p。对式(3-7-1)或式(3-7-2)求导,并在 h_m 处取值,可获得接触刚度 S 为:

$$S = \frac{dF}{dh}\bigg|_{h=h_m} = Bm(h_m - h_f)^{m-1} \qquad (3-7-3)$$

$$S = \frac{dF}{dh}\bigg|_{h=h_m} = Bm(h_m - h_p)^{m-1} \qquad (3-7-4)$$

确定接触深度 h_c 为:

$$h_c = h_m - \varepsilon\frac{F_m}{S} \qquad (3-7-5)$$

式中:

$\varepsilon F_m / S$ 为试样的压入变形量,可由 Sneddon 解得到。

由于要求 $h_c > 0$,此式仅适用于压入凹陷的变形模式;ε 为与压头形状有关的常数,对于玻氏压头、维氏压头和球头压头,$\varepsilon = 0.75$;对于圆锥压头,$\varepsilon = 0.72$。

接触面积依赖于接触深度。对于给定形状的压头,获得 h_c 后,$A(h_c)$ 就可以通过事先确定好的压头面积函数关系求得。实际上,由于加工水平的限制和后续使用的磨损,压头尖端的实际形状与设计形状之间存在差异。为了保证测试结果的准确性,需要根据使用情况重新校准压头面积函数 A。校准后的压头面积函数形式为:

$$A(h_c) = \sum_{i=0}^{8} C_i h_i^{\frac{1}{2^{i-1}}} \qquad (3-7-6)$$

式中:C_i 为拟合系数。

锥形压入的卸载阶段满足如下关系:

$$E_r = \frac{\sqrt{\pi}}{2\beta}\frac{S}{\sqrt{A}} \qquad (3-7-7)$$

式中:β 为与压头几何形状有关的常数,球形压头 $\beta = 1.000$,玻氏压头 $\beta = 1.034$,维氏压头 $\beta = 1.012$。

试样材料的压入折合模量 E_r 为:

$$\frac{1}{E_r} = \frac{1-v_i^2}{E_i} + \frac{1-v^2}{E_{IT}} \qquad (3-7-8)$$

其压入模量为:

$$E_{IT} = \frac{1-v^2}{\dfrac{1}{E_r} - \dfrac{1-v_i^2}{E_i}} \qquad (3-7-9)$$

式中:E_{IT} 和 v 是试样材料的弹性模量和泊松比,E_i 和 v_i 是压头材料的弹性模量和泊松比,金刚石取 1140GPa 和 0.07。

在确定 E_{IT} 时,如果不知道 v,可以参照公开发表的数据,也可选择 $v = 0.25$。因为常见材料的 v 为 $0.15 \sim 0.35$,如果 $v = 0.25 \pm 0.1$,所导致 E_{IT} 的偏差为 5.3%。

压入硬度 H_{IT} 定义为最大压入载荷除以此时压头与试样接触的投影面积,即:

$$H_{IT} = \frac{F_m}{A(h_c)} \qquad (3-7-10)$$

需要注意,压入硬度是压头作用于试样材料上的平均接触压力。

该方法的分析流程:利用式(3-7-1)或式(3-7-2)的幂函数关系拟合卸载曲线,经过式(3-7-3)或式(3-7-4)确定接触刚度 S;根据式(3-7-5)确定接触深度 h_c;基于校准后的面积函数,采用式(3-7-9)和式(3-7-10)分别确定弹性模量和压入硬度。

二十多年来,Oliver-Pharr 分析方法经过大量实验的修正和确认,得到经验性的改进和广泛的应用。目前,已成为最常用的方法。该方法简单方便,原理清楚,仅在压入凸起和浅压入深度情况下存在局限:

(1)基于弹性接触理论建立分析方法的适用性有限。接触深度式(3-7-5)的分析模型源于 Sneddon 的弹性解并经验修正,仅适用于压入凹陷的材料变形模式。对于压入凸起材料,采用该方法的弹性假设会低估接触面积,从而造成压入硬度和模量的高估,严重时可能分别高估 50% 和 30%。

(2)压头面积函数在压入深度拟合下限处的准确性有限。从压入硬度和折合模量的定义式(3-7-10)和式(3-7-7)可知,当 $h \to 0$ 时,$A(h_c) \to 0$,计算 H_{IT} 和 E_r 成为求"0/0"极限问题。式(3-7-6)在拟合该区间数据时的准确性难以保证。

三、测试功能

传统的拉伸、压缩等试验技术,难以满足如下要求:

(1)试样结构特殊,如激光表面强化材料和有基底的薄膜材料等,各种材料微区化,相互耦合,如何测定各微区的材料力学性能。

(2)材料和结构的尺寸较小或形状各异,如非晶合金、牙齿、木材细胞壁和 MEMS,如何测定尺度微小或形状各异的材料力学性能。

(3)原位和无损等特殊需求,如压力容器、铁轨、齿轮等服役部件的寿命评估,如何实现原位和无损测试。

目前,仪器化压入力学测试技术及其相关辅助技术发展迅速,测试功能多样化,已经成为微/纳米力学的材料试验机。可以实现压入及其拓展至划入、弯曲、压缩、吸附等多种加载方式,不仅能测定硬度和多种材料参数,如弹性参数、塑性参数、断裂参数、粘弹参数,还能研究微尺度材料的相变、疲劳、粘附等力学响应;同时,发展若干辅助技术,如测试环境的温度控制(加热台)、测试过程的损伤和破坏监测(声发射技术)。以下重点列举压入方式的测试技术,简要说明划入、弯曲和压缩加载方式的测试技术。

1　压入方式

1.1　块体材料的压入硬度和模量

选用熔融石英试样,采用 MTS Nano Indenter®DCM。使用两种测量方法:

（1）单一刚度测量方法，仅能测定最大压入深度处的压入硬度和模量；控制参数，恒载荷率 $75\mu N/s$，热漂移速率 $0.05nm/s$，压入深度 300nm。

（2）连续刚度测量方法，能测定随深度变化的压入硬度和模量；控制参数，恒应变率 $0.05/s$，热漂移速率 $0.05nm/s$，压入深度 250nm。参见图 $3-7-3-1(a)$。

如果将玻氏压头等效为球锥压头，它与试样材料表面初始接触时，压入深度接近于零，材料为弹性变形，压入硬度趋近于零；随着压入深度的增加，材料为弹塑性变形，硬度逐渐增加；当压入深度大于压头尖端半径时，材料为纯塑性变形，硬度趋于稳定值。实际上，作为指标，其值稳定才有使用价值。对于一般玻氏压头和常见材料，估计该深度大致为几十纳米不等，参见图 $3-7-3-1(b)$。压头尖端的半径越大，此压入深度值也就越大。

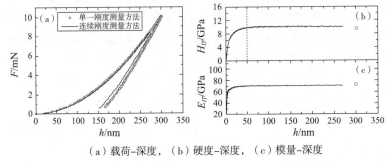

（a）载荷-深度，（b）硬度-深度，（c）模量-深度

图 $3-7-3-1$ 　块体熔融石英的测试结果

1.2　薄膜材料的压入硬度和模量

对于薄膜材料，除压头尖端钝化外，薄膜厚度、膜材和基材性质等也成为重要的影响因素。目前，GB/T 25898—2010《仪器化纳米压入试验方法薄膜的压入硬度和弹性模量》推荐三种分析膜材压入硬度和模量的方法。

（1）平台法。绘制试样压入硬度和模量的平均值（图 $3-7-3-2$～图 $3-7-3-4$ 中每种试样的测试次数为 10 次）随压入深度或相对（薄膜厚度 t_f）压入深度的变化曲线，明确压入硬度和模量曲线上是否出现平台。如果出现平台，表明基材和压头尖端半径均无影响。可在平台所在的压入深度范围内取值，作为膜材的压入硬度和模量，参见图 $3-7-3-2$。

（2）峰值/谷值法。如果不出现平台，仅出现峰值即最大值，可将该值作为膜材压入硬度或模量的最小估计值，参见图 $3-7-3-3$。如果仅出现谷值即最小值，对于压入模量，可将该值作为膜材模量的最大估计值，参见图 $3-7-3-4(b)$；对于压入硬度，不宜将该值作为膜材硬度的最大估计值，而是将硬度随深度变化由较快上升到较慢上升的拐点值，作为膜材压入硬度的最大估计值，参见图 $3-7-3-4(a)$。需要注意，将最大或最小估计值作为膜材的压入硬度和模量，可能存在较大偏差。

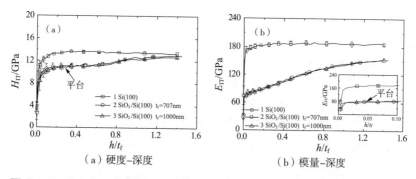

（a）硬度-深度 （b）模量-深度

图 3－7－3－2 在 Si(100)基材上热氧化生长 SiO$_2$ 薄膜的测试结果

（3）外推近似法。如果不出现平台,也可以对在一定深度范围内的压入硬度和模量与深度的关系线性外推到零深度,以得到膜材的压入硬度和模量,参见图 3－7－3－3 和图 3－7－3－4。参与外推数据所在的压入深度范围不宜过小,推荐不小于 50nm。需要注意,当压入深度过小时,压入硬度数据可能受到表面粗糙度、压头尖端半径等因素的较大影响;压入模量数据可能受到表面粗糙度等因素的较大影响。通过线性外推方法获得膜材压入硬度和模量,也可能存在较大偏差。

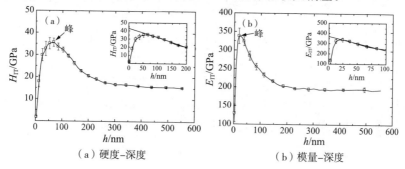

（a）硬度-深度 （b）模量-深度

图 3－7－3－3 在 GT35 钢基材上离子弧镀溅射约
320nm 厚 DLC 薄膜的测试结果

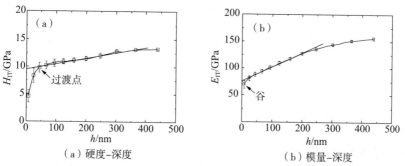

（a）硬度-深度 （b）模量-深度

图 3－7－3－4 在 Si(100)基底上热氧化生长 311nm 厚 SiO$_2$ 薄膜的测试结果

1.3 塑性参数

姜鹏和张泰华等基于 Johnson 孔洞模型和 Meyer 关系，提出一种压入能量分析方法计算压入总功和 Meyer 系数。

$$\begin{cases} W_t = \dfrac{2\pi E\varepsilon_y^2 c^3}{3n(n+1)}\left[\left(\dfrac{c}{a}\right)^{3n}-1\right] + \dfrac{(n-1)\pi E\varepsilon_y^2 a^3}{3(n+1)}\left[\left(\dfrac{c}{a}\right)^3-1\right] + \dfrac{\pi E\varepsilon_y^2 c^3}{3} \\ m = (-792.59n^2+1675.9n-962.01)\varepsilon_y^2 \\ \qquad +(68.187n^2-112.78n+57.84)\varepsilon_y-1.4569n^2+2.8637n+1.7178 \end{cases} \tag{3-7-11}$$

式中：

W_t 为压入总功；E、ε_y 和 n 分别为试样材料的弹性模量、屈服应变和硬化指数；

a 和 c 分别为孔洞模型中的核心区和塑性区半径；

m 为 Meyer 系数，是 $\log F$ 和 $\log a$ 之间线性关系的斜率。

以含 Nb 低碳钢的塑性参数测定为例进行说明：

（1）球形压入测试。采用 MTS Nano Indenter® XP 和球锥形压头（尖端球半径为 $10.8\mu m$，锥角为 90°），热漂移速率小于 0.05nm/s，压入测试次数为 15。压入的平均载荷-深度及其误差曲线参见图 3-7-3-5(a)。首先，采用 Oliver-Pharr 的方法，分别确定每次压入测试的弹性模量；其次，基于平均的载荷-深度数据确定塑性参数。

（2）单轴拉伸测试。三个试样的拉伸工程应力-应变曲线的平均值及其误差曲线参见图 3-7-3-5(b)。

（3）对比单轴拉伸和球形压入的工程应力-应变曲线，参见图 3-7-3-5(b)，由压入法确定 $R_{ITp0.2}$ 与单轴拉伸 $R_{Tp0.2}$ 的结果分别为 346MPa、411MPa，其中 $R_{p0.2}$ 为规定非比例延伸率为 0.2％时的应力，参见图 3-7-3-5(b)的内嵌图。

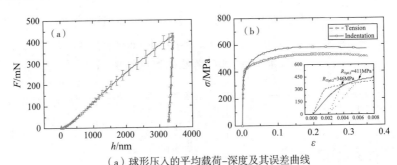

（a）球形压入的平均载荷-深度及其误差曲线
（b）单轴拉伸与球形压入的应力-应变曲线及其局部放大

图 3-7-3-5　低碳钢球形压入和单轴拉伸的测试结果

1.4 断裂参数

（1）Pharr 和 Oliver 等提出基于纳米压入技术的方法。根据断裂力学分析，Lawn

和 Evans 等人提出压入断裂韧度的表达式，如式（3-7-12）所示：

$$K_{IC} = \delta \left(\frac{E}{H} \right)^{1/2} \frac{F_m}{c^{3/2}} \qquad (3-7-12)$$

基于此式，Pharr 等发展以纳米压入仪为测量手段的测试技术。首先，采用玻氏压头测定试样材料的压入硬度和模量；其次，如果采用玻氏压头产生裂纹，$\delta = 0.016$，如果采用立方角压头产生裂纹，$\delta = 0.036$。实验发现，立方角压头产生径向裂纹的临界载荷，比维氏和玻氏压头低 1～2 个数量级，适用于微小尺度试样断裂韧度的测试，如硬质薄膜和涂层。

（2）张泰华和冯义辉等提出基于仪器化压入技术的能量方法。基于自相似压头的压入能量标度关系，能量方法的压入断裂韧度的表达式为

$$K_{IC} = \lambda \left(\frac{W_u}{W_t} \right)^{-1/2} \frac{F_m}{c^{3/2}} \qquad (3-7-13)$$

式中：对于立方角压头、玻氏压头和维氏压头，λ 分别为 0.0695、0.0550 和 0.0498。此方法相对上述第一种方法，简化了测试步骤，提高了测试效率，降低了测试成本。

1.5 高聚物的粘弹参数

上述测试的压入硬度和模量，需要基于试样材料响应与时间无关的假设。而高聚物作为典型的粘弹性材料，在室温下表现出显著的时间依赖特性，其粘弹性能包括静态性能和动态性能。对于静态性能，主要研究蠕变或松弛行为；对于动态性能，主要研究损耗行为。

（1）静态粘弹参量——蠕变柔量。①线粘弹性材料：测试的压头形状为锥形和球形，加载方式为阶跃加载和线性加载等，基于压入加载或保载或卸载段的数据识别蠕变柔量。②线粘弹塑性材料。彭光健和张泰华等提出测试方法，通过三步法消去载荷-深度曲线中的塑性变形，利用修正后的载荷-深度曲线确定蠕变柔量。

（2）动态粘弹参量——存储模量和损失模量。识别材料表征弹性的存储模量（storage modulus，E'）、表征内摩擦和阻尼的损失模量（loss modulus，E''）的典型分析方法，参见 Oliver 等和 Cheng 等的研究结果。Oliver 等利用连续刚度测量技术，测量压入载荷和深度的简谐幅值和相位，将接触处理成刚度为 S 的弹簧和阻尼为 $D_s\omega$ 的粘壶的并联，两识别参量为

$$\begin{cases} E' = \dfrac{\sqrt{\pi}}{2\beta} \dfrac{S}{\sqrt{A}} \\[2mm] E'' = \dfrac{\sqrt{\pi}}{2\beta} \dfrac{D_s\omega}{\sqrt{A}} \end{cases} \qquad (3-7-14)$$

1.6 金属材料的蠕变参数

识别金属材料微蠕变参数的典型分析方法，参见 Poisl 和 Oliver 等、Cheng 和

Cheng 的研究结果。Poisl 和 Oliver 等发展基于类似单轴蠕变所发展的保载方法:在不考虑拉伸蠕变测试的温度变化,应力 σ 与蠕变应变率 $\dot{\varepsilon}$ 的关系为 $\dot{\varepsilon}=b\sigma^m$。其中,$b$ 为硬化系数,与材料的特性有关;m 为应力指数。对大多数金属材料,m 值典型范围为 3~5。采用 H_{IT} 等效于应力的类比方法,基于恒应变率 $\dot{\varepsilon}_i=\dot{h}/h$ 控制,测定 H_{IT} 随时间的变化,类比拉伸蠕变关系式,压入蠕变为

$$\dot{\varepsilon}_i=b_iH_{IT}^m \qquad (3-7-15)$$

式中:b_i 为材料常数。

注意,热漂移会明显影响蠕变数据。

1.7 典型材料加卸载曲线涉及的部分现象

(1)均匀材料的典型加载曲线及其 W_u/W_t。材料的力学性能决定着压入变形行为。为了便于对比,以弹性恢复强的熔融石英和弹性恢复弱的单晶铝为例,说明压入弹塑性变形行为的差异。当压入载荷分别为 440.6mN 和 25.8mN,相应压入深度分别为 $1.95\mu m$ 和 $2.07\mu m$,W_u/W_t 分别为 65.0% 和 1.5%,参见图 3-7-3-6。

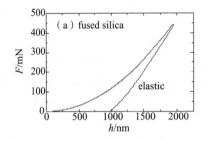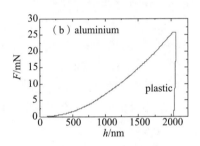

图 3-7-3-6 熔融石英和单晶铝的压入载荷-深度曲线

(2)加载突进(pop-in)和卸载(pop-out)突退。该现象通常由压入断裂或相变引起,如图 3-7-3-7 所示。对层状云母而言,当压深达到约 100nm 时,载荷-深度曲线中首次出现突进台阶;随着压入深度的不断增大,出现系列的突进台阶。显微观测压痕形貌,在压痕边缘区域发现明显的材料隆起甚至剥落。

2 划入方式

纳米划入仪依赖于测量技术的发展。划入方式简单方便,使用较早,以前难以定量,目前可以精确测量压头作用在试样表面上的法向力、切向力和划入深度随划入位置的连续变化过程,不仅可以研究摩擦磨损、变形和破坏性能,还可以研究薄膜的粘附失效和粘弹行为。对划入测试而言,需要关注划入载荷及其深度、残余划入的深度、宽度、挤出的高度等参数。由于划入变形复杂,不易建立力学模型,难以提供科学的划入硬度定义。

薄膜材料的临界附着力和摩擦系数。利用磁控溅射在硅片上沉积铝膜,使用 MTS Nano Indenter® LFM 和玻氏压头进行纳米划入测试。在图 3-7-3-8(a)中,

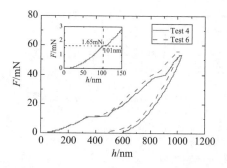

图 3 - 7 - 3 - 7　云母的压入断裂现象

切向力或摩擦系数曲线在位置 $390\mu m$ 处出现明显波动,对应于图 3 - 7 - 3 - 8(b)中划入深度约 700nm,为膜材和基材的界面,波动由界面性质突变所致。此切向力通常被定义为薄膜粘附失效的临界附着力,其值为 14.7mN。

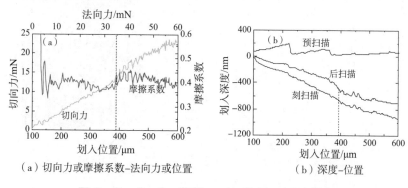

（a）切向力或摩擦系数-法向力或位置　　　（b）深度-位置

图 3 - 7 - 3 - 8　薄膜 Al /Si 的划入测试结果

3　弯曲方式

纳米压入仪的载荷分辨力高,部分仪器已至 1nN,显著拓宽材料试验机的测量下限,可作为微力材料试验机使用。通过采用楔、棱锥、平头、球等形状的压头,实施微小结构的弯曲、压缩试验和吸附液体的试验,给出相应微小载荷和位移的测量。

在硅片上电镀镍膜,采用微加工工艺将膜制作成 $100\mu m \times 18\mu m \times 3.2\mu m$ 的微桥。使用 MTS Nano Indenter® XP,楔形金刚石压头,楔长 $28\mu m$ 和楔角 45 °。为研究镍微桥的弯曲行为,压头楔长沿微桥宽度方向作用其中间,采用三次加卸载方法测量挠度,参见图 3 - 7 - 3 - 9(a)和(b)。

4　压缩方式

Uchic 和 Nix 等采用聚焦离子束(FIB),在超耐热镍合金晶体的表面向下加工出圆柱状微小试样,直径和高分别为 $10\mu m$ 和 $20\mu m$,保留其根部连接在块状晶体上。

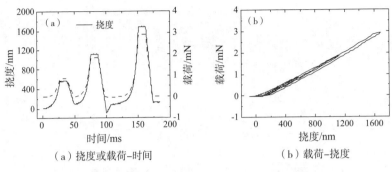

(a) 挠度或载荷–时间

(b) 载荷–挠度

图 3 - 7 - 3 - 9　镍微桥的静载弯曲测试结果

采用纳米压入仪和平压头,进行微圆柱试样的压缩试验,结果参见图 3 - 7 - 3 - 10。

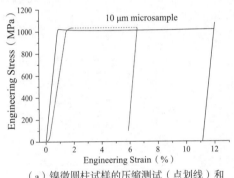
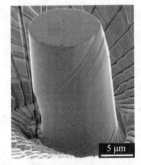

(a) 镍微圆柱试样的压缩测试(点划线)和
拉伸测试(实心线)的应力—应变曲线

(b) 微圆柱试样压缩试验后的
扫描电镜照片

图 3 - 7 - 3 - 10

四、标准化

仪器化压入技术正处在不断发展和完善的阶段。要真正实现该技术的可靠应用,目前仍存在若干困难:

(1)在力学参量测量方面,影响因素多。因为载荷和深度测量需要的分辨能力高,例如达到甚至超过 100nN 和 100nm,易受仪器、方法、环境以及操作人员等诸多因素的影响。

(2)在分析方法建模方面,适用范围有限。因为需要事先给定基本假设,才能建立其测量参量和识别参量之间的关系。而参数测试是反问题,难以确定待测材料是否满足分析方法的适用范围。

(3)在测试结果可比方面,一致性不够。因为各实验室之间存在人员操作水平和测试环境的不同,其提供的测试结果有时差异明显。上述因素往往导致测试结果的可靠性不高,可比性缺乏。因此,需要开展仪器化压入技术的标准化研究,以便规范测试过程,确保测试结果的可靠性和一致性。

为了配合完成国家标准计划项目和国家标准样品研复制项目的研究任务,宝山钢铁股份有限公司和中国科学院力学研究所,组织国内九家单位和国外两家仪器制造商(MTS公司和Hysitron公司)进行纳米压入比对测试,以便了解国内外仪器的使用情况,比较不同仪器之间的差异,把握标准编写过程中的技术要求。

1 文本标准

目前,颁布实施的国际标准有《金属材料 硬度和材料参数的仪器化压入试验》,包含四部分内容:试验方法,试验机的检验和校准,标准样品的校准(ISO 14577 - 1:2002,ISO 14577 - 2:2002,ISO 14577 - 3:2002),金属和非金属涂层的试验方法(ISO 14577 - 4:2007)。先进国家标准主要有美国标准《仪器化压入测试的标准规程》(ASTM E 2546 - 07),2007年颁布实施。

中国国家标准由全国纳米技术标准化技术委员会(TC279)下属的纳米压入与划入技术标准化工作组(WG4)编制。已完成三项标准的编制工作。

GB/T 22458《仪器化纳米压入试验方法通则》,于2008年颁布。正文包括:范围,规范性引用文件,术语和定义、符号,测试原理,仪器要求,试样要求,环境要求,测试程序,试验结果的不确定度,试验报告。附录包括:压头面积函数的确定方法,压头的要求,基于载荷-深度数据确定硬度和材料参数的方法,金刚石压头的注意事项,标准样品的要求,仪器柔度的确定方法,基于压入能量关系确定硬度和模量的方法,基于压入连续接触刚度确定硬度和模量的方法,仪器的校准和检验方法。

GB/T 25898《仪器化纳米压入试验方法 薄膜的压入硬度和弹性模量》于2010年颁布。正文包括:范围,规范性引用文件,术语和定义,符号,测试原理,测试要求,测试程序,结果分析,试验报告。

《仪器化纳米压入试验方法 术语》,2014年报批。该标准规范仪器化纳米压入技术中所涉及的术语及其定义,便于增强理解和交流,促进该技术的推广和应用,使之更好地为科研、生产和贸易服务。

对比GB/T 22458与ISO 14577 - 1,ISO 14577 - 2,ISO 14577 - 3和ASTM E 2546:①GB/T 22458参考ISO 14577的适用内容。从标准的内容上看,ISO 14577规定的范围过宽,不少内容沿用ISO相关硬度标准的规定,以致于内容庞杂、针对性和操作性不强,所以本国家标准的撰写仅参考其中的适用部分;②GB/T 22458吸收ASTM E 2546的特色内容。实际上,纳米压入技术源于美国。ASTM E 2546主要针对纳米压入仪而编制的,内容简洁,针对性和操作性强,涵盖重要制造商MTS和Hysitron公司纳米压入仪的主要技术。考虑到国内仪器多从美国引进的现状和ASTM E 2546操作性强等优势,吸收该标准的部分内容;③考虑最新技术水平,着眼未来技术发展。考虑到目前仪器的测量能力发展水平和分析方法研究进展,引入基于压入连续刚度技术测定压入硬度和模量的方法,引入基于压入能量标度关系确定压入硬度和模量的方法。

对比 GB/T 25898 与 ISO 14577－4:①GB/T 25898 规定的测试仪器明确,测试对象具体。一般认为,薄膜厚度较小,小于 $10\mu m$,易受基材的影响;而涂层厚度较大,为 $10\mu m\sim100mm$,受基材的影响较弱。GB/T 25898 的测试仪器为纳米压入仪,压入深度在纳米量级至数微米,压入方向为垂直于试样表面,适合薄膜测试,因此范围明确,针对性强。而 ISO 14577－4 的测试对象为涂层,但对压入深度范围又未明确规定,比较宽泛,针对性不强;②GB/T 25898 充分考虑纳米压入测试技术的发展现状。该国家标准除了包括"基于单一刚度测量的测试方法"之外,还引入高效的"基于连续刚度测量的测试方法";③GB/T 25898 充分考虑压入深度和压头尖端半径对测试结果的影响。根据膜厚的不同,提出平台分析法、峰值/谷值分析法和外推近似分析法,力求分析实用和简洁,尽可能排除基底效应和压头尖端半径对膜材压入硬度和模量测定的影响。

2 标准样品

仪器化压入尤其是纳米压入难以量值溯源,因此采用标准样品定期检验和校准仪器,例如间接检验仪器整体性能、校准压头面积函数和校准仪器柔度等,这种方式简单易行。

目前,普遍采用熔融石英作为参考样品。熔融石英的特点是:表面光滑、抗氧化、非晶、各向同性、无加工硬化、中等范围的力学特性、典型的陶瓷行为、在卸载时有较大的弹性恢复、无明显时间相关性等,比较适宜作为参考样品。但用户所使用的熔融石英样品,多为随仪器进口,这些样品之间存在一定的差异,不利于各实验室测试基准的统一。

按照国家标准样品研制流程,宝山钢铁股份有限公司、中国科学院力学研究所和浙江工业大学通力合作,研制开发出系列化的纳米压入仪用标准样品,材料分别采用中国和澳大利亚生产的熔融石英(陶瓷类材料,弹性模量约为 72GPa)、IF 钢和烧结钨(金属类材料,弹性模量分别约为 200GPa 和 410GPa 左右),其性能分布范围能满足使用需求,主要用于仪器整体性能的间接检验、压头面积函数的校准、仪器柔度的校准。

五、结论

仪器化压入(尤其是纳米压入)技术仍需发展和完善。纳米压入测量的可靠性,参数识别的多元化及其分析方法的普适性,新测试功能的开发及其适用性等问题,已引起研究者和使用者的广泛关注。仪器化压入测试的压入深度在微/纳米范围,测试原理和分析方法复杂,测试环节和影响因素多,因此需要重视如下方面的问题:

(1)力学参量测量的精确性。在纳米尺度,需要精确测量施加在压头上的载荷和位移,并准确转化为所需的压入载荷-深度曲线及其压头与试样的接触投影面积。通过发展微力/微位移的量值溯源技术,建立纳米压入测量的检验验证技术。

(2)参数识别方法的合理性。研究压入接触模型,建立新的压入测量参量和识别参量之间的关系或方程,发展多种参数识别的分析方法及其相应的测试方法。通过发展有限元数值模拟技术和试验验证技术,建立参数识别分析方法及其测试方法可靠性的检验验证技术。

(3)实验操作程序的规范性。通过对测试影响因素的研究,建立仪器日常校准和检验的技术规范,明确测试方法的适用范围,以保证测试结果的重复性。

(4)压入检测技术的统一性。研制国家标准,保证测试程序的一致;研制标准样品,检验仪器日常的工作状态和测试结果的重复性。通过上述工作的开展,以便提高不同实验室之间微/纳米力学测试结果的可比性。

(5)基础性工作亟待加强。开展基础性的研究工作,例如规范和统一名词及其定义、进行实验室间比对试验,促进认证认可水平的提高,便于学术交流和经济贸易。

第四章　综合分析及相关实验技术

第一节　环境分析技术——大气中 VOCs 在线分析仪

一、VOCs 与 PM2.5

挥发性有机物（VOCs）一般指常压下沸点在 260℃ 以下，25℃ 时蒸气压大于 13.332Pa，分子量＜250 的各种有机化合物的总称。主要包含烷烃、烯烃、苯系物、卤代烃、醛、酮、醇、酯、有机酸、有机胺、有机硫化物等。

大气中的 VOCs 来源于石化行业、有机化学原料生产企业、化学原料药行业的生产过程；油漆与建筑涂料、高分子合成、食品加工、日用品、农用化学品、轮胎制造的使用过程；油漆与建筑涂料、电线电缆、电子、印刷、纺织、造纸、钢铁冶炼、半导体等行业的排放过程；以及产品转运，存储、配送过程中的释放。

VOCs 在光照条件下，与空气中的氮氧化物发生相互作用，经一系列光化学反应，生成臭氧。臭氧是光化学烟雾的主要组分，严重污染环境。因此环境空气中的 PM2.5 有很大一部分来源于 VOCs 的贡献。美国环保署（EPA）在其 PAMS（光化学评估监测站）中规定了 57 种需要监测的能够产生臭氧前体物的 VOCs。

《国家"十二五"环境保护规划》和《重点城市大气污染防治规划》中强调"加大对 PM2.5、臭氧、VOC 等污染物的监测，纳入城市空气质量综合考核和评价指标"。GB 16297—1996《大气污染物综合排放标准》，GB 21902—2008《合成革与人造革工业污染物排放标准》，DB 11/501—2007《大气污染物综合排放标准（北京）》，DB 11/447—2007《炼油与石油化学工业大气污染物排放标准（北京）》，DB 31/373—2006《生物制药行业污染物排放标准（上海）》，DB 31/374—2006《半导体行业污染物排放标准（上海）》中都对 VOCs 的排放进行了控制。

目前对 VOCs 的监测主要采用离线的方法，使用采样袋、苏码罐、吸附剂或吸收液将 VOCs 采集回实验室，再经过热解析、溶剂解析等前处理过程后，利用 GC 或 HPLC 分析。

这些传统的分析方法共同的缺点是时效性较差。一次完整的分析流程一般需数个小时，分析速度较慢，加上样品的采集和运输过程，更加无法反映 VOCs 的瞬时情况，而且采样和运输过程中易导致样品损失，影响测定的准确性和可靠性。

由于传统的实验室分析方法不能实现快速实时的检测，无法及时了解环境质量的变化动态，因此 VOCs 的在线监测技术逐步进入大气环境管理者的视线。VOCs

的在线监测,能确定污染源的种类和污染程度,为正确制定决策提供及时有效的信息。随着大气 PM2.5 污染的加剧,突发大气环境污染事件的高发,VOCs 污染形势严峻,对 VOCs 的在线监测需求旺盛。

二、VOCs 在线监测技术

目前,用于大气中 VOCs 监测的技术主要有色谱技术、检测器技术、质谱技术和光谱技术等。

色谱技术主要是采集一定体积的样品并进行适当的预处理后,将其注入色谱系统,待测物在色谱柱中与固定相相互作用,按照作用力大小的不同,各个化合物得到分离,依次流出色谱柱,在合适的检测器中得到检测。通常按照化合物流出特定色谱柱的时间进行定性,根据其在检测器中的响应大小进行定量。

检测器包括光离子化检测 PID、火焰离子化检测 FID 等技术,被测气体样品被直接导入传感器内,VOCs 在一定的电离方式下被离子化,电极收集电离产生的离子流,从而产生信号。

质谱包括膜进样质谱技术,质子转移反应质谱技术(PTR-MS)。气体样品可不经分离,被软电离后进入质量分析器进行分析。分析仪最终按照各种 VOCs 的分子离子峰的质荷比和强度对其进行定性和定量。

光谱包含的技术种类比较多,有非色散红外光谱(NDIR)、傅立叶变换红外光谱(FTIR)、差分光学吸收光谱(DOAS)、激光光谱。这些光谱技术均是利用 VOCs 对特定波长光的吸收和吸收强度进行定性和定量。

1 在线监测的分离系统——色谱

对于多种 VOCs,如果检测器不具有定性能力,那就必须要通过分离系统将它们彼此分离,再逐一进行定量。VOCs 经预处理后进入色谱柱,各化合物按照与色谱内固定相的作用力大小不同,依次流出色谱柱,并被柱后的检测器检测。原始数据为谱图的形式,保留时间不同的谱峰代表不同的化合物,根据保留时间对化合物进行定性,峰面积则用于定量。

在线气相色谱 VOCs 监测技术实际上是对实验室色谱方法的改造和集成,主要通过对采样和预处理系统的改进,实现了自动化采样和连续进样分析。色谱分离系统可分辨大多数的 VOCs,结合合适的预处理和检测方法,使色谱类技术具有了定性全面、定量准确、灵敏度高(亚 ppb 级)等多种优势,因而被国内外环境保护机构广泛采用,是环境大气监测应用广泛的标准方法。但即使是在线 GC,也需要几十分钟到半个小时才能得到一次分析结果,响应速度还不够快。

近年来,借助于成熟的气相色谱技术,许多厂家和研究机构开发了便携或在线式气相色谱 VOCs 监测系统,已得到逐步推广和应用,如 Agilent、Perkin Elmer、O. I. Analytical 等,已可以将实验室气相色谱与样品前处理设备进行集成,实现 VOCs 的连续监测;同时,在线仪器的生产商,如荷兰 Synspec、法国 Chromatotec、德国 AMA 等,均拥有系列的在线 GC 产品,用于各种类型的 VOCs 分析;Inficon、SRI、Torion 等公司的便携式 GC/GC-MS 产品也早已推向市场。在国内,北京东西分析仪器有限公司于 2005 年研制出了 GC-4400 型便携式光离子化气相色谱仪;中国科学院大连化物所在便携式气相色谱方面也有研究成果发表;北京大学、暨南大学均成功研制出了挥发性有机物气相色谱在线监测系统。

2 百花齐放,各显神通的检测手段

检测器的种类非常多,主要有光离子化检测器(PID)、氢火焰离子化检测器(FID)、质谱等。

PID 是通过紫外线的能量将 VOCs 电离,收集电离后的离子流,即为响应信号,以信号强度的大小对待测物进行定量。

FID 是通过 VOCs 在带电场的氢火焰中燃烧,产生离子流,并转化为电信号,进行检测。

PID 技术最大的优点在于响应速度快,对大多数 VOCs 均有响应,对许多烃类的响应灵敏度非常高,可达 ppb 级,且检测成本相对较低。但是稳定性不足,对环境变化较为敏感,需要频繁校准,选择性差,无法区分 VOCs 的种类,需要色谱加以分离。

目前,RAE System、Ionscience、Photovac、Thermo 公司均推出了用于探测 VOCs 的 PID 或 FID 检测器。我国也有许多研究机构和厂家已在该技术领域有所探索,如中国科学院安徽光学精密机械研究所已在 PID 传感器方面进行了研究,申请了许多专利,北京清华园科技有限公司、中北大学等公司和科研院所也在 PID 技术的改进和应用方面取得了许多成果。

3 高贵的质谱技术

此项技术是通过一定的进样/电离方式使 VOCs 进入离子源离子化,而后直接导入质谱进行分析,根据扫描得到的质荷比和峰强度进行定性和定量。

进样方式可以分为膜进样和直接进样;离子化方式包含电子轰击电离(Electron Ionization)、质子转移反应电离(proton-transfer-reaction,PTR)、单光子紫外光电离(single photon ultraviolet photon ionization,SPUVPI)等种类;质量分析器类型则有四极杆、飞行时间(TOF)质量分析器等多种类型。

PTR-MS 具有高灵敏度(ppt 级)、快速响应速度、高瞬时清晰度及低裂解度等优点,同时不需要对样品进行预处理,不会受到空气中常规组分的干扰;此外它还是一种浓度的绝对测量技术,不需要标定;但是质谱仪器定性时无法区分同分异构体,PTR 技术只适合于分析质子亲和力比水强的物质;质谱仪器价格通常也较为昂贵,因此应用并不广泛。

奥地利的 Ionicon Analytik GmbH 公司利用 PTR-MS 技术开发了一系列质谱

仪器,可用于 VOCs 的监测;中国科学院安徽光学精密机械研究所开发了具有自主知识产权的"大气挥发性有机污染质子转移反应质谱在线监测系统";吉林大学运用膜进样飞行时间质谱分析技术,研制了远程智能 VOCs 检测仪。

4　选择性强,且简便快捷的光谱技术

利用非色散红外光谱(NDIR),基于气体在红外波段的特定吸收可以对其组分和浓度进行检测。

傅里叶变换红外光谱(FTIR)利用迈克尔逊干涉仪通过傅里叶变换将干涉图转换成红外光谱图,得到气体成分的光谱信息,对吸收光谱与参考光谱的拟合实现对多种成分的同时定性和定量分析。

差分光学吸收光谱(DOAS)是一种基于气体分子在紫外和可见波段的特征吸收的分析技术。分子吸收引起的光学厚度变化是随波长的快速变化(即所谓的高频成分),而光源的波动、仪器漂移、散射等引起的光学厚度变化是随波长的缓慢变化(低频成分),将吸收光谱中的"高频成分"和"低频成分"进行分离,可以消除仪器和测量条件对测量结果的影响。

激光光谱主要指调谐二极管激光吸收光谱(TDLAS)。利用 LD 可调谐、窄线宽的特性,通过控制 LD 的温度或者注入电流,激光输出波长在气体的吸收波长附近调制,通过锁相放大器监测光谱吸收的谐波,实现对被测物质浓度的快速检测。除了 TDLAS 技术外,激光光谱还包括激光拉曼光谱、光声光谱、激光诱导荧光、差分激光雷达。

总体来说,光谱类方法的普遍优势在于:无需预处理,响应速度快;非接触式检测 VOCs,保证气体信息不失真;适用于现场快速检测和实时在线分析,也可用于一定区域内的面监测。

但是光谱类技术也存在缺点,如光学器件成本高、维护不便、可利用的波段有限、测量灵敏度不足等,这些都限制了光谱技术在 VOCs 监测中的应用,光谱测量技术目前仅用于苯系物和少数低分子量 VOCs 的在线监测。

瑞典 OPSIS 公司、美国 TE 公司、法国 ESA 公司均有基于 DOAS 技术的分析仪,可用于分析有机污染参数;中国科学院安徽光机所在 VOCs 在线光谱技术的研究与开发方面也已经取得了很多成果;有关 TDLAS 技术在 VOCs 在线监测中的应用,天津大学取得了一些研究进展。

三、新技术发展趋势

以气相色谱为主导的 VOCs 监测技术已在国内外得到了广泛应用。尽管可供选择的技术种类不少,但是仍然没有一种方法能适应所有状况下的 VOCs 监测需求。近年发展的 VOCs 监测新技术并没有原理性的创新,仍然是在原有的几类技术基础上进行改进和完善。

　　色谱方面,提高整个过程的分析速度是一个重要的发展方向。例如出现了固相微萃取(SPME)、膜萃取以及各种自动化技术,可以提高样品采集和前处理的效率;快速色谱技术可以使样品在几分钟甚至几秒内得到分离分析;为了提高定性的准确性,与各种具有定性能力或特殊选择性的检测方法联用(如 PTR－MS,FTIR)也是一个重要趋势。此外,色谱仪器的小型化、微型化,特别是 MEMS(微型机电系统)技术在色谱中的应用,使色谱仪器的便携性越来越强,分析速度越来越快,使用更加方便。

　　质谱技术方面,有研究者把 GC 和 PTR－MS 结合起来,或采用 PTR－MS 结合离子阱的方式来提高该技术对同分异构体的区分能力。Ionicon Analytik GmbH 公司推出了一系列不同配置的 PTR－MS 仪器,并提供多种类型质子转移试剂,以满足不同的检测需求。

　　光谱方面,开发稳定可靠的便携式光谱仪器是一个共同的发展趋势。其中,TD-LAS 在线测量低分子量有机气体的精度已经与 GC－MS 方法相当,测量的实时性明显优于色谱类方法,而该技术面临的主要问题是调谐范围限制了可探测的气体种类,在 VOCs 具有丰富吸收光谱带的红外波段,可调谐激光器的性能不够理想且价格高。因此,开发价格更低廉、调谐范围更宽、性能更优良、更稳定的半导体二极管激光器,将是未来研究的重要方向。此外,还需要设计光程更长、性能更稳定可靠的开放式多光程池,研究解决谱线重叠和环境干扰因素的数据处理方法。

四、不同厂家所用技术统计汇总(见表 4－1－4－1)

表 4－1－4－1　不同厂家所用技术统计汇总

主要技术类型	技术内容	针对客户类型	代表企业
检测器	PID、FID	对 VOCs 进行快速估量,对灵敏度要求适中、定性要求较低的用户,适用于室内环境、职业安全、气体安全、污染源总烃排放监测	RAE System IonScience Thermo Electronic MSA Photovac
质谱	PTR－MS 等	对分析速度、定性准确性和灵敏度要求比较高的用户,如:大气环境研究机构、应急监测	Ionicon Analytik 中科院大连化物所
光谱	NDIR	机动车尾气排放中碳氢化合物监测;对灵敏度、定性要求不高,需要进行 VOCs 总量的快速估量的用户	Horiba 日本富士

续表 4 - 1 - 4 - 1

主要技术类型	技术内容	针对客户类型	代表企业
光谱	FTIR、DOAS	对区域内多种 VOCs 进行实时面监测、对灵敏度的要求适中的用户,如大气环境研究机构、大气监测站	Cerex OPSIS MIDAS University of Wollonggong 青岛雷博电子仪器厂 安徽光机所
光谱类	激光光谱	该类技术目前可测的 VOCs 种类较少,适合于恶劣环境下,指定气体的高灵敏度监测,或者大气环境中少数组分的高灵敏度监测	目前还没有产品化的仪器可用于测量 VOCs,安徽光机所、天津大学在此方面有所研究
色谱	实验室气相色谱	按照国家标准方法进行 VOCs 分析的客户,对分析的准确性、可靠性要求较高,如第三方检测机构、环境分析研究机构	Agilent 岛津 Thermo Perkin Elmer
色谱	在线气相色谱	对固定的一类 VOCs 进行高灵敏度监测、对分析速度要求适中的用户。典型用户如大气自动监测站点、污染源排气监测等	Synspec Chromatotec AMA Baseline - Mocon

五、结论

VOCs 监测技术目前仍以色谱分析技术为主流,由于色谱技术已相对成熟,关键器件可靠,许多公司在色谱及 VOCs 监测方面也已经积累了一些经验,相继推出在线 GC 用于 VOCs 的实时分析。

检测器、质谱和光谱技术相对于色谱的最大优势在于实时性,应用潜力很大,可以和色谱技术进行互补,满足更多领域的应用需求,但由于市场保有量和价格因素在国内的实际应用有限,发展较缓慢,实用性不足。

六、代表性的在线和现场 VOCs 检测仪

1　荷兰 SYNSPEC 公司 GC955

GC955 VOCs 分析仪是荷兰 SYNSPEC 公司集 10 年环境空气质量监测在线气

相色谱仪的研究和应用经验,开发出的最新型在线 VOCs 气相色谱分析仪。主要应用于实时监测环境空气和工业区空气中 VOCs,包括苯系物、臭氧前体物($C_2 \sim C_{10}$)、恶臭类有机硫化物以及工矿企业排出的有毒碳氢化合物,适用于城市、工业区或化工区环境空气中有毒有害碳氢化合物、氯代烃的在线监测。

GC955 采用国际成熟技术,可靠性高,性能稳定,维护量少,运行费用低。系统配置灵活,可根据客户的不同需求进行仪器配置和选择监测组分,同时可分别选择 GC955 - 615($C_6 \sim C_{12}$ 高沸点有毒有害挥发性有机物在线监测)和 GC955 - 815($C_2 \sim C_5$ 低沸点有毒有害挥发性有机物在线监测)分析仪进行监测,满足不同监测项目需要。

(1)检测范围:$0 \sim 300$ppb(可由用户选择)。

(2)检出限:$0.4\mu g/m^3$(反式 - 2 - 丁烯)。

(3)重现性:$<3\%/10$ppb(反式 - 2 - 丁烯)。

(4)产品采用预分离柱,使不需要监测的高沸点化合物滞留在预分离柱并及时得到反吹,不仅缩短了高沸点化合物出峰慢导致的较长分析时间,而且延长了分析色谱柱使用寿命,30min 内最多可自动分析 40 多种 VOCs。

(5)可选择 PID,FID,ECD,TCD 等多种检测器,以满足不同化合物对灵敏度和选择性的要求。

(6)步进式微注射器采样,检测结果准确。

(7)采用 MFC(质量流量控制器)为流量控制单元,根据温度和压力的变化对流量进行精确控制,保证分析物质保留时间稳定。

(8)具有手动和自动的校准方式,内置 PC 机,可自动完成数据采集、处理和通讯任务。

(9)操作软件基于微软视窗操作系统设计,方便各种运行参数的设置,具有自诊断和远程故障诊断、自动控制各运行参数功能,能记录并输出仪器内部检查、报警、校准等信息。

2 聚光科技 GC3000 有毒有害碳氢化合物在线气相色谱分析仪

聚光 GC - 3000 型 VOCs 在线监测系统是集自动采样、样品前处理、色谱分离、数据采集于一体的挥发性有机物在线监测系统,可实现无人监守下长期连续自动运行,能准确测量气体中各种挥发性有机物的浓度,具备实时数据传送和远程监控分析的能力,主要应用于环境空气 VOCs 在线监测和污染源排放 VOCs 在线监测。技术方案在遵守我国现行空气质量相关标准的同时,也符合美国环保署(EPA)对"危险性空气污染物(HAPs)中挥发性有机物"监测的相关技术规范。

采样系统采集被检测气体,除尘、除水后送入样品前处理单元,内置的采样泵和质量流量控制器(MFC)实现精确定量,经冷阱(可达-100℃以下)富集后,快速加热富集管使样品气脱附,由载气将样品带进气相色谱仪,经色谱柱分离后进入高灵敏度检测器,最后由色谱工作站完成数据采集、分析和处理。该产品具有以下特点:

(1)深冷捕集技术——提高了小分子 VOCs 的富集效率

深冷捕集技术如图 4－1－6－1 所示。

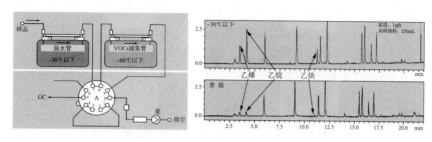

图 4－1－6－1　深冷捕集技术

采用－30℃以下的捕集管可有效提高 $C_2\sim C_4$ 小分子、低沸点 VOCs 的采样效率,与常温采样相比,灵敏度可提高一个数量级。

(2)自动量程切换技术——检测浓度范围更宽

具有定量环和富集管自动切换功能,富集管用于低浓度(0~500ppb)检测,定量环用于高浓度(500ppb~50ppm)检测,使系统同时满足低浓度和高浓度 VOCs 检测的需要。

(3)保留时间和特征离子双重定性——提高定性准确性

检测器可选装质谱,利用色谱保留时间和质谱特征离子,提高了定性的准确度,同时也可通过检索专用的 VOCs 谱库,对未知 VOCs 进行筛查。

(4)实时内标和定期质控——提高定量准确度

系统采用实时内标技术,每个循环自动进行内标样和样品的采集,通过内标组分和样品组分的比值建立校准曲线,消除检测器响应漂移,保证每次测试数据的准确性。系统采用定期质控技术验证校准曲线的准确性,每天自动采集质控样进行分析,判断校准曲线是否准确,保证长时间连续运行过程中数据的准确性。

(5)切割反吹技术——解决高沸点残留问题

切割反吹,可防止不需要的高沸点有机物进入并残留在分析柱内,提高了色谱柱的使用寿命,也缩短了每次分析的时间(见图 4－1－6－2)。

(6)数字化气路控制、保留时间锁定技术——提高仪器运行的稳定性

采用电子压力/流量(EPC/EFC)控制技术,提高载气压力和流量控制精度。采用保留时间锁定技术减小环境温度、大气压力等对保留时间的影响,解决了长期运行保留时间漂移的问题。

(7)全自动校准——减少日常维护工作量

选择方法后系统自动循环运行,完成从样品采集、色谱分离、组分检测到数据分析、处理和传输的全部流程。通过定期自动质控,验证校准曲线的准确性,当系统产生漂移时自动重新校准,大大提高了仪器检测的自动化程度。

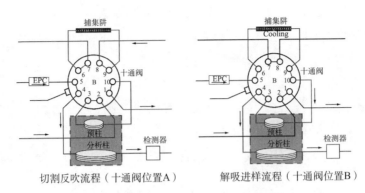

切割反吹流程（十通阀位置A）　　　解吸进样流程（十通阀位置B）

图 4-1-6-2　切割反吹、解吸进样流程

(8)针对不同 VOCs 选装不同的检测器——实现高灵敏度

FID 和 PID 对烃类、NPD 对氮磷化合物、ECD 对卤代烃、FPD 对含硫磷的有机物、质谱对未知有机物等,检测范围能覆盖所有挥发性有机物,检出限可达 0.05ppb 以下。

3　聚光科技 MARS400 便携式 GC/MS

聚光 Mars－400 系列便携式气相色谱-质谱联用仪产品将低热容气相色谱技术与离子阱质谱技术结合,实现了 VOCs 分离、定性和定量检测,成为现场 VOCs 应急监测领域中不可或缺的分析利器。质量范围 15～550u,单位质量分辨率,最大扫描速率 10000u/s,灵敏度:四氯化碳 0.5vppb,苯 0.01vppb,丁烯 0.15vppb,精度≤2%。该产品的特点如下:

(1)便携性好

高集成度和模块化的设计理念使 Mars－400 的主机大小跟一台投影仪相当,可以手提、肩背、车载等多种方式携带。

(2)操作简便

采用方便现场使用的触摸屏技术,所有操作通过指尖完成;图形化界面便于用户快速学习和掌握;用户根据向导提示选择仪器内置的常见化合物分析方法即可轻松完成整个分析过程。

(3)分析速度快

采用的低热容气相色谱技术(LTM－GC)可提供比传统柱箱更快的升温/降温速度,使仪器的单次分析周期缩短至十几分钟,从而大大加快了现场应急反应速度。

(4)进样方式多样

支持热插拔的伴热采样探头、顶空/吹扫捕集、固相微萃取(SPME)、液体直接进样等多种进样方式,满足现场空气和水中 VOCs 的检测需求。

4　美国英福康(INFICON) HAPSITE

英福康公司的 Hapsite 系列低热容柱上加热气相色谱−质谱联用系统及其数据处理工作站,是全球广泛认可的便携式环境现场分析及应急检测解决方案。主要应用于环境中的挥发性和半挥发性有机物(VOCs/SVOCs)检测,包括有毒工业原料、有毒有害 VOCs、化学战剂等,目前已经在美国、欧洲、中国、日本等世界各国范围内的环境监测、军事国防、消防安全等领域得到广泛应用,并为多次重大事故及自然灾害提供了应急检测支持。HAPSITE 完全保留了经典的四极杆气质联用仪谱图的完美匹配性及定量的稳定性,同时又克服了传统的实验室 GC/MS 中真空泵对环境的苛刻要求的局限性。该产品的特点如下:

(1)便携设计精巧

低热容柱上加热技术配合四极杆质谱的微型化设计,在满足分析能力的前提下有效降低仪器功耗。NEG 泵真空技术,始终保持真空,可以在移动中工作,轻松应对任何紧急情况。内置电池及载气,满足野外现场操作需求,可配合各种便携式的样品处理技术,满足现场痕量分析要求。

(2)高灵敏度

四极杆质谱可提供全扫描和离子选择模式,接近实验室质谱的灵敏度水平。其内置微型样品预浓缩系统,可达到 ppt 级别的痕量分析,而标准闭环注入满足从 ppb 至 ppm 范围的直接分析。提供顶空、吹扫捕集、固相微萃取等前处理接口及附件以提高样品前处理能力,以满足方法检测要求。

(3)快速应急

该产品提供应急模式和分析模式两种检测模式。在应急模式下,可直接质谱进样,对重要污染物以最快的速度做出应急响应。在分析模式下,可在数分钟内完成挥发性及半挥发性物质的全面分析。

(4)安全可靠

该产品采用防水、防震等设计,能适应各种恶劣环境,全密闭设计大大减少了气体的消耗,保障在野外现场的恶劣环境中正常工作。

(5)操作简便

该产品采用前置触摸屏设计,可通过人性化的触摸屏界面实现对仪器的完全控制,三键式即可完成全部操作。内置标样,便于现场未知物的快速定量分析。可通过网卡连接计算机,通过数据处理工作站对仪器进行控制和数据处理。

(6)数据处理功能强大

该产品内置 GPS 全球定位系统,可以准确记录分析现场的经纬度坐标。另配有 NIST 质谱库和 AMDIST 检索,方便分析结果的准确检索定性。该产品还提供了提供 NIOSH 数据库链接,可在分析报告中直接引用 NIOSH 数据库的各种化合物信息。

5 广州禾信 SPIMS1000

SPIMS1000 是由禾信公司独立开发具有完全自主知识产权的在线挥发性有机物质谱分析仪。仪器融合了膜富集、光电离、飞行时间质谱分析、高速数据采集以及高频高压电源等多个关键性技术。具有实时、快速、在线的特点,可实现 VOCs 定时定量检测,节省了离线方法中对样品采样、存贮、运输等过程所需要的时间。该产品还具有以下特点:

(1)硅胶膜进样接口实现 VOCs 的采样与富集,适合痕量 VOCs 的检测;

(2)基于紫外光单光子电离技术软电离,分子离子峰丰度高,碎片干扰小,保留了未知 VOCs 的信息,便于解谱和准确定性;

(3)强大的数据采集能力,双通道 1G 采样率,8bit 垂直分辨率,300MSa/S 实时带宽;

(4)垂直引入反射式飞行时间质量分析器具有极高的分辨率,同时具有离子筛选技术,去除干扰离子,微通道板检测器及微信号放大器技术提高了检测灵敏度;

(5)秒级响应速度,实现全谱图分析,实时在线检测,对 VOCs 实现快速定性、定量检测;

(6)自主研发的专用电源具有良好的稳定性、可靠性和安全性,而且功耗低、效率高,满足外场监测要求;

(7)85%以上配件实现国产化,可为国内用户提供 72h 现场维护。

6 安捷伦 5975T 车载式 GC/MS

Agilent5975T 低热容 GC/MS 具有和 5975 系列 GC/MS 一样的可靠性和高品质。其结构小巧,尺寸比台式系统小三分之一,耗电仅是台式系统的一半左右。获得专利的 LTM 技术通过提供超快的升温速率,实现了更快的气相色谱分析。DRS(解卷积报告软件)和 RTL(保留时间锁定)数据库加快了现场对化合物的筛查和分析速度。该产品具体特点如下:

(1)防震底座符合车载条件,并提高了耐用性,可在现场快速响应。

(2)获得专利的 LTM 技术允许直接、快速地加热(可达 1200℃/min)和冷却毛细柱用于快速分析。

(3)1.8u~1050u 质量范围不仅适用于 VOCs,还适合 SVOCs 的现场检测。

(4)采用 EI 源和四极杆质量分析器,实现未知物的 NIST 检索。

(5)DRS 和 RTL 实现了复杂基质中目标化合物的快速筛查。

(6)惰性离子源和加热的石英四极杆提供了稳定的性能。

(7)抽速达 70L/s 的涡轮泵提供了更高的真空和效率。

(8)高灵敏度(1pg OFN,400:1)。

(9)真空保持技术保证 5975T 系统即使在关闭电源后仍处于真空状态。

7 美国 SRI 8610C 气相色谱仪(环境气体分析)

美国 SRI 公司是生产实验室及现场分析用气相色谱仪的专业厂家,其气相色谱仪具多功能的特性。在美国,环境保护署、国家标准局、农业部、海关服务中心、陆军部、疾病管制中心及众多大学、研究所、大石油公司(BP、Chevron、Shell 等)和知名企业(柯达胶卷、洛克希德发动机、固特异轮胎)等都使用该公司的产品。

其生产的环境气体分析仪,可对混合气体进行分析,如:H_2、O_2、N_2、CO_2、CO、NO_x、甲烷、乙烷、乙烯、丙烷、丁烷、戊烷、$C_6 \sim C_8$ 等等。可根据目标化合物的不同,配置 TCD、FID、HID、ECD 等不同的检测器。

该产品具有以下特点:

(1)具有快速及无限分段电脑程控柱温箱,并配有快速降温风扇,最高温度可达 400℃,分辨率 0.01℃,稳定性 0.1℃。

(2)可同时装配四种检测器,共有 16 种检测器可选。

(3)可同时装配五种进样方式,共有 12 种进样方式可选。

(4)所有气路均采用电子压力控制(EPC)系统稳定控制,压力以最高 90psi/min。

(5)全电脑控制与数据采集处理。

(6)模块化设计,可根据实际需要灵活升级配置。

8 武汉天虹 TH-300B

TH-300B 是天虹公司推出的新型大气挥发性有机物在线监测系统,主要包括:超低温预浓缩采样系统、GC/FID/MS 分析系统及系统控制软件。环境大气通过采样系统采集后,进入浓缩系统,在低温条件下,大气中的挥发性有机化合物在空毛细管捕集柱中被冷冻捕集;然后快速加热解吸,进入分析系统,经色谱柱分离后被 FID 和 MS 检测器检测。系统还配有自动反吹和自动标定程序,整个过程全部通过软件控制自动完成。该产品的特点如下:

(1)系统采用自然复叠电子超低温制冷系统;

(2)自主研发的温度测量技术;

(3)双通路惰性采样系统;

(4)去活空毛细管捕集、双色谱柱分离、FID 和 MS 双检测器检测;

(5)监测数据自动上传,可显示日、周、月、年 VOCs 浓度的最高值、最低值和平均值以及某时段内 VOCs 浓度的变化趋势曲线;

(6)系统可实施远程控制,用于在线连续监测,也可以用于应急检测(采样罐现场采样);

(7)一次采样可以检测 99 种各类 VOCs。

第二节　气体分析仪器技术——金属材料中 Ar 元素分析新技术

　　金属材料中存在的氩（Ar）元素多数情况下是由于制备工艺中采用了氩气搅拌或保护而产生的。由于 Ar 在普通的金属材料如钢铁中含量很低，一般为 ng/g 级，其对材料性能的影响以往并没有得到关注，也没有标准的测定方法。近几年来在国防和航空航天等领域，一些具有特殊功能的含 Ar 新材料的出现，日益引起人们的重视。如：钛合金中氩含量的范围很宽，可能影响到构件的力学性能；氩在很多金属粉体中的含量以及存在状态对材料的活性会产生影响；在一些金属材料组织结构中也发现因为 Ar 的聚集形成的微孔。因此对金属材料中 Ar 准确测定的需求日益迫切。钢研纳克检测技术有限公司研制生产的 PMA－1000 型脉冲熔融-飞行时间质谱气体元素分析仪能够满足氩测试的需求，检出限为 0.06μg/g，并可以同时测定材料中的氧、氮和氢的含量。PMA－1000 型脉冲熔融-飞行时间质谱气体元素分析仪用高纯氦气作载气，脉冲炉脱气功率 5500W，分析功率 5200W，分析时间 40s；离子源发射电流 370μA。PMA－1000 型脉冲熔融-飞行时间质谱气体元素分析仪的原理图见图 4－2－1－1。

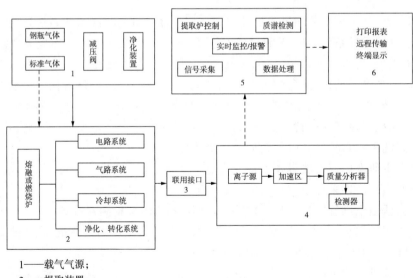

1——载气气源；
2——提取装置；
3——联用接口；
4——质谱仪；
5——计算机及软件；
6——结果输出。

图 4－2－1－1　脉冲加热惰气熔融-飞行时间质谱气体元素分析仪示意图

一、实际样品分析结果

1　钛基合金中氩的测定

表 4 - 2 - 1 - 1 中列举了粉末冶金的钛基合金中氩元素的含量。由表 4 - 2 - 1 - 1 数据可见,质谱法与热导法定氩结果基本一致。偏差值可认为是由于氩偏析造成。

表 4 - 2 - 1 - 1　粉末冶金的钛基合金中氩元素的含量

序号	样品号		材质	$w(Ar)/\%$	
				质谱法 PMA	热导法 TC
1	3506 - 1	400℃ // 2 h	钛铝合金	0.0003	0.0004
2	3506 - 2	150℃//2h+400℃//4h+750℃//8h	钛铝合金	0.0007	0.0005
3	3506 - 3	150℃//2h+400℃//4h+750℃//4h	钛铝合金	0.0002	0.0004
4	3506 - 4	PM -天线	钛铝合金	0.0029	0.0023
5	3506 - 5	400℃//4h	钛铝合金	0.0002	0.0004
6	3509 - 1	叶轮 1	钛铝合金	0.0050	0.0045
7	3509 - 2	叶轮 2	钛铝合金	0.012	0.015
8	3509 - 3	柱四 1	钛铝合金	0.057	0.040
9	3509 - 4	柱四 2	钛铝合金	0.095	0.081
10	3509 - 5	柱四 3	钛铝合金	0.069	0.082
11	3509 - 6	柱四 4	钛铝合金	0.018	0.014
12	3509 - 7	粗屑状	钛铝合金	0.016	0.016
13	3509 - 8	细屑状	钛铝合金	0.0026	0.0037

2　纳米合金粉中氩的测定

按照实验方法,对西安某研究所在制备纳米合金粉过程中吸附氩的样品进行了氩含量的测定。纳米合金粉样品 4#、5# 和 7# 质量较轻,由于受镍囊容积的限制,实际测定时选取的称样质量为 0.03~0.20g。由表 4-2-1-2 可见,纳米合金粉中氩的存在形式一般认为是以吸附形式存在,因此含量相对都较低,测得结果与工艺预期值相符合;本方法测定结果与工艺理论计算值基本一致。

表 4-2-1-2　纳米合金粉中氩的测定结果

样品编号 Sample Name	测定值 Found $w/\%$	平均值 Average $w/\%$	标准偏差 SD $w/\%$	相对标准偏差 RSD $w/\%$	理论值[*] Theoretical value $w/\%$
4#	0.000227,0.000216, 0.000291,0.000240	0.000245	0.000035	14.29	0.000300
5#	0.000093,0.000088, 0.000069,0.000081, 0.000094	0.000084	0.000013	15.48	0.000100
6#	0.000090,0.000081, 0.000110,0.000092, 0.000099	0.000094	0.000011	11.70	0.000100
7#	0.000177,0.000159, 0.000197,0.000161, 0.000154	0.000170	0.000018	10.59	0.000200

二、结论

使用 PMA-1000 测量材料中的氩,方法检出限低、分析时间短、准确可靠、运行成本低,优于传统的色谱柱分离、热导检测的分析方法。

第五章　2013 年 BCEIA 金奖获奖产品

　　2013 年,评审组专家遵照中国分析测试协会 BCEIA 金奖评选办法,本着"公正、公平"的原则,经过形式审查、公示、函评、初评、现场考察、终评,共评选出 14 项获奖仪器产品,其中色谱类 2 项、质谱类 2 项、光谱类产品中,原子荧光光谱 2 项、X-荧光光谱 2 项、分子光谱 2 项、原子发射光谱 2 项、实验室设备 2 项。

　　2013 年获得金奖的产品的总体水平和数量比往届有所增加,获奖产品的性能指标、可靠性、稳定性、耐用性、软件功能研究机构外观等方面有了很大的提高,有些获奖的产品的某些性能指标达到或者超过了同类产品的先进水平,一些国产分析仪器已形成涵盖了高、中、低档以及专用产品的系列;一些具有自主知识产权的专业化仪器,已经在某些专业领域的国内外仪器市场确立了优势地位。

　　具体获奖产品、获奖厂商及获奖理由如下:

1　获奖产品:iChrom 5100 高效液相色谱仪

获奖厂商:大连依利特分析仪器有限公司

获奖理由:该仪器为模块式 HPLC 系统,采用无操作按键及控制面板模式,利用先进的通讯方式,实现各种控制功能和报警保护功能,检测器采用电机直驱光栅的设计,保证了检测精度,高压输液泵可实现多种模式的准确输液。

2　获奖产品:GC7980 气相色谱仪

获奖厂商:上海天美科学仪器有限公司

获奖理由:1)对载气、空气、氢气、尾吹、分流等多达 18 路气体采用全电子自动流量控制,精度达到了 0.01psi;2)模块化设计的进样器,可以任意安装 3 个分流/不分流进样器;3)高精度的温度控制功能,具有 10 个独立控温区。

3　获奖产品:SHP8400 PMS - I 防爆型过程气体质谱分析仪

获奖厂商:上海舜宇恒平科学仪器有限公司

获奖理由:该仪器将"防爆系统"与"在线多通道快速样品采集、净化和微量样品切换"等专利技术有机结合起来,实现了多点、多组分实时分析,抗干扰能力强,可用于石油、化工、国防等行业中具有防爆要求场所的气体快速在线分析,并实现了远程操作,具有较好的创新性和鲜明的特色。

4　获奖产品:SPIMS1000 在线挥发性有机物质谱仪

获奖厂商:广州禾信分析仪器有限公司

获奖理由:SPI - MS1000 具有完全自主知识产权,融合了膜富集、光电离、飞行时间质谱分析、高速数据采集及高频高压电源等关键性技术,具有实时、快速、在线的特点,是 VOCs 定性定量监测的有力工具。

5　获奖产品:RGF – 8700 原子荧光光度计

获奖厂商:北京锐光仪器有限公司

获奖理由:该产品依据双光束校准原理,加入参比道,校正光源漂移造成的测量误差,解决了原子荧光分析仪在测量中存在的长期稳定性问题,提高了样品分析的精密度和准确度,为原子荧光分析仪器的设计提供了一种新方案。

6　获奖产品:DCMA – 200 直接进样汞镉测试仪

获奖厂商:北京吉天仪器有限公司

获奖理由:该产品结合电热蒸发进样、催化燃烧释汞、在线原子阱分离基体等技术,实现了汞、镉的高灵敏度原子荧光测定。这种专用型仪器具备测量速度快、现场操作简便的特点,适于食品、环境样品以及农产品中汞、镉的快速分析。

7　获奖产品:PORT – X300 稀土快速鉴别仪

获奖厂商:钢研纳克检测技术有限公司

获奖理由:稀土快速鉴别仪是一款用于稀土元素分析的手持式专用 XRF 分析仪,可满足我国海关稀土快速检测重要需求,对我国稀土产业健康可持续发展具有实际意义。该产品提出采用多元识别和校正方法处理 L 带光谱信息,在解决复杂谱线间重叠对稀土定性识别和定量干扰问题方面具有创新。在采用数据信息处理技术提高国产仪器性能水平方面也具有成功的启示意义。

8　获奖产品:XF – 8100 型波长色散 X 射线荧光光谱仪

获奖厂商:北京东西分析仪器有限公司

获奖理由:该仪器采用的光路设计,缩短了 X 荧光光路的光程,提高了 X 荧光射线的采集效率;研发的数字整形高速 MCA(多道脉冲高度分析器),提高了最高计数率和扩展了计数率线性范围;具有较强的技术创新性,主要技术指标达到国际先进水平。由于技术优势较为明显,产品未来市场竞争力较强,市场前景较为乐观。预期将产生良好的社会效益和经济效益。

9　获奖产品:Ultra – 3660T10 紫外可见分光光度计

获奖厂商:普源精电科技有限公司

获奖理由:紫外可见分光光度计 Ultra – 3660T10,双光束光路,杂散光、波长精度等各项技术指标优良,操作简便、快捷;采用多档可变带宽和多种测量模式等实用化设计,可满足不同用户需求,广泛用于食品安全、环保、医药、精细化工等众多领域。

10　获奖产品:T10 双光束紫外可见分光光度计

获奖厂商:北京普析通用仪器有限责任公司

获奖理由:T10 系列紫外可见分光光度计,双光束光路,通过对单色器、光栅及光学系统等自主创新设计,杂散光低,波长精度好,测光范围宽,分析准确度高、重复性好,便于高吸光度样品测试,可满足食品安全、计量、司法鉴定等需求。

11　获奖产品:ICP – 5000 电感耦合等离子体发射光谱仪

获奖厂商:聚光科技(杭州)股份有限公司

获奖理由:ICP – 5000 是具有自主知识产权的全谱直读电感耦合等离子体发射光谱仪,其创新技术如下:

1)自激式全固态射频电源激发等离子体光源;

2)高分辨中阶梯光栅二维分光与面阵 CCD 检测系统;

3)具有方法管理系统能力与智能化数据分析软件。

12　获奖产品:AES – 7000 交/直流电弧直读光谱仪

获奖厂商:北京北分瑞利分析仪器(集团)有限责任公司

获奖理由:

开创交/直流电弧激发光源与凹面光栅及光电倍增管全新组合;

1)分别设定不同谱线曝光时间,实现强弱谱线同步测量;

2)成像投影显示功能方便观察与精准调节上下电极位置;

3)地质冶金复杂基体固体样品微量多元素同时快速测定。

13　获奖产品:SPE – 40 QdauraTM 卓睿全自动固相萃取仪

获奖厂商:天津博纳艾杰尔科技有限公司

获奖理由:该仪器采用 4 个通道独立运行,上样单元的 24 个样品通道相互独立,采用整体密封板,与各种市售萃取小柱兼容,并兼顾小体积和大体积样品处理;智能软件控制萃取全程,并有压力和漏液报警,可存储 200 个用户方法。

14　获奖产品:MASTER 超高通量密闭微波消解/萃取工作站

获奖厂商:上海新仪微波化学科技有限公司

获奖理由:

1)超高通量罐架设计,可使多达 70 个消解罐在均匀微波场下反应。

2)采用宇航复合纤维材料制作防爆外罐,防腐蚀、耐高压、耐高温。

3)采用了独特的压电晶体测压技术。

4)通过专利的接线盒传感技术让转盘始终朝一个方向旋转,使微波加热更加均匀。